机器学习轴承故障诊断及性能退化预警研究

李卫鹏　王顺增　著

四川大学出版社
SICHUAN UNIVERSITY PRESS

图书在版编目（CIP）数据

机器学习轴承故障诊断及性能退化预警研究 ／ 李卫
鹏，王顺增著． -- 成都：四川大学出版社，2025. 6.
ISBN 978-7-5690-7593-9

Ⅰ．TH133.3-39

中国国家版本馆 CIP 数据核字第 2025RV2378 号

书　　名：机器学习轴承故障诊断及性能退化预警研究
　　　　　Jiqi Xuexi Zhoucheng Guzhang Zhenduan ji Xingneng Tuihua Yujing Yanjiu
著　　者：李卫鹏　王顺增

选题策划：王　睿
责任编辑：王　睿
特约编辑：孙　丽
责任校对：胡晓燕
装帧设计：开动传媒
责任印制：李金兰

出版发行：四川大学出版社有限责任公司
　　　　　地址：成都市一环路南一段 24 号（610065）
　　　　　电话：（028）85408311（发行部）、85400276（总编室）
　　　　　电子邮箱：scupress@vip.163.com
　　　　　网址：https://press.scu.edu.cn
印前制作：湖北开动传媒科技有限公司
印刷装订：武汉乐生印刷有限公司

成品尺寸：170 mm×240 mm
印　　张：23.75
字　　数：498 千字

版　　次：2025 年 6 月 第 1 版
印　　次：2025 年 6 月 第 1 次印刷
定　　价：99.00 元

四川大学出版社
微信公众号

前　　言

《中国制造 2025》指出："基于信息物理系统的智能装备、智能工厂等智能制造正在引领制造方式变革。"为深入实施《中国制造 2025》，根据国家制造强国建设领导小组的统一部署，教育部、人力资源和社会保障部、工业和信息化部等部门联合编制了《制造业人才发展规划指南》，坚持育人为本，大力推进培养智能制造等领域的人才。智能制造将物联网、大数据、云计算等新一代信息技术与设计、生产、管理、运维、服务等产品制造及运行活动的各个环节相融合，是具有信息深度自感知、智慧优化自决策、精准控制自执行、运维监控自诊断等功能的先进制造过程、系统与模式的总称。"智能运维与健康管理-机械故障诊断"作为产品全生命周期智能制造的一种新模式，以机械状态监测与故障诊断的理论及技术为支撑。在 2018 年 8 月 10 日召开的第十六届全国设备故障诊断学术会议的"故障诊断研究的新春天"主题沙龙中，经研讨得出：重大装备的智能运维与健康管理，已经成为推动制造业两化深度融合的保障，是制造服务融合的新范式。工业设备健康管理是智能制造与工业 4.0 的核心议题之一，而轴承作为旋转机械的关键部件，其故障诊断与性能退化预警直接关系到设备的安全运行与维护成本。传统的轴承故障诊断主要依赖振动信号的频谱分析与专家经验，在复杂工况、噪声干扰及早期故障微弱特征的提取上存在明显的局限性。近年来，机器学习技术的快速发展为这一领域注入了新的活力。

本书是在河南省重点研发与推广专项（科技攻关）（242102320183）、河南省教育厅高等学校重点科研项目（23A470016）、河南省南阳市科技攻关项目（23KJGG015）、南阳理工学院博士科研启动基金项目（NGBJ-2024-04）、专业认证与产教融合双驱动下地方高校自动化类新工科专业改造升级探索与实践项目（2024SJGLX0484）、南阳理工学院 2023 年度教育教学改革项目（NIT2023JY-003）和南阳市协同创新重大专项"石化装备无功补偿节能关键技术及产业化应用"（22XTCX12005）资助下完成的。南阳理工学院李卫鹏负责本书的统筹、统稿工作，并撰写了第 1 章至第 9 章，约 25 万字。王顺增撰写了第 10 章至第 14 章，约 24.8 万字，全文内容合计约 49.8 万字。本书旨在系统性地梳理近年来机器学习与信号处理技术在轴承健康管理领域的研究进展，探讨其在轴承故障诊断与性能退化预警中的核心理论与工程实践应用，并提出了一种融合正交小波变换与机器学习的系统性框架，将信号处理与模式识别有机结合，以实现从特征提取到故障分类、再到退化预警的全流程覆盖。

　　轴承虽小，却是工业巨轮的"关节"；故障诊断虽"专"，却是智能制造落地的基石。希望本书能为工业智能与设备健康管理领域的研究者和实践者提供些许参考，书中不足之处亦请读者不吝指正。

著　者

2025 年 1 月

目 录

1 绪　　论

1.1 机械故障诊断研究的背景及意义

机械故障诊断是一种借助机械、力学、计算机以及近现代前沿的科学技术了解和掌握机器设备运行状态,早期发现设备故障及其原因,并对设备早期性能退化预警进行研究的技术,目前已经发展成为一门独立学科——故障诊断学。机械故障诊断的突出特点是理论研究与工程实际应用相结合,极大地方便了设备的维护与保养,能够对机械设备的持续运行状态和故障发生过程进行实时监测,保障了企业的安全生产并提高了企业的经济效益。进入 21 世纪,随着科技的发展,越来越多的先进设备被应用于生产与生活中。随着国民经济的发展,对制造、能源、石化、运载和国防等机械设备的需求不断增加,促进了相关行业设备的发展,机械设备日益表现出大型化、高速化、集成化和自动化等特点,机械设备的发展与安全需求和人民群众生产与生活息息相关、密不可分。大型设备故障引起的重大事故在国内外接连发生,造成人员和经济的极大损失。"千里之堤,溃于蚁穴",设备的故障往往是由一个小零件损坏或缺失引起的。例如,少补一排铆钉导致尾翼脱落进而引发的日本大阪空难、苏联切尔诺贝利核电站爆炸、秦岭发电厂 5 号机断轴事故、波音 737 及空客 330 先后失事、张家港某钢厂飞车事故以及重庆某热电厂 1 号汽轮机发生飞车严重事故等。若能提前对设备进行状态检测及性能评估,及时对设备安全隐患进行排查就可以最大限度地避免重大安全事故。因此,保证机械设备安全运行,对运行状态进行实时监测,及早发现并排除故障是机械故障诊断领域迫切需要解决的问题。另外,在重特大安全事故分析排查中,45%～55%的事故是由滚动轴承的异常磨损失效导致的,因此轴承、齿轮等核心设备的故障诊断技术受到极大重视,并且吸引越来越多的研究人员研究与应用。

2019—2022 年相关机械故障诊断的搜索结果显示,关于机械故障诊断研究内容的文章数量多、内容丰富,并且国内外举办的有关故障诊断的会议级别越来越高,这反映出相关研究受到研究人员的高度关注。例如,电力装备故障诊断领域每两年召开一次电力装备状态监测与故障诊断技术国际高峰论坛;世界维修大会目前已经得到许多发展中国家的积极响应,大会由各会员国递交申请,按照每两年一届轮流主办;国际结构、材料和环境健康监测大会(HMSME)是结构材料环境监测诊断方面的重大会议,在学术界、工业界有着广泛的影响力。

在机械工程实践中,人工智能和应用数学技术的进步有力地推动了轴承故障诊断技术的发展。在实际生产中,轴承故障信号需要通过专门的传感器采集,传感器的安装、设备运行工况都会对信号采集产生影响,并且有些大型设备发生故障后需要停机检修,会对企业造成重大损失。目前,轴承故障诊断面临轴承故障数据特征提取难、故障数据识别难的问题。根据统计学习理论以往收集的故障数据建立的数学模型不能对现有故障进行识别,需要更新故障数据库,现有识别方法制约轴承故障诊断技术的发展,因此需要进一步改进故障识别方法。轴承故障诊断识别问题在应用数学和工程领域的核心是建立数学模型的 VC(Vapnik-Chervonenkis)维、推广性和经验风险最小化,理想条件是经验风险为 0。机器学习(Machine Learning,ML)是人工智能领域的数据分析工具,研究数据库中的数据特征,根据技术的发展不断更新知识、获取新知识和新技能,用学习后的知识库来识别现有知识以达到智能学习的目的。机器学习里面的"机器"指的就是计算机,常用的有电子计算机、中子计算机、光子计算机或神经计算机等。机器学习方法在故障诊断中往往不能单独使用,需要和数据特征提取方法结合。

本书结合实际工程背景,从提升轴承故障诊断的识别效果出发,以轴承振动信号为基础,研究将正交小波变换(Orthogonal Wavelet Transformation,OWT)和机器学习相结合的方法。将正交小波变换和机器学习算法应用于轴承故障诊断中,用正交小波变换提取轴承故障振动信号特征,并将提取的各细节信号组成的特征向量作为机器学习模型的输入,通过对训练样本内在性质及规律的学习,揭示样本数据的特征。研究发现轴承故障诊断及性能退化预警新技术与方法,对于维持设备正常运转和确保企业安全效益具有重要意义。

1.2　轴承故障诊断及性能退化预警问题分析

1.2.1　轴承结构故障信号分析

在重特大安全事故分析排查中,发现 45%～55% 的事故是由滚动轴承的异常磨损失效而导致的,而滚动轴承具有摩擦系数小、运行阻力小、灵敏度高的特点,在国内外已经实现了标准化生产,使用、更换和维护都很便捷,因此其在机器设备中被广泛使用。

1.滚动轴承结构特点

滚动轴承由外圈、滚动体、保持架和内圈等主要部件组成,图 1-1 为滚动轴承结构剖面图。外圈起到支撑滚动体和导向滑动的作用,被固定在轴承座上;滚动体承载负荷,将内外圈的滑动运动转换为滚动运动,其数量和大小等因素决定了轴承的性能特点;保持架引导滚动体运动、减少滚动体之间的碰撞摩擦,并均匀地分开滚动体,使其受力均匀;内圈一般与转轴一起转动,与旋转设备的转轴固定配套。

其中,D 为节径,r_1 为内圈滚道的半径,r_2 为外圈滚道的半径,α 为接触角,d 为滚动体的直径。

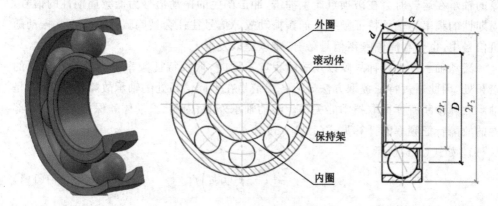

图 1-1　滚动轴承结构剖面图

2. 滚动轴承常见故障分类

引起滚动轴承故障的因素分为内部因素和外部因素,内部因素为轴承运行中受到机械力、摩擦、润滑和腐蚀的影响,外部因素为轴承加工与安装中的加工、装配误差和密封性影响。滚动轴承常见故障类型如下:

(1)磨损。轴承长期运转,外圈、滚动体、保持架和内圈等零部件相互摩擦导致磨损。受轴承工作环境的影响,在轴承中加入杂质也会加剧零件磨损,长期使用还会出现大面积的表面材料剥落,造成严重故障。

(2)疲劳。轴承运转中,滚动体受交变载荷的影响,与内圈、外圈、保持架等零部件接触的部分容易出现细小裂纹,细小裂纹会随使用时间扩大,裂纹接触面扩大到一定程度会造成较大的材料剥落。

(3)腐蚀。轴承受运行环境及材料本身的化学腐蚀,转轴电压较高和润滑不足,往往会引起轴电流电腐蚀及空隙运动微振腐蚀。不同的腐蚀会造成轴承不同程度的故障,轴承运行逐渐变得不稳定,精度降低。

(4)胶合。轴承在润滑不足、高速过载运行时会发生明显的表面黏附,黏附发生后会影响轴承正常运行,黏附磨损较为严重时就形成胶合磨损,长时间胶合会造成轴承失效。

(5)断裂。安装不当、载荷冲击过大和裂纹失效等因素会造成轴承断裂。断裂是轴承故障中最危险的一种,如果发现不及时会造成重大安全隐患。

以上滚动轴承故障可以归纳为两类:一是轴承长时间磨损引起的故障,这类故障是在长期运行中积累形成的,危害是逐步加深的,相比轴承正常运行的状态,这类故障会增加轴承的振动幅度。二是轴承部件表面损伤或破坏引起的故障,存在这类故障的轴承在运转时会在破损点产生冲击,冲击产生的振动信号为低频周期性的信号,周期性的频率为轴承特征频率。低频振动故障信号往往会被隐藏在轴承正常振动随机信号中,也会和周围噪声信号融合,难以提取发现。

滚动轴承发生各种故障以及故障程度不同时,低频特征频率也会发生在不同的倍频处,因此通过特征提取方法分析各层信号在不同倍频处的轴承故障特征频率,是轴承故障诊断特征提取技术的关键。滚动轴承外圈、内圈、滚动体和保持架四个零部件的故障特征频率的计算见式(1-1)~式(1-4):

f_o 如式(1-1)所示:

$$f_o = \frac{Z}{2}\left(1 - \frac{d}{D}\cos\alpha\right)f_r \tag{1-1}$$

f_i 如式(1-2)所示:

$$f_i = \frac{Z}{2}\left(1 + \frac{d}{D}\cos\alpha\right)f_r \tag{1-2}$$

f_b 如式(1-3)所示:

$$f_b = \frac{D}{2d}\left[1 - \left(\frac{d}{D}\right)^2\cos^2\alpha\right]f_r \tag{1-3}$$

f_c 如式(1-4)所示:

$$f_c = \frac{1}{2}\left(1 - \frac{d}{D}\cos\alpha\right)f_r \tag{1-4}$$

式中,f_o 表示轴承外圈故障特征频率;f_i 表示轴承内圈故障特征频率;f_b 表示轴承滚动体故障特征频率;f_c 表示轴承保持架故障特征频率;Z 表示滚动体个数;公式中的其他参数与图 1-1 中表示一致。转轴的转动频率为 f_r,且 f_r 依据式(1-5)进行计算。

$$f_r = \frac{n}{60} \tag{1-5}$$

式中,n 为轴承转轴的转速,单位为 r/min。

3. 轴承故障振动信号特性

在滚动轴承运行过程中,传感器采集的振动信号主要为调和信号,它由轴承各部件耦合成的弹性系统固有振动和轴承各种故障产生的冲击振动调制而成。轴承的外圈、滚动体、保持架和内圈都属于弹性体,每个部件都有自己的固有振动和固有频率,不管轴承是否存在故障,固有振动都会存在。

　　轴承故障源于某个零部件出现磨损、疲劳、腐蚀等损伤。由于轴承不断周期性旋转,每次经过故障位置会产生周期冲击,因此轴承故障振动信号为周期性瞬时冲击脉冲信号,图 1-2 是轴承内圈故障时域波形图。

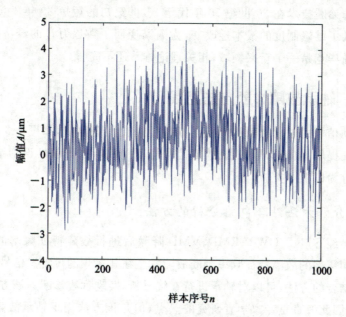

图 1-2　轴承内圈故障时域波形图

　　从轴承内圈故障时域波形图可以看出,采集的故障振动信号时域波形可分为三种成分,即冲击成分、谐波成分和噪声成分。

　　(1)冲击成分。轴承做周期性旋转运动,每完成一个周期都会经过故障位置,每次经过都会产生冲击,冲击产生脉冲信号。轴承故障的冲击脉冲信号是故障诊断的关键少数信号,也是故障特征提取的关键,为故障诊断提供依据。早期故障损伤程度较小,冲击脉冲信号比较微弱,不容易提取,导致早期轴承故障诊断不容易实现,需要不断改进故障特征提取的方法。

　　(2)谐波成分。组成轴承的部件都属于弹性体,每个部件都有自己的固有振动和固有频率,固有振动产生的振动信号通常为高频谐波信号,相比轴承故障振动周期性冲击脉冲信号,这类信号具有频率高、幅值小、随机性强的特点。

（3）噪声成分。轴承设备在运行过程中，会受到工作环境中各种噪声信号的干扰，噪声混合到振动信号中，增加了信号的种类，降低了有用信号的比例及振动信号的信噪比，增加了轴承故障特征信号的提取难度，进而加大了故障识别的难度。

由此可见，轴承的冲击成分、谐波成分和噪声成分三部分互相调制、融合作用，形成非平稳、非线性信号特征，这是轴承故障诊断中重点关注的问题。

轴承故障诊断技术在 20 世纪 70 年代至 21 世纪初的短短 30 年里，取得了巨大的发展并推动了维修制度的根本性改变，为国家挽回了数以万计的经济损失。但是轴承故障诊断毕竟是一个新兴领域，相关理论体系还不完善。

1.2.2　轴承故障诊断方法路线

基于振动信号的轴承故障诊断及早期性能退化预警路线，如图 1-3 所示。根据故障信号特征提取、故障信号识别、故障信号特征提取与故障信号识别结合，轴承故障诊断方法分为以下 3 类。

1. 信号分解方法结合包络分析的方法

原始信号经 STFT、OWT、EMD、VMD 降噪后进行故障特征频率的提取，结合对比轴承不同零件的故障特征频率判断故障发生在几倍频的位置。信号分解方法与包络分析相结合的方法，可以对轴承进行在线分析，实现远程诊断。该方法非常适用于工程应用，因此一直是专家学者研究的热点，但是该方法用于轴承故障诊断中，只能定性轴承故障诊断而不能定量进行数据计算。

2. 故障特征提取结合机器学习的方法

利用故障诊断信号处理方法，通过时域、频域和时频域分别对故障信号进行分析处理，提取故障数据特征并对原始信号进行降噪处理。也可以在原始信号降噪后，采用非线性动力学方法对轴承故障特征进行提取，然后将提取的故障特征矩阵输入机器学习模型，利用选用的机器学习模型特点实现故障分类。该方法适用于轴承故障类型较少、轴承工况稳定的情况。但在工况复杂以及轴承故障类型较多的情况下，该方法存在机器学习能力不足、故障诊断效果不佳且步骤烦琐等问题。

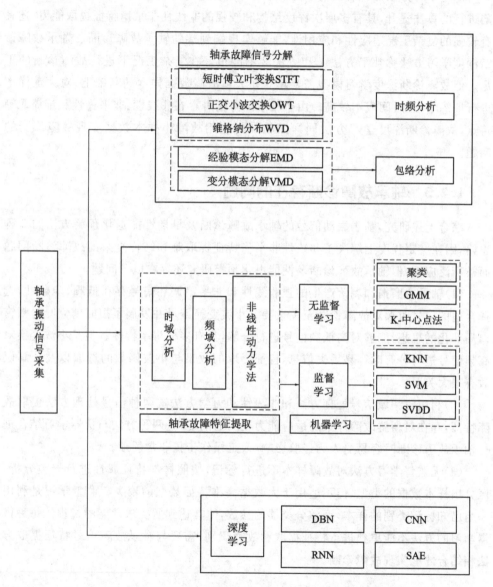

图 1-3　基于振动信号的轴承故障诊断及早期性能退化预警路线

3.轴承故障诊断深度学习的方法

深度学习方法是针对机器学习的学习结构简单及非线性特征提取能力不强等缺陷进行的算法提升,具有多层次深度结构和较强的非线性非平稳特征提取能力,还具有较强的复杂工况适应性和应用性,能够实现端到端的轴承故障诊断。轴承故障诊断深度学习方法弥补了方法 1 和方法 2 不能很好在复杂工况下进行故障诊断的不足。但故障诊断深度学习模型需要建立在大量故障数据样本的基础上,对大量样本进行训练学习,时间成本较高。由于轴承故障信号存在非线性、非平稳性和难提取等特点,故障诊断深度学习方法同样面临如何利用故障小样本数据实现故障诊断的问题。

1.2.3 轴承故障诊断存在的问题

综合上述研究,基于振动信号的轴承故障诊断及早期性能退化预警方法的 3 种思路,因在一定程度上解决了非线性非平稳特征提取难和结构复杂的故障诊断问题而被广泛应用,但轴承故障诊断及性能退化预警研究还存在以下问题。

(1)轴承由磨损和剥落产生的强非线性和非平稳调和信号存在低频、隐蔽性,选择合适的信号时频对故障诊断至关重要。小波变换继承并发展了短时傅立叶时频窗口局部化的思想,能够对高低频信号进行分解,具有多分辨率特性。但是小波变换对高频信号进行分解时容易丢失信息,特征提取的效果与小波函数的选取以及分解层数有很大关系。

(2)利用时频域信号处理方法和非线性动力学方法这两种信号处理方法提取故障特征,存在对新鲜故障样本的适应能力较弱的问题,这两种方法与机器学习结合进行轴承故障诊断时容易受人为经验影响,人工操作步骤非常烦琐。

(3)无监督学习方法对故障样本不进行标记,按照样本特征属性进行聚类分析,区分出样本数据的类型,但不适用于大数据高维特征数据的聚类。监督学习是利用一组已知标记类别的样本,调整分类器的参数,使其达到所要求性能的过程。每种机器学习的方法不能单独进行特征提取和故障识别,需要与轴承故障信号特征提取方法相结合才能实现故障诊断。

1.3　轴承故障诊断及性能退化预警研究现状

1.3.1　轴承故障诊断研究现状

1. 轴承故障诊断技术

故障诊断技术形成于 20 世纪 70 年代初,能够实现对设备故障预测和在线诊断,从前端对故障进行排除,既为企业带来了巨大的效益,又预防了重大安全事故的发生。近年来随着计算机科学技术的蓬勃发展,利用计算机技术对设备释放的物理信号进行特征提取,已经得到广泛应用。故障诊断又是对提取的信号特征向量进行模式识别并评估设备性能退化情况,实现对机械装备运行状态监测、管理和预测的集成化。

在重特大安全事故分析排查中,发现 45%～55% 的事故是由滚动轴承的异常磨损失效而导致的,因此滚动轴承的故障诊断技术受到极大重视。在滚动轴承(简称轴承)故障诊断研究方法中,根据安装在设备上的传感器检测到的故障信号来源,将轴承故障诊断方法分为以下几种:

(1)油液分析法。油液分析法是指抽取轴承润滑油作为样本,对润滑油液进行分析。通常分析对象为油液中的磨屑,根据其形状、成分和浓度来判定设备是否发生故障,并根据轴承故障磨屑出现的部位,进一步判断轴承的损伤程度。

(2)温度监测法。温度监测法是指根据零部件的温度,判定设备是否发生轴承故障的方法。当轴承设备长时间运行时,其各个零部件温度会发生变化,跟踪监测零部件温度,当温度出现异常时,分析判断轴承设备的故障和损伤情况。

(3)声发射分析法。声发射分析法是能够应用在金属材料上且对其无损的故障检测的方法。声发射信号的来源是金属材料的撞击、摩擦以及金属零件的断裂所产生的冲击信号。

(4)振动分析法。振动分析法是指采用轴承周期运行产生的振动信号作为特征对设备进行故障诊断的方法。根据轴承的结构特点,在轴承座或箱体内部轴向和径向安装传感器,利用数据采集卡采集轴承的振动状态信号,再利用计算机信号分析软件或者自带振动信号分析仪对采集卡上收集的振动状态信号进行特征分析提取,通过识别提取的信号特征对轴承故障进行诊断及早期性能退化预警研究。对于轴承的振动信号特征分析,通常采用信号处理方法进行时域、频域以及时频域分析。进行时域分析时通过对统计量特征的提取,可以区分轴承故障的类别,发现轴承故障的变换特点以及趋势。进行频域分析时通过发现在不同倍频处故障信号的特点,确定轴承故障出现的位置及轴承故障严重程度。通过分析轴承振动周期脉冲幅值、周期频率和特征频率等重要参数,可以确定轴承故障位置,判断轴承退化程度。另外,振动分析法适用于多类型及复杂工况条件下的轴承故障诊断,能够实现在线和离线检测,具有早期诊断效果好、效率高、定位准、结果可靠等特点,在轴承故障诊断领域得到广泛应用。

从轴承故障的特征提取和模式识别方面出发,轴承振动分析法的研究分析主要分为五类。第一类是先对轴承故障的振动信号进行降噪,再通过提取轴承故障的特征频率,并与理论故障特征频率对比确定轴承故障的类型与位置。此类方法不需要对模型进行训练和测试,非常适合在线分析和处理,具有一定的实用性和操作性,并且在生产实践中得到广泛应用。但这种方法只能对故障类型定性而无法实现对故障类型定量。第二类是对轴承故障的振动信号进行降噪和特征提取,然后利用机器学习方法实现对轴承的故障诊断,判断故障不同位置或损伤程度。此类方法适用于恒工况条件下的轴承故障诊断,对复杂变工况下的故障诊断效果不明显。第三类方法是通过计算轴承故障信号的非线性动力学值提取信号特征,然后输入机器学习方法进行轴承的故障诊断。该类方法具有简单有效和容易操作的特点,与第二类方法相似。第四类是通过深度学习方法实现轴承故障特征提取和模式识别分类。深度学习具有深层次学习的结构和较强的非线性学习能力,对轴承故障的特征进行提取,非常适用于变工况条件下的轴承故障诊断。近年来基于深度学习的故障诊断方法得到大量的研究,但该方法仍然处于起步阶段。第五类是相互融合的轴承故障诊断方法,如将信号处理特征提取方法和机器学习的故障模式识别方法相结合等。

2.轴承故障特征提取方法

1)研究方法

国外方面,Fourier 在 18 世纪提出的傅立叶变换,将时间信号在频域中以不同的形式表达,为信号处理提供重要思路。Jardine 等人系统介绍了用时域统计指标进行故障诊断的优缺点。Mohammad 等人讨论了各种状态监测与信号处理方法的原理与特点。Mcfadden 等人长期从事轴承故障诊断分析研究工作。Huang 等人在时频分析方面,利用自适应变化将一维数据扩展成并行多维数据,提高了算法抗噪声能力。Han M 等人通过 LMD 分解信号后提取分量的样本熵,提高了时频聚集性。国内方面,郭远晶等人提出了基于短时傅立叶变换(Short-Time Fourier Transform,STFT)时频谱系数收缩的故障信号降噪方法。严如强等人将连续小波变换和盲源分离用于齿轮箱故障诊断。蒋超等人将经验模态分解(Empirical Mode Decomposition,EMD)反应故障中最敏感的分量用于轴承故障诊断。

　　轴承故障特征提取有一个很难突破的瓶颈,无噪声的弱故障信号的存在直接影响了轴承故障诊断的准确性和有效性或异常值。20 世纪 80 年代发展起来的小波变换(Wavelet Transform,WT)利用时频尺度窗口将信号分解到时频域进行分析,具有多尺度特性,非常适合处理故障诊断中的非平稳非线性信号。小波变换由 Morlet 在 1984 年提出,Grossman 对伸缩平移概念等进行了深入研究。Meryer 创造性地构造出二进伸缩、平移小波基函数。Mallat 引入多尺度思想进行小波分析并总结了各类正交小波构造方法,发明了 Mallat 塔形快速算法。Daubechies 在前人的基础上,用迭代的方法构造出了著名的 Daubechies 小波。在接下来的 10 多年里,各种具有不同性质的小波基函数被研究人员不断地提出。20 世纪 90 年代,Strang 构造出了 Laplace 小波,Freudinger 等人将 Laplace 小波应用于无人驾驶飞机机翼模态参数的识别。臧怀刚等人将 Laplace 小波应用于轴承的故障诊断。王帅等人实现了含有裂纹的离心压缩机叶轮的结构振动局部化分析。张建刚等人提出了谐波小波包的旋转机械故障诊断新方法。王宏超等人提出了利用小波变换识别转子裂纹的新方法。陈是扞等人对信号分解及其在机械故障诊断中的应用研究进行综述。Donoho 在小波变换降噪领域做出了巨大贡献,他的小波软降噪的研究成果在很多领域得到广泛应用。Krim 和 Schick 对小波阈值降噪方法进行研究,提出一种适合选择阈值,提高阈值降噪结果的有效性和稳定性的技术。包文杰等将参数化的短时傅立叶变换应用于齿轮箱故障诊断中,对早期设备故障进行了预示。Sweldens、段晨东等人对第二代小波变换提取轴系不对中信息的滤波方法进行了深入研究,其成果得到了应用。

　　2)方法特点分析

　　轴承运行的工况比较复杂,由于长时间的持续工作,轴承会产生磨损和剥落等故障,这些故障会导致旋转后产生强非线性非平稳振动信号。为了分析非线性非平稳信号的特征,利用 Matlab 时频分析工具,分析信号的局部特征,找出故障特征规律,判断故障数据类型。时频分析法已经成为信号处理和分析的常用方法,如 STFT、WT、EMD 等。STFT 是常用时频分析方法,它设定固定窗口函数的宽度对信号进行划分。根据设置窗口函数的宽度平移变换对信号进行局部的傅立叶变换,获取信号的频域特征信息,能够抓住主要特征,具有简单便捷、效率高和分析结果稳定、无交叉干扰等特点。但是,STFT 也存在窗口函数宽度固定,每次只能设置一个宽度且无法兼顾时域频域双重分辨率的问题。针对这个问题,工程中提出了采用三阶 B 样条实现窗口函数大小的自适应的方法,另外也可以采用基于对数窗口能量的时频聚集性度量方法选择窗口函数,并将此方法应用于轴承故障诊断中。频域分析法,也称频域特征提取方法。轴承振动信号的原始信号通常为时域信号,反映幅值与时间的关系。为了更好地了解频域中幅值的特征,需要利用现代信号处理方法进行时域到频域的转换,通过频谱图分析能够更好地反映信号的周期性。非线性动力学方法,是针对轴承故障振动信号的一种常用方法。非线性动力学特征与轴承故障类型及程度有很大关系,此外该特征还受现场工作环境的影响。在特征提取方面,时频域信号处理方法、非线性动力学方法对新鲜样本的适应能力较弱。这几种信号处理的方法与机器学习方法结合时,在轴承故障诊断中容易受人为经验影响,并且人工操作步骤非常烦琐。因此,利用非线性动力学分析法、信息熵法等,通过提取轴承运行中周期性振动信号的非线性动力学特征,可确定故障位置和类型,实现复杂振动信号的轴承故障诊断。

小波变换作为一种应用数学工具在信号处理领域已经得到了充分发展,各种关于小波的理论相继被提出。WT 能够在时域和频域对轴承故障振动的非线性非平稳信号进行特征提取,既继承和发展了短时傅立叶变换对频域进行局部化分析的特点,又克服了窗口函数的大小固定不变、不易变换等难题。WT 根据短时傅立叶变换窗口函数的特点,对信号特征进行局部化处理,具有随频率变化的时频窗口,可以对信号时域和频域特征进行分析变换,找出有用特征,快速对信号进行分析提取。但是,WT 对轴承故障信号高频部分的分析适用性不强,在高频特征提取中容易丢失信号的部分有用信息。针对这种缺点,能够更准确分析高频信号的小波包变换(Wavelet Packet Transfom,WPT)和采用冗余技术的第二代小波包变换被提出。这两种小波包变换信号特征分解的效果受到小波包函数以及分解层数的影响。

自适应时频分析方法是按照自适应的方法对非线性非平稳信号进行处理,是一种经典的信号处理法,该方法的典型代表为 EMD。EMD 于 1998 年被提出,之后被广泛应用于信号处理中,是近年来轴承故障诊断的主流工具。EMD 的基本原理是将采集到的信号自适应分解为多个本征能量分量,再对每个能量分量进行希尔伯特谱转换(Hilbert Transform,HT),转换后进行时频分析,取得了很好的时频分析效果。但 EMD 也存在端点效应、模态混叠、过包络和欠包络等问题,这些问题是故障信号特征提取要重点解决的问题。为了解决这些问题,研究人员先后提出两种改进方法,分别为有集合经验模态分解(Ensemble EMD,EEMD)和完全集合经验模态分解(Complete Ensemble EMD,CEEMD),并将其成功应用于旋转机械轴承的故障诊断与识别。利用 STFT、WT 和 EMD 分析方法,能够对轴承故障振动信号降噪和分离,提取有用信号方便抓住主要故障特征,快速实现轴承故障诊断和性能退化分析。STFT、WT 和 EMD 分析方法在工业领域被广泛应用。在工程实践中要不断提出新的应用数学先进理论,然后将这种理论用于轴承故障诊断,对振动信号进行特征处理。

综上所述,对于轴承振动产生的非线性非平稳信号,小波变换是时频信号处理数学工具,可以在时域、频域两个尺度上对信号进行变换,具有多分辨率、多尺度特性,可以对原始信号进行分解,以发现信号的细节特征。WT能够对轴承频率低、隐蔽性强的故障振动信号进行特征提取,对非线性非平稳故障信号局部化分析突出。正交小波变换是指选择正交小波函数进行小波变换,其能够在时域和频域上表征振动信号的局部特性,能逐次对原始振动信号进行分解,并对分解到各个尺度上相应的局部细节信号进行观察。通过对局部细节信号的特征提取,能有效把握原始信号特征,将小波分析与机器学习理论相结合是轴承故障诊断及早期性能退化研究的重点方向。

3.轴承故障识别机器学习

1)研究方法

随着人工智能和机器学习方法的发展,故障诊断系统逐步朝智能化方向发展。机械故障诊断监测技术对人工智能方法的迫切需求,促使众多学者将人工智能和机器学习方法应用于故障诊断研究,故障诊断方法也因此稳步发展。人工智能是一门综合了计算机技术、逻辑学和哲学的交叉学科,机器学习算法最初由Cover和Hart于1968年提出,随着大数据技术的发展,其被广泛应用,成为一种在理论上比较成熟的分类算法。20世纪60—70年代,Vapnik等人根据数据模式识别中存在的精度不高、置信区间范围大、运算维度高和结构风险等问题,总结归纳出统计学习理论(Statistical Learning Theory,SLT),该方法能够对故障数据进行统计量分析,将故障特征输入训练好的统计模型进行故障诊断。该理论兼顾性能函数和VC结构风险最小化的特点并且能够保持机器学习过程的一致性,即选择函数子集的判别函数使其经验风险最小,具有最优分类能力,为选择分类器提供了思路。机器学习就是让机器能够实现类似于人类智力的有限功能(智能)。机器学习是人工智能领域的学科,分为无监督学习(Unsupervised Learning,UL)、监督学习(Supervised Learning,SL)和强化学习(Reinforcement Learning,RL)三大类。在无监督学习中,建立机器学习模型的样本数据是未进行标记的,通过对这些未标记的样本数据进行学习,寻找发现数据的内在规律,结合这些规律为轴承故障诊断提供方法依据。无监督学习中研究最多、应用最广泛的是聚类(Clustering)学习算法。常用的无监督学习方法有高斯混合模型(Gaussian Mixture Model,GMM)、K-中心点法、K均值算法、最大期望算法,这些算法以聚类为主要的分析方法。高斯混合模型(GMM)聚类是用高斯概率密度函数(正态分布曲线)精确量化数据分布情况,GMM表示观测数据在总体中的概率分布情况。Park等人提出了快速K-中心点聚类算法(K-medoids Cluster Algorithm,KCA),相较于高斯混合模型聚类,它对轴承运行工作环境中的噪声信号具有不敏感性,具有对轴承故障脉冲周期性非线性非平稳信号数据鲁棒性,并且聚类效果与非中心点选取的顺序没有关系,具有故障数据对象正交变换和频域平移的不变性。

轴承故障智能诊断与识别技术的快速发展促进了机器学习方法在机械故障诊断及早期性能退化预警方法的应用与发展。在监督学习中,机器对训练样本数据进行学习并生成一个推断函数去映射新的实例,并且对那些不可见实例的类标签进行判断。常用的监督学习方法有 K-近邻法(K-Nearest Neighbor,KNN)、决策树学习、BP神经网络、贝叶斯分类、支持向量机(Support Vector Machine,SVM)、支持向量数据描述(Support Vector Data Description,SVDD)等。K-近邻法是由 Cover 和 Hart 在1968 年提出的一种监督学习算法,目前在理论和应用上都比较成熟。K-近邻法、支持向量数据描述具有适合大容量类域自动分类,小容量类域分类容易出错的特点。支持向量机是 Cortes 和 Vapnik 等于 1995 年首先提出的。SVM 监督学习方法能够有效地解决有限样本的问题,非常适用于故障样本缺少、样本采集难的故障诊断问题。机器学习最近的研究结果说明支持向量机学习方法已在医学研究、生物化学、声纹识别、邮件信函的自动分类、图像识别、手写字体识别和面部识别等领域表现出极大的优势,并且还成功用于函数拟合和概率密度估计等应用数学领域。SVM 应用于轴承故障诊断中,为小样本数据机器学习提供了一套完整的方法。王贡献等人将多尺度均值排列熵和参数优化支持向量机应用于轴承故障诊断,在故障诊断领域成功引入 SVM,使故障诊断的智能化程度大大提高。工程实践中的分类问题可以分为两类:相对简单的线性可分问题和线性不可分的非线性问题。当在线性可分问题中计算最佳分离超平面时,SVM 最先解决了问题。SVM 通过非线性核函数将非线性可分数据投影到高维上,使其成为线性可分问题,将实现高维非线性数据的线性区分。作为 SVM 的衍生物,SVDD 理论使机器学习理论得到完善,并在故障诊断中得到推广。SVDD 兼顾了经验风险和置信区间,能够使经验风险最小化,在轴承振动故障样本数据有限的情况下,实现最佳故障诊断,达到最佳分类效果,因此在故障诊断中得到了广泛的应用。

深度学习是对机器学习方法的改进,具有深层次学习的网络结构,能够主动学习轴承故障信号的特征进而实现故障诊断,克服了传统信号处理方法手动进行特征提取的困难。随着现代化和智能化生产的发展,旋转机械设备的运行将产生大量表征设备运行状态的特征数据,这将导致机器学习模型很难对表征故障的特征信号进行挖掘与提取。深度学习恰好弥补了机器学习的不足,故在故障诊断领域得到重视和广泛应用。在轴承故障诊断方法中,常用的深度学习方法有卷积神经网络(Convolutional Neural Network,CNN)、深度信念网络(Deep Belief Network,DBN)、循环神经网络(Recurrent Neural Network,RNN)、堆叠自动编码器(Stacked Auto Encoders,SAE),这四种方法已经在轴承故障诊断中得到了初步的应用。深度学习方法已成为解决变工况问题和大数据下故障诊断的有效手段。

2)方法特点分析

轴承故障诊断分为轴承故障信号特征提取、轴承故障信号识别两方面。故障识别率等于识别的目标样本数 N 与样本总数 n 的比值,故障诊断也是提高识别率进而确定故障类型和位置的过程。机器学习方法在模式识别的过程中,需要根据数据库故障数据特征以及类别进行判定,会受各种参数和特征提取方法的限制,所以学习能力有限。因此在工程领域,机器学习方法需要与前端各类信号处理特征提取方法相结合。将特征矩阵向量输入机器学习模型,利用计算机进行计算,判断不同故障的类型。随着人工智能的发展,机器学习算法由于具有智能化和自主学习的特性,在轴承故障诊断中得到广泛应用。机器学习根据学习的特点分为监督学习和无监督学习。常用无监督学习方法的算法以聚类为主要分析方法。顾名思义,聚类算法就是把相同特征属性一类故障划分到一块,使两类故障能够得以区分。聚类的样本事先没有样本标签划分,如高斯混合模型、K-中心点法和 K 均值算法。常用无监督学习聚类方法在轴承故障诊断中得到应用,但这些聚类算法存在数据量过大、高维度聚类困难的问题。每种监督学习方法都有各自的优缺点,根据不同的适用环境与信号处理特征提取方法实现轴承故障诊断,每种方法不能单独进行特征提取和故障识别。如:K-近邻算法存在计算量大的问题,因为要计算每个待分类的样本与已知训练样本的距离。样本不均衡会导致误分类,并且受参数 K 影响较大。SVM、SVDD 虽然能够解决非线性动力特性、小样本和强泛化问题,在轴承故障诊断中具有较大优势,但在故障信号稀疏有限、核函数选择受限的情况下,优势发挥不明显。相关向量机(Relevance Vector Machine,RVM)不受核函数限制,能够解决小样本数据问题,但输出结果不稳定,具有随机性。人工神经网络(Artifical Neural Network,ANN)存在的问题是,神经网络结构中参数不好确定,神经网络层数会根据运算量变多,极易出现大容量样本运算。核极限学习机(Kernelized Extreme Learning Machine,KELM)监督学习方法能够主动学习,并且学习速度快、学习广度与深度大,在轴承故障预测和退化性能评估方面具有明显优势,但存在学习不稳定和连接权值不好选取等问题。

综上所述,采用合适的机器学习算法对提取的轴承振动故障特征信号进行模式识别,不但能更准确地发现故障信号所包含的特征并对其进行识别,还可以使故障数据识别过程中的运算量大大减少,从而快速准确地给出故障诊断识别分类结果。随着人工智能技术的发展,机器学习算法在故障信号识别方面的应用成为轴承故障诊断及性能退化预警研究中一个前景广阔的方向。

1.3.2 轴承性能退化预警研究现状

轴承故障诊断是在轴承发生故障后,通过对采集的轴承故障振动信号进行特征提取,进而分析确定轴承的运行状态、损伤程度和故障位置,是一种事后诊断。事后诊断难以对早期轴承性能退化评估情况进行监测和预警,造成不必要的企业设备维护成本。轴承的性能会随着使用时间以及故障程度逐步变化,这个变化的过程也被称为退化过程。如果能够对轴承的退化过程进行跟踪监测研究,发现轴承性能退化的规律,可以为轴承早期故障诊断预警及设备维护提供重要决策依据。因此,轴承性能退化预警得到国内外学者高度重视和广泛研究。

在轴承故障诊断中,预测轴承关键部件性能退化趋势,需要通过提取的特征来反映系统的运行状态,并对异常信号保持高灵敏度。目前,轴承性能退化预警方法主要分为两类:物理模型退化预警方法和数据驱动退化预警方法。物理模型退化预警方法是指根据实际问题建立物理模型,并通过模型来预测对象设备的当前状态。由于对象设备状态具有不稳定性、非线性,因此很难建立精确的物理模型,导致该方法实际应用能力不足,无法在各种工业场合被广泛采用。数据驱动下的轴承故障诊断及退化预警方法需要对在线采集的振动信号数据构建数学模型,用构建好的数学模型对故障进行诊断识别进而分析确定轴承的运行状态,该方法因不需要分析故障机理并且构造的数学模型简单而得到广泛的研究与应用。在数据驱动退化预警方法中,对轴承故障振动信号的特征提取和退化预警评估是最重要的两方面。如 Akhand 等研究了通过 EEMD 提取固有模态函数(Intrinsic Mode Functions, IMF)分量的奇异值和能量熵组成特征向量并且输入高斯混合模型,再测量詹森·雷尼散度(Jensen-Rényi Divergence, JRD)与正常样本的距离来实现设备性能退化预警评估。Aye 等将集成 GMM 模型与核主元分析相结合用于设备的性能退化预警评估中。Yu 将局部保持投影(Locality Preserving Projections, LPP)方法用于故障特征提取并实现降维处理,再把特征向量输入 GMM 模型进而实现退化预警评估。Siegel 等将自组织映射网络(Self-Organizing Map, SOM)最小量化误差作为与正常样本距离的度量进而判断设备的运行状态,该方法融合了时域和频域信号的多个特征输入映射网络模型并产生评估指标,对两个失效轴承试验数据进行分析比较,经验证取得了较好的效果。Lu 等用 EMD 对故障振动信号进行分解,提取 IMF 能量熵组成初始的特征向量,通过主成分分析(Principal Component Analysis, PCA)实现对输入特征向量的降维处理,最后量化性能退化预警指标为 0 到 1 置信区间内,根据置信区间判断轴承是否运行正常和退化程度。国内研究方面,剡昌峰等对故障振动信号进行特征提取,将初始故障特征与退化性、敏感性较强的马田系统相结合,较好地实现了退化预警评估。王奉涛等从故障振动信号中提取初始高维特征向量,然后根据局部线性嵌入法实现高维局部特征提取,再用模糊 C 均值聚类法评估轴承退化程度,实现早期轴承性能评估预警。张龙等从正常振动信号中提取多域特征向量来训练 GMM 模型,并将全寿命多域特征与 GMM 模型相结合对轴承的性能进行退化预警评估。王冰等用基本尺度熵方法提取轴承性能退化指标,并将退化指标向量作为 GG 模糊聚类输入实现轴承性能退化预警评估。朱朔等使用果蝇算法对 SVDD 参数选取进行优化,将提取的轴承正常振动信号与全寿命时频域故障特征向量输入训练好的模型,进而对轴承性能退化预警过程进行评估。姜万录等将轴承振动信号分解为多帧信号,从每帧信号中进行变分模态分解(Variational Mode Decomposition, VMD),从分解后的信号中提取剔除异常值后的奇异值并求出平均值组成退化特征向量,再用 SVDD 求得正常样本模型的评估参数后引入隶属度函数来判断评估预警效果,进而对轴承全寿命进行退化预警评估。上述研究中通过提取信号的多维特征向量输入训练模型进行测试是轴承性能退化评估方法的总体思路。

由早期故障导致的恶性事故经常出现,为了避免和消除早期故障隐患,需要不断更新和发展预警技术。预警技术被广泛应用于各种领域,如:机械设备状态监测预警、宏观经济运行监控预警、地震预警、天气预报预警和雷达导弹袭击预警等。目前,主要从 5 个方面对设备状态监测及故障预警技术进行研究:一是对轴承设备状态特征劣化演变规律进行研究;二是对提取轴承设备早期运行状态发展趋势进行研究;三是对低信噪比微弱的早期故障信号特征提取进行研究;四是对轴承故障预测模型构建方法进行研究;五是对轴承运行状态劣化的相关评价参数模式及准则进行研究。常用预警技术有自回归条件异方差(Autoregressive Conditional Heteroskedasticity, ARCH)预警法、概率模式分类法、判别分析法、神经网络分析法和支持向量数据描述等方法。各种轴承性能退化预警研究中,对故障信号退化特征的提取是关键。

综上所述,以采集的轴承振动信号为基础,运用数据驱动的轴承故障诊断及性能退化预警方法被大量研究。通过上述研究得出,各种情形下的轴承故障诊断或退化预警过程的核心是采用合适有效的方法,从轴承振动信号中提取表征轴承故障或者退化预警的特征,然后将这些特征向量输入模式识别方法模型中,以实现轴承故障诊断及性能退化预警。

本书主要研究了正交小波变换和机器学习在轴承故障诊断及早期性能退化预警中的方法,通过正交小波变换进行信号的特征提取,然后利用机器学习算法对轴承故障进行智能诊断。利用美国 Case Western Reserve University(凯斯西储大学)电气工程实验室数据、西安交通大学 XJTU-ST 轴承数据、南阳理工学院故障模拟平台 MFS 实验数据和海南水泥厂鼓风机采集到的数据进行技术和方法的验证,提高轴承故障数据分类效果,缩短分类时间,实现轴承故障智能诊断及早期性能退化预警的目标。

2 基于正交小波变换和高斯混合模型聚类的轴承单分类故障诊断

针对第 1 章轴承故障诊断中存在周期脉冲非线性非平稳故障信号的特点,在轴承故障特征提取时采用正交小波变换,把故障信号分解为多层、多尺度进行分析。高斯混合模型通过高斯分布的线性组合构造概率模型,并通过概率分布学习参数确定故障类型,将 OWT 和 GMM 这两种方法相结合实现轴承单分类故障智能诊断。

小波变换能够在时域和频域两个尺度上对轴承故障的非线性非平稳信号进行特征提取,既继承和发展了短时傅立叶变换(STFT)对频域进行局部化分析的特点,又克服了窗口函数的大小固定不变、不易变换等难题,具有多尺度和多分辨率分析的特点。无监督学习是指机器学习所处的学习环境中样本数据都没有标签,具有对高维数据降维、因子分析和聚类分析的特点,是数据预处理和特征提取的重要步骤。常用的无监督学习方法有高斯混合模型、K 均值算法、K-中心点法、最大期望算法。各种无监督学习算法的目标是对原始数据进行特征转换,使人们容易理解数据含义,也更加方便机器学习进行算法解析。

综合上述分析,本章主要研究基于正交小波变换和高斯混合模型聚类的轴承单分类故障诊断方法(OWTGMM),实现轴承的单分类故障诊断。该方法主要针对无噪声的弱故障信号,为降低数据维数,利用正交小波变换对各尺度上的相应局部信号进行特征提取,以局部信号峰峰值作为特征向量,训练高斯混合模型,进而对轴承进行单分类故障智能诊断,提高轴承故障诊断的准确性和有效性。利用现有样本数据集建立高斯混合数学模型,然后对未知故障数据进行 OWTGMM 分类,区分出轴承设备的状态。

2.1 正交小波变换理论

2.1.1 小波变换

任意空间 $L^2(\mathbf{R})$ 中,在小波基的条件下对函数 $z(t)$ 进行连续小波变换展开,展开式见式(2-1):

$$WT_z(a,b) = \langle z(t), \phi_{a,b}(t) \rangle = \frac{1}{\sqrt{a}} \int_{\mathbf{R}} z(t) \phi\left(\frac{t-b}{a}\right) dt \qquad (2-1)$$

式中,a,b 均为常数,且 $a>0$。由连续小波变换的定义可知小波变换为一种积分变换,同傅立叶变换一样,都是在特定条件下的连续积分变换,式(2-1)中 $WT_z(a,b)$ 为小波变换系数。由于傅立叶变换与小波变换在积分变换中选择了不同的变换基,因此二者的性质有很大的区别,其中最重要的一点是小波基具有尺度 a 和平移 b 两个参数,这使得小波变换具有多尺度和多分辨率特性,具备了不同于傅立叶变换的平移和多尺度特性。

因此在时频域小波变换分析中,对小波基函数 $\phi(t)$ 的构造一般需要满足以下要求:

(1)满足紧支撑性质,即定义域只有小的局部非零窗口部分,在窗口外的函数部分为零;

(2)小波基函数 $\phi(t)$ 具有振荡性质和波的性质,并且完全不能含有直流趋势成分,其表达式如下:

$$\psi(f) = \int_{-\infty}^{\infty} \phi(t) \mathrm{d}t \tag{2-2}$$

式中,$\psi(f)$ 是函数 $\phi(t)$ 的傅立叶变换。

(3)小波基函数 $\phi(t)$ 具有带通性质,其包含尺度参数 $a(a>0)$ 和平移参数 b,以 $a=1$ 时频带中心频率 f_1 和半功率频带宽 σ_1 为基准,则 f_a,σ_a 的计算公式为

$$f_a = \frac{f_1}{a}, \quad \sigma_a = \frac{\sigma_1}{a} \tag{2-3}$$

当 a 变大时,时窗伸展,则频宽收缩。另外带宽变窄,则中心频率降低,此时频率分辨率增大。

当 a 减小时,时窗收窄,则频宽扩大。另外带宽增加,则中心频率升高,此时频率分辨率减小,而时间分辨率增大。

在实际问题中,高频信号的持续时间和低频信号的持续时间是相反的,即高频信号的持续时间短,低频信号的持续时间就会变长。参数 a 变化引起的频率变化与平时感受是一致的。相对短时傅立叶变换时窗固定不变,小波变换在时频分析领域因为其多分辨率和多尺度分析特点无可比拟。

如果采用的小波函数满足式(2-4)中的条件,那么可以证明小波函数的反变换存在。

$$C_\phi = \int_{\mathbf{R}} \frac{|\psi(\omega)|^2}{|\omega|} \mathrm{d}\omega < \infty \tag{2-4}$$

且此时连续小波变换的反变换表达式如式(2-5)所示:

$$x(t) = \frac{1}{C_\phi} \int_0^\infty \frac{\mathrm{d}a}{a^2} \int_{-\infty}^\infty WT_z(a,b) \frac{1}{\sqrt{a}} \phi\left(\frac{t-b}{a}\right) \mathrm{d}b \tag{2-5}$$

连续小波变换的公式推导是一种线性变换,具有叠加性、时移不变性、尺度转换性、内积定理性等基本性质。

性质 1 叠加性。假设 $x(t)$,$y(t) \in L^2(\mathbf{R})$ 空间,λ_1,λ_2 为任意常数,即 $x(t)$ 的连续小波变换为 $WT_x(a,b)$,$y(t)$ 的连续小波变换为 $WT_y(a,b)$,则 $z(t) = \lambda_1 x(t) + \lambda_2 y(t)$ 的连续小波变换为:

$$WT_z(a,b) = \lambda_1 WT_x(a,b) + \lambda_2 WT_y(a,b) \tag{2-6}$$

性质 2　时移不变性。设 $x(t)$ 的连续小波变换为 $WT_x(a,b)$，那么 $x'(t)=x(t-t_0)$ 的连续小波变换为

$$WT_{x'}(a,b) = WT_x(a,b-t_0) \tag{2-7}$$

时移不变性说明，延时后的小波系数只需将原小波系数在 b 轴上对应时移即可。

性质 3　尺度转换性。记 $x(t)$ 的连续小波变换为 $WT_x(a,b)$，则 $x'(t)=x\left(\dfrac{t}{\rho}\right)$（$\rho>0$ 为常数）的连续小波变换为

$$WT_{x'}(a,b) = \sqrt{\rho}WT_x\left(\frac{a}{\rho},\frac{b}{\rho}\right) \tag{2-8}$$

性质 4　内积定理性。假设 $x(t),y(t)\in L^2(\mathbf{R})$ 空间，设 $x(t)$ 的连续小波变换为 $WT_x(a,b)$，那么有

$$\langle WT_x(a,b),WT_y(a,b)\rangle = C_\phi\langle x(t),y(t)\rangle \tag{2-9}$$

式中，C_ϕ 是 $\phi(t)$ 的 Cohen 类时频分布，$\langle\cdot,\cdot\rangle$ 表示内积运算。

2.1.2　正交小波及多尺度分析

1. Haar 小波

给出 Haar 小波的定义，Haar 小波的尺度函数 $\phi(t)$ 为

$$\psi(t) = \begin{cases} 1 & 0 \leqslant t < 1/2 \\ -1 & 1/2 \leqslant t < 1 \\ 0 & 其他 \end{cases} \tag{2-10}$$

$$\phi(t) = \begin{cases} 1 & 0 \leqslant t < 1 \\ 0 & 其他 \end{cases} \tag{2-11}$$

显然从式（2-10）和式（2-11）中可以看到，$\psi(t)$ 的整数位移相互之间没有重叠 $\langle\psi(t-k),\psi(t-k')\rangle=\delta(k-k')$，此时它们是正交的，按照同样的方法可以得到 $\langle\psi_{j,k}(t),\psi_{j,k'}(t)\rangle=\delta(k-k')$。

因此很容易推出 $\psi(t)$ 和 $\phi(t)$ 的傅立叶变换是

$$\psi(\omega) = \mathrm{j}e^{-\mathrm{j}\omega/2}\frac{\sin^2\dfrac{\omega}{4}}{\dfrac{\omega}{4}} \tag{2-12}$$

$$\phi(\omega) = e^{-\mathrm{j}\omega/2}\frac{\sin^2\dfrac{\omega}{2}}{\dfrac{\omega}{2}} \tag{2-13}$$

在具体运算中,上述傅立叶变换公式中 ω 实际上应为 Ω。

Haar 小波在时域具有限支撑性和非常好的定位功能,但是它在频域的定位功能极差,或者说在频域的分辨率极差。

Haar 小波对应的二尺度差分方程中的滤波器公式为

$$h_0(n) = \left\{\frac{1}{\sqrt{2}}, \frac{1}{\sqrt{2}}\right\}, \quad h_1(n) = \left\{\frac{1}{\sqrt{2}}, -\frac{1}{\sqrt{2}}\right\} \tag{2-14}$$

它们是最简单的两系数滤波器。

2. Shannon 小波

令

$$\phi(t) = \frac{\sin\pi t}{\pi t} \tag{2-15}$$

则

$$\phi(\omega) = \begin{cases} 1 & |\omega| \leqslant \pi \\ 0 & \text{其他} \end{cases} \tag{2-16}$$

由于

$$\langle \phi(t-k), \phi(t-k') \rangle = \frac{1}{2\pi}\int_{-\pi}^{\pi} \phi_{0,k}(\omega)\phi_{0,k'}^{*}(\omega)\mathrm{d}\omega$$

$$= \frac{1}{2\pi}\int_{-\pi}^{\pi} \mathrm{e}^{-\mathrm{j}(k-k')\omega}\mathrm{d}\omega = \delta(k-k') \tag{2-17}$$

则 $\{\phi(t-k), k \in \mathbf{Z}\}$ 构成 V_0 中的正交小波基,那么 $\phi(t)$ 称为 Shannon 小波的尺度放缩函数。

由于 $\phi_{0,k}(t) \in V_0, V_0 \oplus W_0 = V_{-1}$,由二尺度性质,$\phi(2t-K) \in V_1$,因此

$$\phi_{-1,k}(\omega) = \begin{cases} 1 & |\omega| \leqslant 2\pi \\ 0 & \text{其他} \end{cases} \tag{2-18}$$

这样,对 $\psi(t) \in W_0$ 有

$$\psi(\omega) = \begin{cases} 1 & \pi < |\omega| \leqslant 2\pi \\ 0 & \text{其他} \end{cases} \tag{2-19}$$

于是求出

$$\psi(t) = \frac{\sin\frac{\pi t}{2}}{\frac{\pi t}{2}}\cos\frac{3\pi t}{2} \tag{2-20}$$

容易验证

$$\langle \psi(t-k), \psi(t-k') \rangle = \delta(k-k') \tag{2-21}$$

也即$\{\psi(t-k),k\in\mathbf{Z}\}$构成 W_0 中的正交小波基。从频域图可以看到，$\psi_{j,k}(\omega)$ 和 $\phi_{j,k}(\omega)$两个函数自身之间、相互之间整数移位都没有交叉重叠的现象，它们是正交小波函数，如图 2-1 所示。

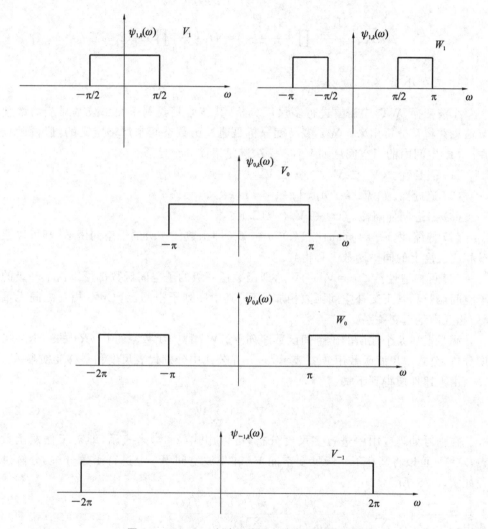

图 2-1   Shannon 小波尺度函数在频域的波形图

Haar 和 Shannon 小波函数是正交小波中两个比较极端的函数，轴承故障诊断中构造的正交小波函数介于两者之间。小波的函数 $\psi(t)$ 的基本要求：一是具有带通性，二是具有振荡性，三是满足稳定性，四是具有紧支撑性。

由二尺度差分方程，可得 $\phi(\omega)$、$\psi(\omega)$ 均和 $H_0(\omega)$、$H_1(\omega)$ 有内在的联系。有

$$\phi(\omega) = \prod_{j=1}^{\infty} \frac{H_0\left(\frac{\omega}{2^j}\right)}{\sqrt{2}} = \prod_{j=1}^{\infty} H_0'(2^{-j}\omega) \qquad (2\text{-}22)$$

$$\psi(\omega) = \frac{H_1\frac{\omega}{2}}{\sqrt{2}} \prod_{j=2}^{\infty} \frac{H_0\left(\frac{\omega}{2^j}\right)}{\sqrt{2}} = H_1'\left(\frac{\omega}{2}\right) \prod_{j=2}^{\infty} H_0'(2^{-j}\omega) \qquad (2\text{-}23)$$

3. 正交小波多尺度分析

小波变换（WT）中需要进行多尺度分析，其核心是找到正交小波基对应局部细节信息并将其分析出来。WT多尺度分析是通过函数空间来严格定义的，假设函数在 $L^2(\mathbf{R})$ 空间内的子空间序列 $V_m(m \in \mathbf{Z})$ 满足下面 5 个性质：

（1）嵌套性。$\cdots V_2 \subset V_1 \subset \cdots \subset V_{-2} \subset \cdots$。

（2）逼近性。$\bigcap V_m = \{0\}$，$\bigcup V_m = L^2(\mathbf{R})$。

（3）二进制伸缩性。$f(t) \in V_m \Leftrightarrow f(2t) \in V_{m-1}$。

（4）伸缩性。$V_m = \mathrm{span}\{\phi_{m,n}(t), n \in \mathbf{Z}\}$，即函数任一级的子空间函数，都可以通过相应尺度上的同一函数平移得到。

（5）可构造性。$V_{m-1} = V_m \oplus W_m$，即函数任一级的子空间函数都可以由下一级的子空间函数和其正交补空间函数相加得到，其中序列子空间函数 W_m 相互之间无重叠，相互满足正交关系。

满足上述 5 个性质的子空间函数序列 V_m、W_m 称为函数空间 $L^2(R)$ 的一个多尺度分析，公式中尺度函数用 $\phi_{m,n}$ 表示，m、n 在公式中分别代表尺度和平移变换参数。

由上述性质得到下式

$$V_0 = V_m \oplus \sum_{i=1}^{m} W_i \qquad (2\text{-}24)$$

在信号处理应用中进行多尺度分析，可以用式（2-24）来表示，即对于任意函数 $f(t) \in V_0$ 可以将其在下一级尺度空间 V_1 和小波空间 W_1 上进行函数分解，分解过程如式（2-25）所示。

$$f(t) = p_1 f(t) + q_1 f(t) \qquad (2\text{-}25)$$

式中，$p_1 f(t) = \sum_k C_{1,k} \phi_{1,k}$，$q_1 f(t) = \sum_k D_{1,k} \Theta_{1,k}$。

$p_1 f(t)$ 表示逼近函数部分，$q_1 f(t)$ 表示细节函数部分。然后将逼近函数部分按照式（2-25）进行进一步分解，如此反复循环迭代计算就可以分解出任意尺度上的逼近函数和细节函数，迭代计算如式（2-26）所示。

$$p_{m-1} f(t) = p_m f(t) + q_m f(t) = \sum_k C_{m,k} \phi_{m,k} + \sum_k D_{m,k} \Theta_{m,k} \qquad (2\text{-}26)$$

式中，$C_{m,k}=HC_{m-1}$，$D_{m,k}=GC_{m-1}$，H 表示低通滤波器函数。对 $p_m f(t)$ 进行一次分解后，采样样本会比原来的样本减少一半，并且细节函数波形越来越平滑，信号的分辨率越来越低；G 代表 H 的镜像高通滤波器函数，带宽在每次分解后也会缩减为原来的一半。经过 m 次分解，得到

$$f(t) = p_m f(t) + \sum_{j}^{m} q_j f(t) \tag{2-27}$$

式中，$p_m f(t)$ 代表的是函数 $f(t)$ 的低频全局信息，$\sum\limits_{j}^{m} q_j f(t)$ 则代表的是在函数 $f(t)$ 逐次分解中，分离得到的从 V_0 到 V_{m-1} 各个尺度上 $f(t)$ 的相应局部函数细节信息，以上分解过程见图 2-2。

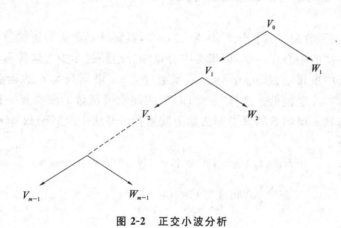

图 2-2 正交小波分析

2.2 机器学习聚类方法

2.2.1 基于划分的聚类方法

给定一个数据库，其包含 N_p 个数据对象以及数目 K 的即将生成的簇，用一个区分类的算法将研究对象分为 K 个部分，这里的每个部分分别代表一个簇，即代表一个聚类。聚类的数目 K 与全体样本对象 N_p 需要满足 $K \leqslant N_p$ 的关系，其中 K 的大小即样本的数目，根据需要进行人为指定。聚类算法从一个初始样本划分开始，通过不断改变参数进行重复的调控优化，最终使划分聚类效果达到最优。因此，聚类可以看作一个优化问题，而 N_p 个数据对象全体的优化问题往往是难点。

基于划分的聚类方法满足迭代并且局部收敛的条件,其迭代的步骤为:

(1)中心点初始化。依据经验或者随机选择 K 个聚类初始中心点。

(2)计算距离。对于每一个样本数据点 z_p,计算 z_p 到每个中心点 m_k 的隶属函数 $u(m_k \parallel z_p)$ 和权重 w_{z_p},将每个样本点分配给距其最近的中心点对应的聚类。

(3)计算中心点。根据聚类分组中的样本数据,重新计算每个聚类的中心点。

$$m_k = \frac{\sum_{p=1}^{N_p} u(m_k \parallel z_p) w_{z_p} z_p}{\sum_{p=1}^{N_p} u(m_k \parallel z_p) w_{z_p}} \tag{2-28}$$

式中,权重 w_{z_p} 是用来确定数据点 z_p 在下一次迭代中重新计算中心点时所占的比例,而 $w_{z_p} > 0$。

(4)迭代直至收敛。迭代执行步骤(2)、(3),直到满足聚类算法收敛,本次计算的中心点与上一次的中心点一样,即聚类中心点和分组经过多少次迭代不再改变。

上述步骤中隶属函数 $u(m_k \parallel z_p)$ 表示数据点 z_p 隶属聚类 k 的程度函数,值越大,隶属度越高,反之越低。选择"非此即彼"的硬隶属函数的聚类算法称为硬聚类,而选择模糊的软隶属函数的聚类算法称为软聚类。算法中隶属函数 $u(m_k \parallel z_p)$ 必须满足以下条件:

$$u(m_k \parallel z_p) \geqslant 0, p = 1, \cdots, N_p, \quad k = 1, \cdots, K \tag{2-29}$$

$$\sum_{k=1}^{K} u(m_k \parallel z_p) = 1, \quad p = 1, \cdots, N_p \tag{2-30}$$

2.2.2 高斯混合模型

聚类分析算法是一种统计分析方法,以数据的相似性为基础,在同一个聚类中元素都是相同的类型或者相同的数据样本,聚类分析能够对数据进行无监督标记分类,也可以对数据进行深层次挖掘,常用的聚类方法有高斯混合模型(GMM)聚类、K-均值算法聚类、K-中心点聚类。无监督学习高斯混合模型聚类就是用高斯概率密度函数(正态分布曲线)精确地量化数据分布情况,表示观测数据在总体中的概率分布情况。GMM 是由 K 个子分布组成的一个混合分布模型,该混合分布模型不用提供关于数据子分布的情况,而用观测数据的总体概率来估计新样本数据的分布情况,判断新样本数据属于该类别的概率,即通过高斯分布的线性组合,构造概率模型,并通过概率分布学习参数,确定属于哪一类型。

根据 GMM 的特点,下面介绍其数学公式,首先定义如下参数:

x_j 表示第 j 个样本数据,$j = 1, 2, \cdots, N$。

k 表示 GMM 中子 GMM 的数量,$k = 1, 2, \cdots, K$。

α_k 表示样本数据属于第 k 个子 GMM 的概率,有

$$\alpha_k \geqslant 0, \quad \sum_{k=1}^{K} \alpha_k = 1 \tag{2-31}$$

第 k 个子模型的 GMM 概率密度函数表示为 $\phi(x|\theta_k)$。

参数 $\theta_k = (u_k, \sigma_k^2)$ 的展开式与单高斯模型相同,GMM 的概率分布为

$$P(x \mid \theta) = \sum_{k=1}^{K} \alpha_k \phi(x \mid \theta_k) \tag{2-32}$$

$\theta = (\bar{u}_k, \bar{\sigma}_k, \tilde{\alpha}_k)$ 中参数分别表示每个子模型的期望、方差及协方差在 GMM 中发生的概率。

2.2.3　基于 OWTGMM 聚类的轴承单分类故障诊断方法

利用上述正交小波变换对轴承振动产生的非线性、非平稳和周期脉冲振动信号进行局部信号分解,利用 OWT 对分解在各层上的相应局部信号进行特征提取,将提取的各层局部信号峰峰值作为特征向量,用来训练正交小波变换高斯混合模型(OWTGMM)。

用训练好的 OWTGMM 对轴承故障进行分类评估,区分轴承故障类别,达到对故障进行诊断的目的。具体步骤如下:

(1)对原始轴承正常振动信号进行 m 层正交小波变换,分别提取振动信号 $f(t)$ 的第 V_0 到第 V_{m-1} 层各个尺度上相对应的细节信号,其中 V_0 表示原始信号。

(2)对步骤(1)轴承正常信号进行特征提取,以前五层的峰峰值作为特征向量。设 $W_i(i=1,2,\cdots,m-1)$ 对应的峰峰值为 $Xpp(i) = \max(W_i) - \min(W_i)$,$(i=1,2,3,\cdots,m-1)$,特征向量 $\boldsymbol{T}$ 构造如下:$\boldsymbol{T} = [Xpp(1), Xpp(2), Xpp(3), \cdots, Xpp(m-1)]$。

(3)将步骤(2)中所构造的峰峰值向量矩阵作为 GMM 输入样本,并构造高斯混合模型。

(4)对待测原始样本进行正交小波变换,利用多尺度性对信号进行细节分析,并提取各层的峰峰值,作为测试样本集,根据 OWTGMM 进行分类,区分出状态。

(5)高斯混合模型高斯线越集中在等高线内,分类越准确,分类效果越好。

高斯混合模型轴承单分类故障诊断的流程图,如图 2-3 所示。

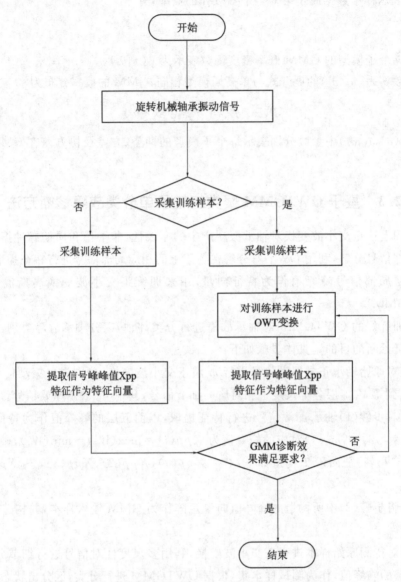

图 2-3　高斯混合模型轴承单分类故障诊断的流程图

基于 OWTGMM 聚类的轴承单分类故障诊断方法的具体实现过程如下：

（1）采集训练样本 tr。采样长度为 256，采样周期 dt＝1/12000，样本个数为 100。训练样本数据来自西安交通大学 XJTU-ST 轴承实验数据，使用水平振动信号数据，并建立 OWTGMM 数学模型，训练样本 tr 核心实现代码如下所示，具体实现的程序界面如图 2-4 所示。

```
%首先清除变量
clear all;
num＝256；        %每个样本的长度
dt＝1/12000；      %采样周期
l＝100；           %在训练集中每组数据采集样本个数
tl＝30；           %在测试集中每组数据采集样本个数
%导入训练样本，并建立数学模型
load('Bearing1-5 提取出的轴承数据')
a＝Untitled1'；
for i＝1:l %＋tl
    aa(i,:)＝a(num*(i-1)+1:num*i);%60*256
end
tr＝[aa]；       %构建原始的训练集,100*256
```

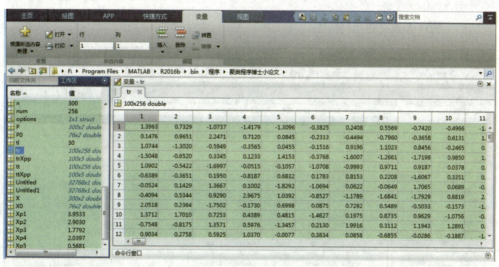

图 2-4　采集训练样本 tr

（2）对训练样本 tr 进行正交小波变换。OWT 特征提取训练样本 trXpp 100×5，并把训练样本标记为目标样本 BB，核心实现代码如下所示，具体实现的程序界面如图 2-5 所示。

```
%Feature Extract 正交小波特征提取
for i＝1:100
tr(i,:);                                                        输入训练样本 tr 100×256
[c,l]＝wavedec(tr(i,:),5,'db10');
d5＝wrcoef('d',c,l,'db10',5);
d4＝wrcoef('d',c,l,'db10',4);
d3＝wrcoef('d',c,l,'db10',3);
d2＝wrcoef('d',c,l,'db10',2);
d1＝wrcoef('d',c,l,'db10',1);
Xpp5＝max(d5)-min(d5);
Xpp4＝max(d4)-min(d4);
Xpp3＝max(d3)-min(d3);
Xpp2＝max(d2)-min(d2);
Xpp1＝max(d1)-min(d1);
trXpp(i,:)＝[Xpp5,Xpp4,Xpp3,Xpp2,Xpp1];
End
%把训练样本标记为目标类样本
BB＝trXpp;
B＝[BB(:,4:5);BB(:,3:4)];
```

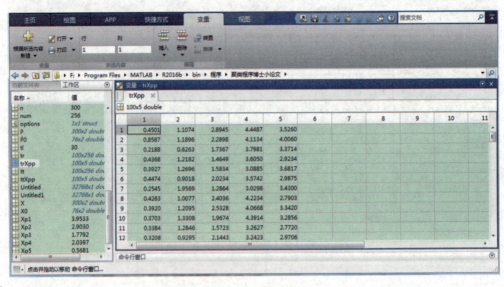

图 2-5　OWT 特征提取训练样本 trXpp

(3)采集测试样本 tt。采样长度为 256,采样周期为 dt＝1/12000,样本个数为 100。测试样本数据来自 XJTU-ST 轴承实验数据,使用水平振动信号数据,采集测试样本 tt 核心实现代码如下所示,具体实现的程序界面如图 2-6 所示。

```
load('Bearing1-5 提取出的轴承数据\bear5-34s.mat')

b＝Untitled';                          特征变换样本 trXpp 100×5

for i＝1:1 ％＋tl

    bb(i,:)＝b(num * (i-1)＋1:num * i);％60 * 512

end

tt＝[bb];    ％构建原始的测试样本集,100 * 512
```

图 2-6　采集测试样本 tt

(4)对测试样本 tt 进行正交小波变换。OWT 特征提取测试样本 ttXpp 核心实现代码如下所示,具体实现的程序界面如图 2-7 所示。

```
%Feature Extract
for i=1:100
tt(i,:);
[c,l]=wavedec(tt(i,:),5,'db10');
d5=wrcoef('d',c,l,'db10',5);d4=wrcoef('d',c,l,'db10',4);
d3=wrcoef('d',c,l,'db10',3);d2=wrcoef('d',c,l,'db10',2);
d1=wrcoef('d',c,l,'db10',1);
Xp5=max(d5)-min(d5);
Xp4=max(d4)-min(d4);
Xp3=max(d3)-min(d3);
Xp2=max(d2)-min(d2);
Xp1=max(d1)-min(d1);
ttXpp(i,:)=[Xp5,Xp4,Xp3,Xp2,Xp1];
End;
```

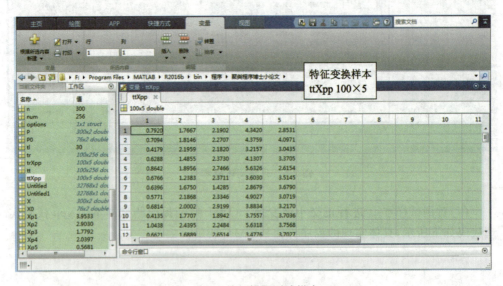

图 2-7　OWT 特征提取测试样本 ttXpp

（5）对测试样本 ttXpp 进行高斯混合模型聚类。测试结果核心实现代码如下所示，具体实现的程序界面如图 2-8 所示。

```
CC=ttXpp;
C=CC(:,4:5)*(-0.5);X=[B;C];
n = size(X,1);scatter(X(1:200,1),X(1:200,2),15,'ro','filled');
hold on; box on
scatter(X(201:end,1),X(201:end,2),15,'bo','filled');
set(gcf,'Position',[100 100 450 360]);
title('仿真数据');
legend('cluster-1','cluster-2','Location','SouthEast');
set(gca,'FontSize',10);
% 拟合模型
options = statset('Display','final');
gm = fitgmdist(X,2,'Options',options)
% 画出拟合模型的投影散点图;
hold on
ezcontour(@(x,y)pdf(gm,[x y]),[-6 6],[-6 6]);
title('散点图和拟合 GMM 模型')
xlabel('x'); ylabel('y');
set(gcf,'Position',[100 100 450 360]);
% 利用 cluster 方法聚类
idx = cluster(gm,X);
estimated_label = idx;
ground_truth_label = [ones(200,1); 2*ones(100,1)];
k = find(estimated_label ~= ground_truth_label);
% 标记错误分类的点为数字3
idx(k,1) = 3;figure;
gscatter(X(:,1),X(:,2),idx);
legend('Cluster 1','Cluster 2','error','Location','NorthWest');
title('GMM 聚类');
set(gcf,'Position',[100 100 400 320]);
```

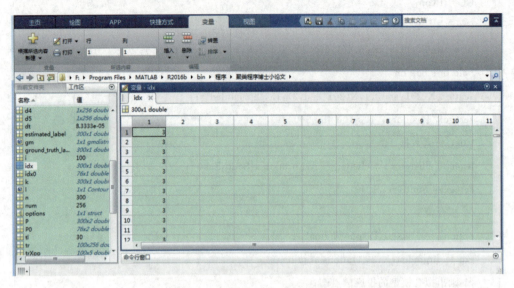

图 2-8　高斯混合模型聚类测试结果

2.3　OWTGMM 轴承单分类故障诊断实验

2.3.1　实验条件

为了进一步验证正交小波变换高斯混合模型（OWTGMM）评估轴承性能的有效性，使用 MST 滚动轴承实验数据，数据来自 XJTU-ST 轴承数据。采集水平振动信号进行实验，实验平台如图 2-9 所示。实验在固定速度条件下开始，在不同工况下进行滚动轴承加速退化实验。当水平或垂直信号的最大振幅超过 A^{10} 时，认为轴承失效，终止相关寿命实验，其中 A 是正常工作条件下一个垂直方向振动信号的最大振幅。在实验过程中，被测轴承可能出现任何类型的故障，即轴承长时间运行产生的外圈故障、内圈故障和滚动件故障，被测滚动轴承型号为 LDK UER204。传感器布置如图 2-9 右侧所示，收集加速度信号数据，采样频率为 25.6kHz，采样点数为 32768，采样周期为 1min，考虑了 3 种不同负载的工况（表 2-1）。在滚动轴承寿命测试中采用正交小波方法进行振动信号特征提取，选取 db10 小波包进行 5 层分解，提取轴承水平振动信号第 5 层、第 4 层的峰峰值作为输入特征向量矩阵，用该特征向量矩阵集训练 OWTGMM 模型。OWTGMM 模型将工况 1 的第一组数据作为训练集,即轴承 1_5 全寿命振动信号。以滚动轴承数据 1_5 为例,样本总数为 52 组,轴承实际测试寿命为 52min。分别采集 6min、10min、32min、34min、35min、38min 时轴承数据各 100 组,每组数据采集 512 个数据点。

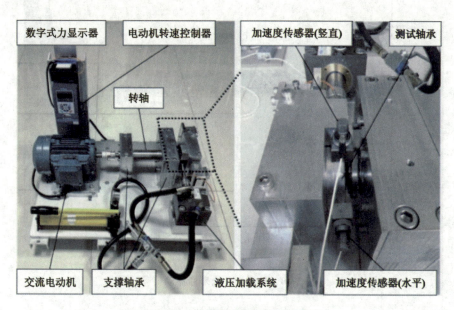

图 2-9 轴承加速寿命实验平台

表 2-1   轴承加速寿命实验工况

工况编号	1	2	3
转速/(r/min)	2100	2250	2400
径向力/kN	12	11	10

将采集到的 5 组数据作为 OWTGMM 单分类器的输入向量用于测试故障信号分类,验证 OWTGMM 轴承单分类故障诊断方法的有效性。图 2-10 显示了轴承 1_5 全寿命振动信号,在第 35min 时间点,与正常标准振幅相比,轴承振幅显著增加,35min 为轴承性能退化开始时刻。

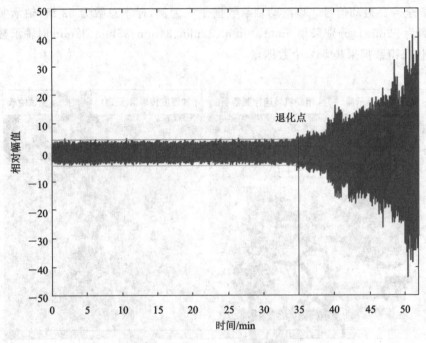

图 2-10   轴承 1_5 全寿命振动信号

2.3.2   实验结果分析

首先,在没有进行正交小波特征提取的条件下,分别对原始采集的 6min 轴承和 35min 轴承水平方向信号数据各 100 组不进行特征提取,将 200 组数据作为输入向量矩阵构建 GMM 模型,将构建测试好的模型用于故障信号分类,测试结果如图 2-11 所示。图中红色点 Model-0 代表在 6min 时的轴承水平振动故障数据,蓝色点 Model-1 代表 35min 时的轴承水平振动故障数据,从图中可以看出拟合的模型和真实的数据相差很远,高斯混合模型只有一个中心点,两类故障数据不能被正确分类,两组数据分类轮廓不清晰。

其次,对原始数据进行 OWT 特征提取。对图 2-11 中的 200 组数据进行 OWT 变换,小波函数选择 db10,分解为 5 层。提取第 5 层、第 4 层的峰峰值特征向量作为 OWTGMM 单分类器的输入向量用于测试故障信号分类,分类结果如图 2-12 所示。图中红色点 Model-0 代表在 6min 时的轴承水平振动故障数据,蓝色点 Model-1 代表 35min 时的轴承水平振动故障数据。从图中可以看出拟合的模型和真实的数据分布十分接近,高斯混合模型有两个中心点,分别代表两个高斯成分,两类故障数据在图中轮廓清晰,红色点和蓝色点聚类在各自中心点,能够进行正确分类,识别率达到 100%。

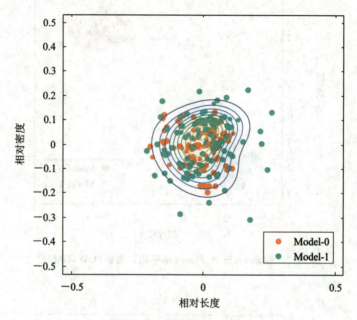

图 2-11 轴承 6min 和 35min 水平振动数据(GMM)

再次,对比两组数据 OWTGMM 故障分类效果。分别对原始采集的 6min 时的轴承水平方向信号数据(100 组)和 35min 时的轴承水平方向信号数据(200 组)进行正交小波变换。

小波函数选择 db10 小波,分解 5 层进行多尺度分析,并提取第 5 层、第 4 层的峰峰值特征向量作为 OWTGMM 单分类器的输入向量用于测试故障信号分类,分类结果如图 2-13 所示。图中红色点 Cluster-1 代表在 6min 时的轴承水平振动故障数据,蓝色点 Cluster-2 代表 35min 时的轴承水平振动故障数据。可以看出两类故障数据能进行正确分类,OWTGMM 中心点轮廓清晰,形成两个中心点。再对原始采集的 6min 时的轴承水平方向信号数据(100 组)和 34min 时的轴承水平方向信号数据(200 组)进行相同变换,作为 OWTGMM 单分类器的输入向量用于测试故障信号分类,分类结果如图 2-14 所示。可以观察到 OWTGMM 中心点模糊,外部轮廓清晰,不能形成两个中心点,说明 34min 后轴承性能有较大程度的退化。对比图 2-13、图 2-14 的分类效果发现,其与图 2-10 轴承在 35min 时振幅显著增加、轴承性能开始大幅退化一致,说明了高斯混合模型的有效性。

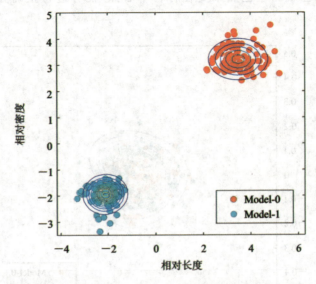

图 2-12　轴承 6min 和 35min 水平振动数据（OWTGMM）

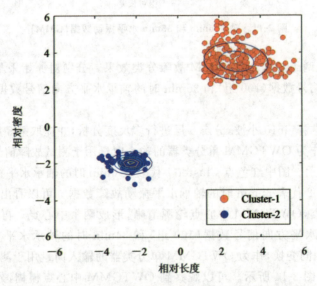

图 2-13　轴承 6min（100 组数据）和 35min（200 组数据）
水平振动数据（OWTGMM）

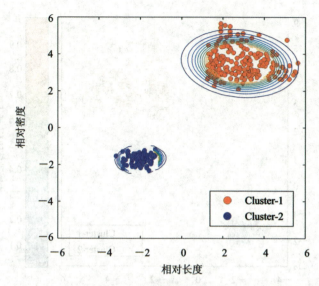

图 2-14　轴承 6min(100 组数据)和 34min(200 组数据)
水平振动数据(OWTGMM)

接着,观察两类故障类别的隶属度。图 2-15 中红色＋代表 6min 时的轴承水平振动故障数据,蓝色○代表 35min 时的轴承水平振动故障数据,从图中可以看到两类数据能够被完全区分,可以看出 OWTGMM 模型能够获得 100％的分类识别率。再利用 OWTGMM 模型对每组故障数据计算后验概率及隶属度,通过 colorbar 显示出来,如图 2-15 所示。图中越接近红色说明大概率类属于类别 1,相反,越接近蓝色说明大概率类属于类别 2,从图中可以看出红色代表 6min 时的轴承水平振动故障数据,蓝色代表 35min 时的轴承水平振动故障数据,都有明确的类别标记,能够正确对两组数据进行分类,并且隶属类别后验概率高。

接下来,用构建好的 OWTGMM 模型对新数据进行分类。利用图 2-13 生成的 OWTGMM 模型对采集的轴承 10min 和 38min 水平方向信号共 75 组未知数进行聚类并观察效果,如图 2-16 所示,红色＋代表在 10min 时的轴承水平振动故障数据,蓝色○代表 38min 时的轴承水平振动故障数据,从图中可以看到生成的数据被很好地区分开来,总体识别率达到 95％以上。

最后,对比不同实验数据下的 OWTGMM 模型效果。对不同轴承故障数据进行分析,实验数据来自南阳理工学院智能制造学院测控实验室旋转机械转子及轴承故障模拟平台(MFS)。轴承型号为 LDK UER204,采样点数为 131072,采样频率为 20kHz,实验平台如图 2-17 所示。

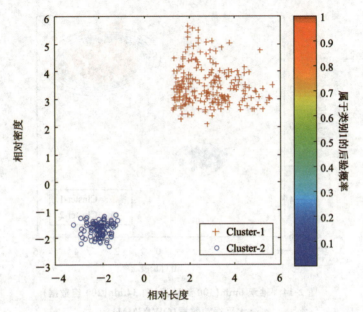

图 2-15　轴承两类故障 OWTGMM 类别的隶属度

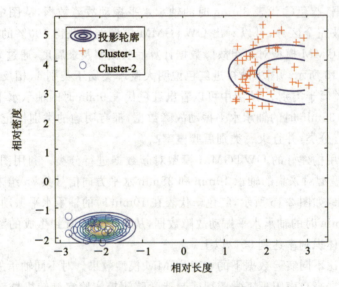

图 2-16　训练好的 OWTGMM 对新故障数据分类

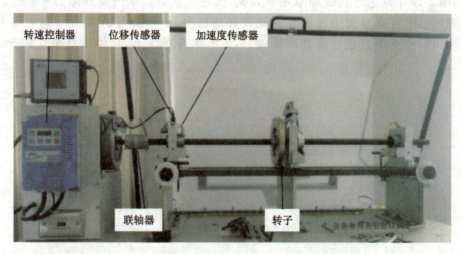

图 2-17 旋转机械转子及轴承故障模拟平台(MFS)

传感器的布置如图 2-18 所示,通道 1、通道 2 为加速度传感器,通道 3 为速度传感器,用来测量轴承振动情况,水平振动信号比垂直振动信号提供更多有用信息。分别采集轴承正常和内圈故障信号数据各 100 组,利用图 2-13 生成的 OWTGMM 模型进行聚类并观察效果,结果如图 2-19 所示(无量纲量)。

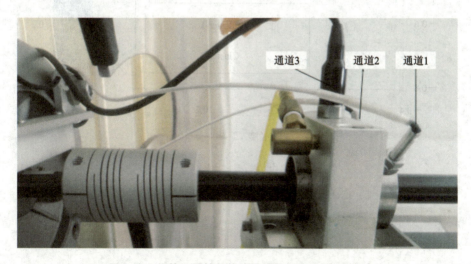

图 2-18 旋转机械轴承故障模拟平台传感器位置图

图 2-19 中红色＋代表轴承正常数据，蓝色○代表轴承内圈故障信号数据，从图 2-19(a)中可以看到生成的数据被很好地区分开来，并且故障信号非常集中，图 2-19(b)中 5 个蓝色故障在高斯线外，5 个在高斯线上，总体识别率达到 90％以上。

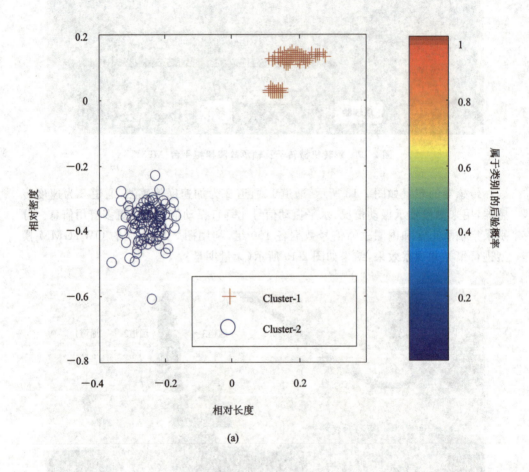

(a)

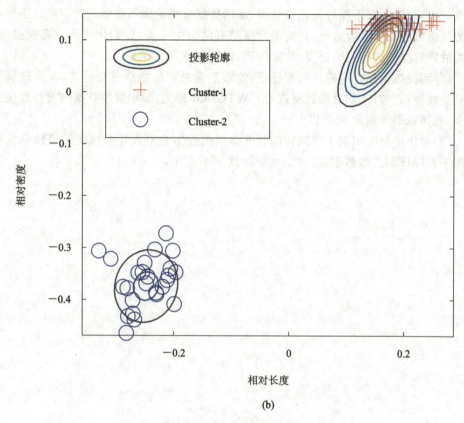

(b)

图 2-19 不同轴承故障数据的 OWTGMM 对比

2.4 本章小结

本章主要研究基于正交小波变换和高斯混合模型聚类的轴承单分类故障诊断方法,实现轴承的单分类故障诊断。由于采集的轴承振动信号为非线性非平稳信号,故障特征数据具有采集难、样本少等特点,提出将正交小波变换和高斯混合模型相结合的轴承单分类故障诊断方法 OWTGMM。该方法为降低数据维数,利用正交小波变换对各尺度上的相应局部信号进行特征提取,以局部信号峰峰值为特征向量训练高斯混合模型,通过高斯混合模型聚类学习揭示轴承故障数据特征,并对故障进行识别。得出的结论如下:

(1)对于没有经过正交小波特征提取的轴承实验数据,高斯混合模型只有一个中心点,两类故障数据不能进行正确分类,两组数据分类轮廓不清晰。对于经过正交小波特征提取的轴承实验数据,高斯混合模型有两个中心点,分别代表两个高斯成分,两类故障数据能进行正确分类,轮廓清晰,识别率达到100%。

(2)两类数据都有明确的类别标记,能够正确对两组数据进行分类,并且隶属类别后验概率高。对未知故障数据进行 OWTGMM 聚类,轴承故障数据被很好地区分开来,总体识别率达到95%以上。

(3)对比来自南阳理工学院智能制造学院测控实验室旋转机械转子及轴承故障模拟平台(MFS)实验数据,总体识别率达到90%以上。

3　基于正交小波变换和改进 K-中心点聚类的轴承单分类故障诊断

第 2 章对无监督机器学习算法高斯混合模型聚类在轴承故障诊断中的方法进行研究,并且通过两组轴承的诊断结果验证了方法的有效性。本章讨论机器学习 K-中心点聚类算法(KCA),相较于高斯混合模型聚类,KCA 对轴承运行工作环境中的噪声信号具有不敏感性,对轴承故障脉冲周期性非线性非平稳信号具有数据鲁棒性,并且聚类效果与非中心点选取的顺序没有关系,此外 KCA 还具有故障数据对象正交变换和频域平移的不变性,因此 KCA 结合 OWT 在轴承故障诊断中得到有效验证与应用。

在机械故障诊断及早期性能退化预警的应用与发展中,无监督学习 K-中心点聚类算法在初始聚类中心的选取和更新得到改进,使 KCA 能有效处理复杂机械振动信号。轴承在冲击、谐波和噪声成分互相调制融合作用下形成具有非线性非平稳特征的振动信号,由于其频率低、隐藏深,传统特征提取方法效果不理想。另外,KCA 在选择初始中心点时,既要考虑样本空间分布,又要考虑初始中心点是否处于同一聚类,这样才能达到理想分类效果,因此,采用合适的故障特征提取方法与 KCA 结合,不但能够对轴承故障的非线性非平稳脉冲信号进行准确定位,还可以降低处理数据的维数,从而使 KCA 能快速准确地进行轴承故障诊断。对于轴承振动产生的非线性非平稳信号,小波变换(WT)是时频信号处理数学工具,可以在时域、频域两个尺度上对信号进行变换,具有多分辨率、多尺度特性,可以对原始信号进行分解观察,发现信号的细节特征。WT 能够对轴承频率低、隐蔽性强的故障振动信号进行特征提取,有效把握原始信号特征。

综合上述分析,本章提出基于正交小波变换和改进 K-中心点聚类的轴承单分类故障诊断方法(OWTKCA)。该方法针对轴承的大多数非平稳故障信号,综合考虑诊断精度和样本的空间分布,利用 OWT 提取故障信号特征作为改进 KCA 算法的输入样本数据,通过对未标记训练样本内在性质及规律的学习,揭示样本数据的特征,实现对轴承单分类故障智能诊断,快速对轴承运行状态进行识别。

3.1 K-中心点聚类算法

3.1.1 改进 K-中心点算法

1. 符号定义

设数据集 $D = \{x_1, x_2, \cdots, x_n\}$,其中每个样本 x_i 为 p-维特征向量,即 $x_i = (x_{i1},$

$x_{i2}, \cdots, x_{ip})^{\mathrm{T}} \in \mathbf{R}^p$。将 D 划分为 k 个子集 $\{C_1, C_2, \cdots, C_k\}$，每个子集 C_j 的中心点为 $\mathbf{v}_j \in D$。

(1)空间中任意两点间的欧氏距离公式：

$$d(\mathbf{x}_i, \mathbf{x}_j) = \sqrt{\sum_{w=1}^{p}(x_{iw} - x_{jw})^2}, \forall \mathbf{x}_i, \mathbf{x}_j \in D \tag{3-1}$$

式中，$w = 1, 2, \cdots, p$。

(2)样本到中心的平均距离：

$$Dist(\mathbf{x}_i) = d(\mathbf{x}_i, \mathbf{v}_j) \tag{3-2}$$

式中，$\mathbf{x}_i \in C_j$。

(3)样本集的平均距离：

$$DistMean = \frac{2}{n(n-1)}\sum_{i=1}^{n-1}\sum_{j=i+1}^{n}d(\mathbf{x}_i, \mathbf{x}_j) \tag{3-3}$$

(4)样本密度：

$$Density(\mathbf{x}_i) = \frac{1}{1 + Dist(\mathbf{x}_i)} \tag{3-4}$$

(5)样本与集合内部其他点的距离和：

$$DistSum(\mathbf{x}_i) = \sum_{x_j \in C_k}d(\mathbf{x}_i, \mathbf{x}_j) \tag{3-5}$$

式中，$\mathbf{x}_i, \mathbf{x}_j \in C_k$。

(6)子集内距离矩阵：

$$\mathbf{DistSum}(C_k) = \begin{bmatrix} d(\mathbf{x}_1, \mathbf{x}_1) & \cdots & d(\mathbf{x}_1, \mathbf{x}_{|C_k|}) \\ \vdots & & \vdots \\ d(\mathbf{x}_{|C_k|}, \mathbf{x}_1) & \cdots & d(\mathbf{x}_{|C_k|}, \mathbf{x}_{|C_k|}) \end{bmatrix} \tag{3-6}$$

(7)中心点更新条件为：

$$\mathbf{v}_j = \mathrm{argmin}_{\mathbf{x}_i \in C_j}DistSum(\mathbf{x}_i) \tag{3-7}$$

(8)聚类误差的平方和 E：

$$E = \sum_{j=1}^{k}\sum_{\mathbf{x}_i \in C_j}d(\mathbf{x}_i, \mathbf{v}_j)^2 \tag{3-8}$$

2. KCA 的算法描述

(1)初始化聚类中心。

①根据式(3-1)计算出所有样本之间的距离 d。

②根据式(3-2)、式(3-3)、式(3-4)计算出样本的密度,如果密度值大于1,则将其加入高密度点集合 H,$H=\{h_1,h_2,\cdots,h_n\}$。

③根据式(3-1)计算出集合 H 中距离最远的两个样本,并将计算结果作为前两个初始聚类的中心 v_1,v_2。

④后续中心选择使 $\max(d(h_i,v_1)\times d(h_i,v_2))$ 最大的点作为新中心。

⑤重复步骤③④的计算,直到选出 k 个中心 $V=\{v_1,v_2,v_3,\cdots,v_k\}$。

(2)聚类中心迭代更新。

①根据式(3-1)计算出各个样本到集合 V 各中心点的距离,再按照计算结果将样本重新分配到对应的集合。

②根据式(3-5)、式(3-6)计算样本距离总和,用满足式(3-7)条件的距离和最小样本来代替原集合中心,存入新的集合中心 V' 中。

③重复步骤②,更新集合的中心,直至数量满足 k 个,组成集合 $V'=\{v_1,v_2,v_3,\cdots,v_k\}$。

(3)聚类分配数据。

①根据式(3-1)计算样本到集合 V' 中各中心点的距离,计算出的距离按照取最小距离的原则对样本进行划分。

②再计算样本聚类误差距离的平方和,若计算所得结果无变化或者趋近于零,则跳出计算输出结果,否则聚类中心迭代更新继续执行计算。

3.1.2 改进 KCA 算法的聚类质量评价模型

改进 K-中心点算法聚类质量评价模型指标分为三部分,分别是数据预处理评价、多聚类结果比较和最优聚类结果输出。样本预处理评价过程中采用 min-max 的方法对数据进行归一化处理,如式(3-9)所示。多聚类结果比较采用分类适确性指标 DB/DBI(Davies-Bouldin Index)来确定,KCA 聚类数中 k 由式(3-10)的内部评价指标求出,评价模型流程图如图 3-1 所示。

(1)对原始数据的线性变换进行 min-max 归一化,使结果落到[0,1]区间实现标准化处理。

$$x'=\frac{x-\min}{\max-\min} \tag{3-9}$$

式中,x 为特征样本的原始值;max 为特征样本中的最大值;min 为特征样本中的最小值。

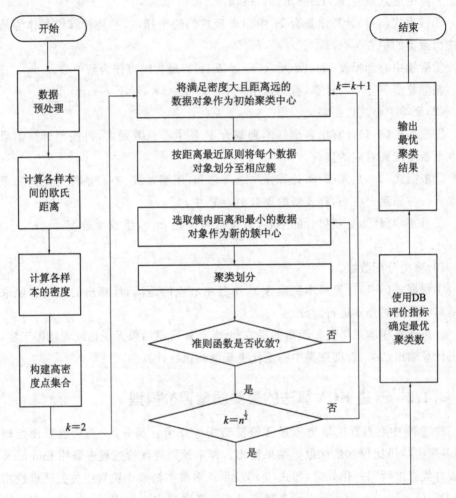

图 3-1　KCA 算法聚类质量评价模型流程图

（2）分类适确性指标 DB 公式：

$$DB(k) = \frac{1}{k} \sum_{i=1}^{k} \max_{j \neq i} \frac{\frac{1}{n_i} \sum_{x \in C_i} d(\boldsymbol{x}, \boldsymbol{v}_i) + \frac{1}{n_j} \sum_{s \in C_j} d(\boldsymbol{s}, \boldsymbol{v}_j)}{d(\boldsymbol{v}_i, \boldsymbol{v}_j)} \tag{3-10}$$

分类适确性指标 DB 是先求出样本点与聚类中心之间的平均距离之和,将其作为聚类内距离,再将相邻两个聚类中心之间的距离作为聚类间距离,将距离比值的最大值作为该聚类的相似度。样本集 DB 指标是所有聚类相似度的平均值,DB 指标值越小,代表集群内越紧凑,集群间越分散,说明聚类结果越好。反之,DB 指标值越大,代表集群内越分散,集群间越集中,说明聚类结果越差。

聚类质量评价模型流程如下:

(1)根据式(3-9)完成对样本集的 min-max 归一化;

(2)设置 KCA 模型中 k 的初始值为 2;

(3)运用改进后的 KCA 聚类算法对样本集进行聚类,并且输出计算后的聚类结果;

(4)判断 k 与 k_{max} 是否相等,相等则跳转至步骤(5),否则,$k=k+1$ 转至步骤(3);

(5)运用式(3-10)对 $k=\{2,3,\cdots,n^{1/2}\}$ 进行聚类效果评价,选取 DB 指标最小值时的聚类作为最优聚类结果,并将最优聚类结果输出。

3.2 基于 OWTKCA 聚类的轴承单分类故障诊断方法

轴承故障振动信号具有非线性非平稳特点,利用正交小波变换对研究对象轴承的振动信号 $f(t)$ 进行多尺度分解,采用对各尺度上的相应局部信号进行特征提取的方法,将提取的局部特征信号作为特征向量,用来训练无监督学习 K-中心点聚类模型,然后用 OWTKCA 轴承单分类故障诊断方法对轴承进行智能诊断,达到快速对轴承运行状态进行识别的目的。OWTKCA 轴承单分类故障诊断方法具体步骤如下:

(1)对原始振动信号 $f(t)$ 进行 m 层正交小波变换,用 OWT 提取振动信号 $f(t)$ 的第 V_0 到第 V_{m-1} 共 m 个尺度上各层所对应的局部细节信号,其中 V_0 代表未进行特征提取的原始信号。

(2)振动信号 $f(t)$ 利用步骤(1)分解后,将其第 m 层局部细节信号 V_m 组成的特征向量作为构建 KCA 聚类模型的输入样本数据,按照先初始化样本中心点,再更新样本中心点的步骤,将输入的特征样本分配到中心点,对 K-中心点无监督聚类分类器进行训练。

(3)用 OWT 特征提取并训练好的 OWTKCA 聚类模型对轴承进行单分类故障诊断。

（4）距离中心点越近、越集中，聚类效果越明显，表明分类越准确，分类效果越好。根据具体样本分类效果，确定智能诊断效率及正确率。

按照图3-2所示的流程图，采用正交小波变换和K-中心点聚类方法进行轴承单分类故障诊断。

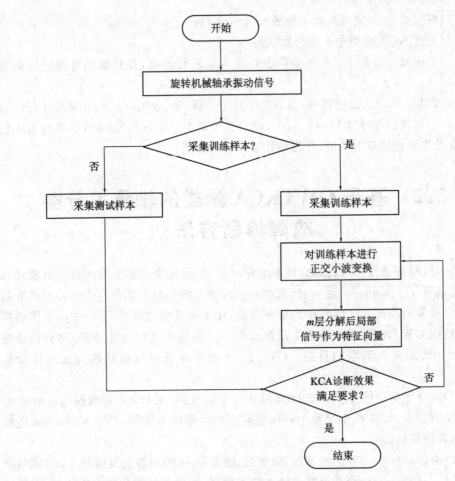

图 3-2 正交小波变换(OWT)和 K-中心点聚类(KCA)方法进行轴承
单分类故障诊断流程图

　　基于 OWTKCA 聚类的轴承单分类故障诊断方法的具体实现过程如下：

　　（1）采集训练样本 data1。采样长度为 100，采样周期 dt＝1/12000。训练样本数据来自美国电气工程实验室的滚动轴承实验台实验数据，使用水平振动信号数据，并建立 OWTKCA 数学模型，训练样本 data1 核心实现代码如下所示，具体实现的程序界面如图 3-3 所示。

```
% Matlab 自带 K 中心点算法函数 kmedoids 实现

clc;clear;close all;clf;

num＝100;            %每个样本的长度

dt＝1/12000;         %采样周期

l＝3;                %在训练集中每组数据采集样本个数

tl＝30;              %在测试集中每组数据采集样本个数

%导入训练样本,并建立数学模型

load('12k Drive End Bearing Fault Data');

a＝X105_DE_time;

%第一类数据 100 个正常数据

for i＝1:l %+tl

    aa(i,:)＝a(num * (i−1)+1:num * i);%60 * 512

end

data1＝aa';
```

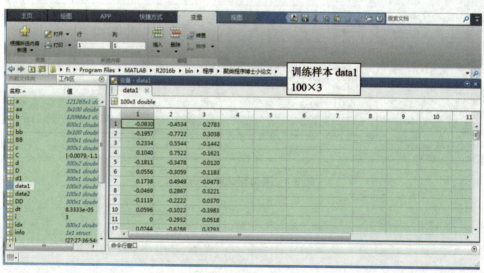

图 3-3　采集训练样本 data1

（2）采集测试样本 data2。采样长度为100，采样周期 dt＝1/12000。测试样本数据来自西安交通大学故障模拟平台（MST）滚动轴承实验数据，使用水平振动信号数据，采集测试样本 data2 核心实现代码如下所示，具体实现的程序界面如图 3-4 所示。

```
%第二类数据 100 个故障数据
load('数据\data\12k Drive End Bearing Fault Data')
b＝X051_DE_time;
for i=1:l %＋tl
    bb(i,:)＝b(num＊(i−1)＋1:num＊i);%60＊512
end
data2＝bb';
%第三类数据 100 个故障数据，显示数据
```

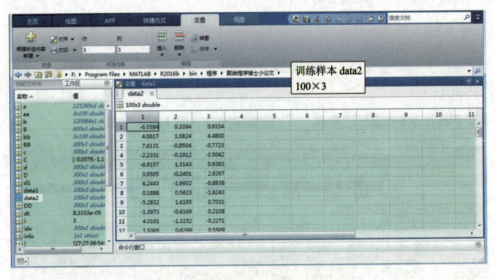

图 3-4　采集测试样本 data2

(3)对两组样本进行正交小波变换。经 OWT 特征提取后的特征样本为 X，并把训练样本标记为目标样本，核心实现代码如下所示，具体实现的程序界面如图 3-5 所示。

```
C=[data1(:,1);data1(:,2);data1(:,3)];
D=[data2(:,1);data2(:,2);data2(:,3)];
[c,l]=wavedec(C,5,'db10');
d1=wrcoef('d',c,l,'db10',2);c=d1;
BB=c(1:300);[m,n]=wavedec(D,5,'db10');
d1=wrcoef('d',m,n,'db10',2);
m=d1;DD=m(1:300);
B=[BB;DD];X=[B(1:300),B(301:600)];
```

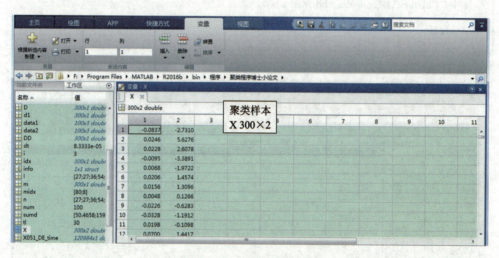

图 3-5 OWT 特征提取样本 X

(4)对特征提取样本 X 进行 K-中心点聚类。对 OWT 特征提取后的特征样本 X 进行 K-中心点聚类。测试结果核心实现代码如下所示，具体实现的程序界面如图 3-6 所示。

```
%产生两组数据进行 K-中心点聚类

[idx,C,sumd,d,midx,info] = kmedoids(X,2,'Distance','cityblock');

%利用 K-中心点算法进行分组

plot(X(idx==1,1),X(idx==1,2),'r.','MarkerSize',7)

%绘制分组后第一组数据

hold on

plot(X(idx==2,1),X(idx==2,2),'b.','MarkerSize',7)

%绘制分组后第二组数据

plot(C(:,1),C(:,2),'co','MarkerSize',7,'LineWidth',1.5)

%绘制第一组和第二组数据的中心点

legend('Cluster 1','Cluster 2','Medoids','Location','NW');

title('Cluster Assignments and Medoids');

hold off
```

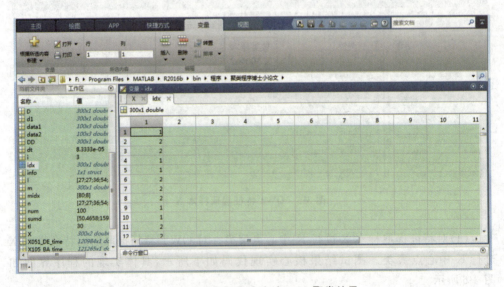

图 3-6　两组数据正交小波 KCA 聚类结果

3.3　OWTKCA 轴承单分类故障诊断实验

3.3.1　实验条件

滚动轴承实验台如图 3-7 所示,从左往右依次为风扇端轴承、电机、驱动端轴承、扭矩传感器和编码器以及测力计。轴承振动的实验数据来自美国电气工程实验室,实验台采用 6205-2RS 型号的轴承,为验证 OWTKCA 轴承单分类故障诊断方法的有效性,在实验台上进行轴承不同类型故障信号模拟实验。

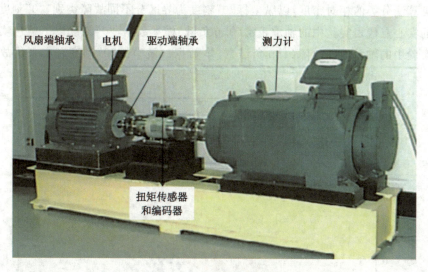

图 3-7　滚动轴承实验台

实验台轴承转速设置为 1750r/min,采样频率为 12kHz,采集点数为 512,以上实验条件设置好后,开始进行轴承不同类型故障信号模拟实验。分别采集轴承运行正常(0hp 负载、2hp 负载)、内圈故障(1hp 负载)情况下的振动数据各 100 组,共 300 组数据,分别作为 K-中心点聚类(KCA)单分类器的输入样本,用来测试 OWTKCA 轴承单分类故障诊断方法对故障信号分类的有效性。

3.3.2　实验结果分析

首先,在实验台上进行轴承不同类型故障信号模拟实验,对采集的轴承正常(0hp 负载)和内圈故障(1hp 负载)的各 100 组样本数据不进行特征提取处理,直接作为 K-中心点聚类(KCA)分类器的输入样本用于轴承单分类故障诊断,诊断分类结果如图 3-8 所示。然后,将采集的轴承正常(0hp 负载)和内圈故障(1hp 负载)的各 100 组样本数据进行正交小波变换,OWT 分解层数选择 2 层,重构函数选取 db9 小波,将 OWT 变换 2 层分解后的 200 组样本数据作为正交小波变换 K-中心点聚类分类器的输入样本用于轴承单分类故障诊断,诊断分类结果如图 3-9 所示。

在图 3-8、图 3-9 中横坐标表示无监督聚类算法分类的相对长度,纵坐标表示监督聚类算法分类的相对密度,以纵坐标"0"刻度为界区分不同故障类别,"0"刻度以上红色的实心点代表实验中的轴承正常(0hp 负载)样本数据,"0"刻度以下蓝色实心点代表实验中的轴承内圈故障(1hp 负载)样本数据。横坐标"0"刻度左右表示故障信

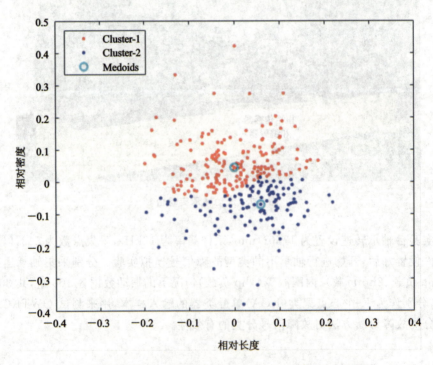

图 3-8　轴承正常(0hp 负载)和内圈故障(1hp 负载)K-中心聚类

号样本到中心点的相对距离,用来判定 K-中心点聚类的效果。两图中中心点用天蓝色的圆圈表示,表示改进 K-中心点聚类算法计算得出的最佳聚类中心点。

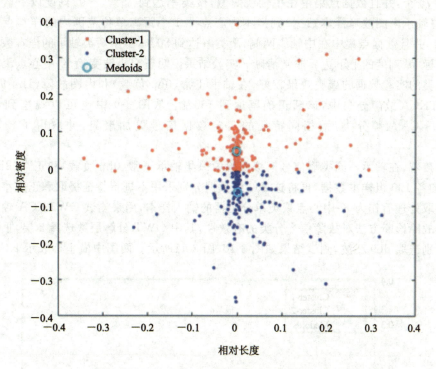

图 3-9 轴承正常(0hp 负载)和内圈故障(1hp 负载)正交小波 KCA

从图 3-8 中可以观察到,在没有进行特征提取的 K-中心点聚类中,纵坐标"0"刻度以上的红色实心点表示 100 组轴承正常(0hp 负载)情况下的样本数据,"0"刻度以下的蓝色实心点表示 100 组轴承内圈故障(1hp 负载)情况下的样本数据,图 3-8 中 K-中心点聚类分类器能够完全正确地区分两种样本数据,但是"0"刻度以上的红色实心点(轴承正常样本数据)距离天蓝色圆圈样本中心点比较远,"0"刻度以下的蓝色实心点(轴承内圈故障样本数据)距离样本中心点也较远,并且图中两类样本数据在纵坐标"0"刻度上下边界不清楚,KCA 聚类故障分类效果不明显。出现这种现象的主要原因是两类轴承故障的实验数据没有经过特征提取,样本数据不能完整地反映轴承故障信号的变化情况,导致 K-中心点聚类对同一类的实验数据聚类效果不明显。

而同样条件下经过 OWT 特征提取的 KCA 聚类中,将 OWT 变换 2 层分解后的 200 组样本数据作为正交小波变换 K-中心点聚类分类器的输入样本用于轴承单分类故障信号分类,更能反映信号的特征。从图 3-9 中可以观察到"0"刻度以上红色实心点(轴承正常样本数据)到天蓝色圆圈样本中心点 0.1 个距离单位范围内的样本点数为 75 个,并且数据点集中在中轴线两侧,聚类率达到 75%。"0"刻度以下蓝色实心点(轴承内圈故障样本数据)到样本中心点 0.1 个距离单位范围内的样本点数为 80 个,并且数据点集中在中轴线两侧,聚类率达到 80%,图中两类轴承的样本数据在纵坐标"0"刻度的上下边界非常清晰。实验结果说明正交小波变换 K-中心点聚类对同一类的实验数据的聚类效果较好,在轴承正常(0hp 负载)和内圈故障(1hp 负载) OWTKCA 故障分类中,诊断正确率达到 100%。从图 3-9 中也可以观察到经过 OWTKCA 故障分类后,相同特征的实验数据信号更加聚集,并取得了较高聚类率。

接着,在轴承不同类型信号模拟实验中采集轴承正常(0hp 负载)和正常(2hp 负载)的各 100 组样本数据,再将这 200 组数据分别采用不进行特征提取和正交小波特征提取处理后作为 K-中心点聚类单分类器的输入样本,用来测试 OWTKCA 轴承单分类故障诊断方法对故障信号分类的有效性,其中 OWT 分解层数选择 2 层,重构函数分别选取 db9 小波,测试结果如图 3-10、图 3-11所示。两图中横坐标表示 KCA 算

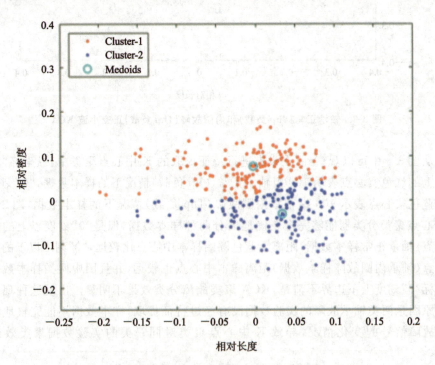

图 3-10　轴承正常(0hp 负载)和正常(2hp 负载)KCA

法分类的相对长度,纵坐标表示 KCA 算法分类的相对密度。纵坐标"0"刻度上下区分不同故障类别,"0"刻度以上红色实心点代表实验中的轴承正常(0hp 负载)样本数据,"0"刻度以下蓝色实心点代表实验中的轴承正常(2hp 负载)样本数据。横坐标"0"刻度左右表示故障信号样本到中心点的相对距离,用来判定 K-中心点聚类的效果,两图中中心点用天蓝色的圆圈表示,表示改进 K-中心点聚类 PAM 算法计算得出的最佳聚类中心点。

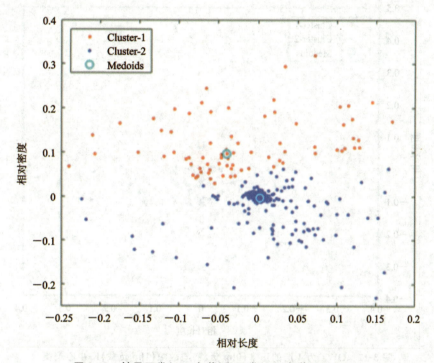

图 3-11 轴承正常(0hp 负载)和正常(2hp 负载)OWTKCA

图 3-10 中轴承正交小波变换 K-中心点聚类(OWTKCA)对正常情况下 0hp 负载和 2hp 负载的两组数据能够进行正确分类,但两类样本点比较分散,聚类效果不明显。从图 3-11 中能观察到,轴承 OWTKCA 聚类对正常情况下 0hp 负载和 2hp 负载的两组数据能够进行正确分类,对轴承正常(2hp 负载)的数据聚类效果尤其明显,距离天蓝色圆圈样本中心点 0.1 个单位的样本达到 85 个,但也存在误分类的样本点。

最后,根据选取参数的不同,OWTKCA 轴承单分类故障诊断效果也不一样。对图 3-9 中的轴承正常(0hp 负载)的 100 组数据与故障(1hp 负载)的 100 组数据分别进行 OWTKCA 轴承故障分类。OWT 分解层数分别选取 4 层和 5 层,小波函数选取 db9,分类结果如图 3-12、图 3-13所示。

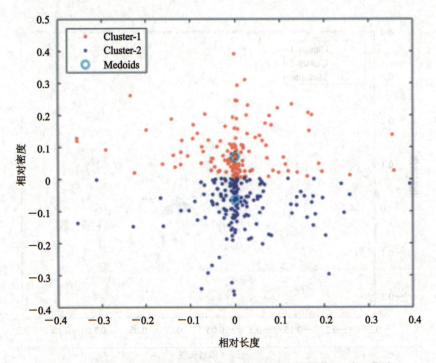

图 3-12 OWT 为 4 层的正常(0hp 负载)与故障(1hp 负载)K-中心聚类

综合上述分析,随着 OWT 分解层数的增加,数据点变分散,聚类效果减弱。这说明随着轴承振动信号规律性的增强,丢失的有用信息会越来越多,因此在选取 OWT 分解层数时,既要结合故障特征信号的平稳性来研究信号规律,又要兼顾特征信号的有效性来发现故障信号类别,这与 OWT 分解的性质一致。

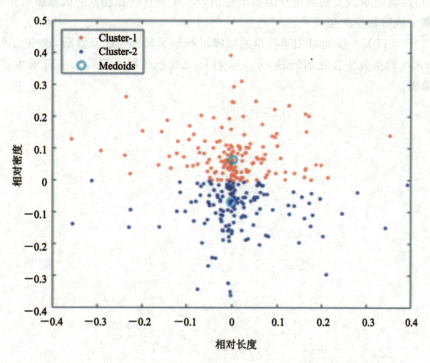

图 3-13　OWT 为 5 层的正常(0hp 负载)与故障(1hp 负载)K-中心聚类

3.4　本　章　小　结

本章提出一种基于正交小波变换和改进 K-中心点聚类的轴承单分类故障诊断方法 OWTKCA。轴承在冲击、谐波和噪声成分互相调制融合作用下形成具有非线性非平稳特征的振动信号,由于其频率低、隐蔽性强,采用传统的信号处理方法不容易进行特征提取,将采集到的原始信号直接用 K-中心点聚类算法进行轴承故障诊断的效果也不理想。另外,K-中心点聚类算法在选择初始中心点时,既要考虑样本空间分布,又要考虑初始中心点是否处于同一聚类。得出的结论如下:

(1)滚动轴承的实验数据分类结果显示,KCA 能有效处理复杂机械振动信号,明显提高了故障数据聚类效果。

(2)OWTKCA 仅能对相同类型的故障进行轴承单分类故障诊断,这也是无监督学习 KCA 聚类算法存在的问题,下一步将研究改进机器学习算法实现轴承多分类故障诊断。

4 基于正交小波变换和监督学习 K-近邻法的轴承多分类故障诊断

第2章、第3章对无监督机器学习算法高斯混合模型聚类、改进K-中心点聚类的轴承单分类故障诊断方法进行了研究,并结合正交小波变换方法进行有效性验证与应用。高斯混合模型、K-中心点聚类都是无监督学习,训练样本事先没有标记,存在学习结构简单及非线性特征提取能力不强的缺陷,适用于轴承故障类型较少、轴承工况稳定的情况。本章对监督学习K-近邻法的轴承故障诊断及早期性能退化预警进行研究。

监督学习算法是分析已标记的训练数据,使机器具备主动学习的能力,分析判断新数据样本的特征,将允许该监督学习模型判断未知待测数据样本类型。监督学习算法没有显式的训练过程,在训练阶段仅仅是把有标记的故障样本保存起来构建主动学习模型,训练时间非常短,待收到测试样本后利用模型进行分类预测。工程应用中故障振动产生非线性非平稳信号,故障数据有正有负,利用小波变换对高频信号进行分解时容易丢失信息,特征提取的效果与小波函数的选取以及分解层数有很大关系。K-近邻法(KNN)是一种常用的监督学习方法,具有适合大容量类域自动分类,小容量类域分类容易出错的特点,但因为要计算每个待分类的样本与已知训练样本的距离,其存在计算量大的问题;KNN还存在样本不均衡时会导致误分类,并且受参数 K 影响较大的问题。

综合上述分析,本章提出一种基于正交小波变换和监督学习 K-近邻法的轴承多分类故障诊断方法 OWTKNN。该方法针对小波变换对高频信号进行分解时容易产生信息丢失的问题进行改进,其特征提取的效果与小波函数的选取以及分解层数有很大关系。选取适合正交小波重构函数和分解层数,并保留分量中含有早期故障的特征数据,最后与 K-近邻法相结合实现轴承多分类故障诊断。

4.1 K-近邻法

4.1.1 最近邻算法

最近邻算法是一种监督学习分类算法,其结构比较简单,学习效果好,是工程中常用的一种方法。给定已标记的训练集 $X=\{(\boldsymbol{x}_1,y_1),\cdots,(\boldsymbol{x}_n,y_n)\}$,其中 $\boldsymbol{x}_i\in\mathbf{R}^p$ 为特征向量,y_i 为类别标签,对于测试样本 $\boldsymbol{x}_{\text{test}}$,欧氏距离 $d_i=\|\boldsymbol{x}_{\text{test}}-\boldsymbol{x}_i\|_2,i=1,\cdots,n$;选择距离最近的 k 个样本,根据多数投票确定预测类别。最近邻算法误差率比贝叶斯最小可能误差率大,如果 X 为无限训练样本,那么满足的误差率至多不能超过最小可能误差率的2倍。

设测试点为 x，其最近邻为 x'，类别标记为 ω_i，后验概率关系为 $P(\omega_i|x') \approx P(\omega_i|x)$，刚好是位于 ω_i 位置时的概率值，此时最近邻模型概率可以代表真实概率的一个有效近似。

概率近似计算式为

$$P(\omega_m \mid x) = \max_i P(\omega_i \mid x) \tag{4-1}$$

式中，ω_m 为真实类别。

利用最近邻算法对数据样本分类效果进行评价分析，根据无限样本的条件求出分类效果的平均条件误差率 $P(e|x)$，然后根据指标的大小进行评价。$P(e|x)$ 中的 e 表示训练样本的平均值，平均条件误差率 $P(e|x)$ 在 x 的定义域内进行积分运算，得到的结果即为无条件平均误差率 $P(e)$，计算公式为

$$P(e) = \int P(e \mid x) P(x) \mathrm{d}x \tag{4-2}$$

如果 $P^*(e|x)$ 表示 $P(e|x)$ 的最小可能值，那么 P^* 则为 $P(e)$ 的最小可能值，计算公式为

$$P^*(e \mid x) = 1 - P(\omega_m \mid x) \tag{4-3}$$

和

$$P^* = \int P^*(e \mid x) P(x) \mathrm{d}x \tag{4-4}$$

如果 $P_n(e)$ 代表 n 个样本的总误差率，那么当 $P = \lim_{n \to \infty} P_n(e)$ 时，最近邻算法规则的平均误差率 P 满足 $P^* \leqslant P \leqslant 2P^*\left(1 - \dfrac{P^*}{c-1}\right)$，其中 c 为用于确定误差率界限的常数。如果条件误差率 $P(e|x,x')$ 同时满足测试点 x 和最近邻 x' 的要求，误差率 P 的判定规则根据最近邻 x' 所属的类别不同而有所变化，此时对 x' 取平均值，那么可得到

$$P(e \mid x) = \int P(e \mid x, x') p(x \mid x') \mathrm{d}x' \tag{4-5}$$

条件概率密度 $p(x|x')$ 的值在一般情况下是很难确定的，其会在 x 样本周围出现非常显著的数据高峰值，而在样本点其他位置，条件概率密度 $p(x|x')$ 非常小。当样本数 n 趋于正无穷大时，概率密度 $p(x|x')$ 通过式(4-5)求解就比较容易，因为此时方程近似于以 x' 为中心的一个狄拉克函数。下面对近似于求解狄拉克函数这个过程进行简单论述，假设在给定的 x 样本点处 $P(0)$ 是连续的，并且 $P(0)=0$。根据假设条件，对于任何落在以 x 为中心的超球体 S 中的样本概率的计算式为

$$P_S = \int_{x' \in S} p(x \mid x') dx' \qquad (4\text{-}6)$$

此时,所有的 n 个相互独立的样本数据全都落在超球体 S 外的概率为 $(1-P_S)^n$。显而易见,当 n 趋近于 $+\infty$ 时,概率趋近于零。当 x' 收敛于 x 时,$\lim\limits_{n\to\infty} p(x' \mid x) = \delta(x' - x)$。

设测试样本为 x,其 n 个训练样本中的最近邻记为 x_n。当 $n \to \infty$ 时,在测度论框架下:$\| x_n - x \| \xrightarrow{P} 0$,即 x_n 依概率收敛于 x。从先验分布 $P(\omega_j)$ 中抽取类别标签 $\theta_j \in \{\omega_1, \cdots, \omega_C\}$;根据类条件密度 $p(x \mid \omega_j)$ 生成样本 x_j;独立重复 n 次得到训练集 $\{(x_1, \theta_1), \cdots, (x_n, \theta_n)\}$。由于训练与测试样本的生成独立性:

$$P(\theta, \theta_n' \mid x, x_n') = P(\theta \mid x) P(\theta_n' \mid x_n') \qquad (4\text{-}7)$$

当 $\theta \neq \theta_n$ 时,使用最近邻算法的规则就会产生一次分类误差。那么这时条件误差率 $P(e \mid x, x_n')$ 为

$$P(e \mid x, x_n') = 1 - \sum_{i=1}^{c} P(\theta = \omega_i, \theta_n' = \omega_i \mid x, x_n') = 1 - \sum_{i=1}^{c} P(\omega_i \mid x) P(\omega_i \mid x_n')$$

$$(4\text{-}8)$$

为了求出 $P(e)$,将式(4-8)代入式(4-5),然后求出 x 的平均数取值范围,这种计算是非常困难的。此时借助极限思想,如果 $P(\omega_i \mid x)$ 在 x 处连续,那么可以计算得到

$$\lim_{n\to\infty} P(e \mid x) = \int \left[1 - \sum_{i=1}^{c} P(\omega_i \mid x) P(\omega_i \mid x') \right] \delta(x' - x) dx' = 1 - \sum_{i=1}^{c} P^2(\omega_i \mid x)$$

$$(4\text{-}9)$$

此时,只要交换极限和积分的操作次序,就可以求出渐进最近误差率,即

$$P = \lim_{n\to\infty} P_n(e) = \lim_{n\to\infty} \int P(e \mid x) P(x) dx = \int \left[1 - \sum_{i=1}^{c} P^2(\omega_i \mid x) \right] P(x) dx$$

$$(4\text{-}10)$$

式中,如果样本数量 K 的数值是固定的,并且训练样本个数 n 可以趋近于正无穷大,那么此时所有的 K 个近邻样本都将收敛于 x_i。根据最近邻法的规则,K 个近邻样本都是随机变量标记样本,且每个随机变量的概率 $P(\omega_i \mid x)(i=1,2,\cdots,k)$ 都是相互独立样本。如果 $P(\omega_m \mid x)$ 为最大随机变量样本的后验概率,那么依据贝叶斯最小概率规则,选取类别 ω_m。如果用最近邻算法原则,则以概率 $P(\omega_m \mid x)$ 选取样本数据类别。根据 K-近邻法的分类规则,将 K 个最近邻中的大多数标记为 ω_m,才可以判定为类别 ω_m。此时做出这样判定的概率计算式为

$$\sum_{i=(K+1)/2}^{K}\binom{K}{i}P^m(\omega_i\mid\boldsymbol{x})[1-P(\omega_m\mid\boldsymbol{x})]^{K-i} \quad\quad (4\text{-}11)$$

式中,K 值选取得越大,计算的概率越大,说明为类别 ω_m 的概率越大。

4.1.2　K-近邻法原理及算法实现

K-近邻法(KNN)是一种监督学习算法,目前在理论和应用上都比较成熟,它是一种非参数的数据样本分类算法,已经被广泛应用于轴承故障数据特征挖掘和数据的模式识别等领域。KNN 算法没有显式的训练过程,在训练阶段仅仅是把有标记的故障样本保存起来构建监督学习模型,训练时间非常短,待收到测试样本后利用模型进行分类预测。

K-近邻法的工作原理为:给定已知标记测试样本,根据某种距离度量找出集中标记测试样本最靠近的 K 个训练样本数据,然后以这 K 个"邻居"的信息来对未知样本数据进行预测,判断它们是否属于同一类型。在数据分类中,KNN 将这 K 个样本中出现最多次数的样本标记为同一故障数据样本,即使用"投票法"将多数归为一类。如图 4-1 所示,如果参数 $K=3$,图中距离绿色圆点最近的 3 个近邻样本数据分别是 2 个红色▲和 1 个蓝色■,根据数据分类中 KNN 对这 K 个样本中出现次数最多的样本标记为同一故障数据样本,即使用"投票法"将多数归为一类,故判定绿色的这个待分类样本点属于红色的▲一类。如果参数 $K=5$,距离绿色圆点最近的 5 个邻居样本点分别为 2 个红色▲和 3 个蓝色■,继续采用概率统计学的判断方法,即少数服从多数,则判定绿色圆点这个待分类样本点属于蓝色■一类。当无法判定当前样本数据属于哪一类时,依据统计学原理,计算该样本数据到样本中心点的距离,衡量它在周围邻居样本中的权重,进而确定把它归为(或分配)哪一类,哪一类权重越大,则归为那一类的概率越大,这就是 KNN 监督学习的核心思想。

KNN 的数据分类思想是:给出一个待分类的样本数据 x,找出 x 与欧氏距离最接近的 K 个已标记类别的训练样本集,然后依据这 K 个训练样本集标记,确定样本数据 $\boldsymbol{x}$ 属于哪一类。

KNN 算法步骤:

(1)构建训练样本集 X。

(2)设定参数 K 的初始值。K 值要根据具体的问题进行选取,在不同的问题下 K 的选择可能有较大的区别。一般是先设置一个初始值记录数据,然后不断调整 K 值比较测试结果,最终根据最优结果确定 K 值。

(3)根据步骤(1)、步骤(2)选出收集到的训练样本数据中与测试样本集最接近的 K 个样本数据。假设样本点 $\boldsymbol{x}_i$ 位于 n 维空间 $\mathbf{R}^n$,样本点之间的"近邻"通过欧氏距离计算得来,根据距离大小来度量远近。设第 i 个样本 $\boldsymbol{x}_i=(x_1^i,x_2^i,\cdots,x_n^i)\in\mathbf{R}^n$,其

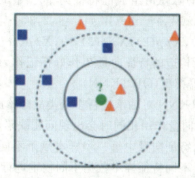

图 4-1 K-近邻法实例图

中第 i 个样本的第 l 个特征属性,用参数 x_l^i 表示。根据欧氏距离定义,样本 $\boldsymbol{x}_i$ 和 $\boldsymbol{x}_j$ 之间的距离可以表示为:

$$d(\boldsymbol{x}_i,\boldsymbol{x}_j) = \sqrt{\sum_{l=1}^{n}(x_l^i - x_l^j)^2} \tag{4-12}$$

(4)用待分类样本 $\boldsymbol{x}_{q_1},\boldsymbol{x}_{q_2},\cdots,\boldsymbol{x}_{q_k}$ 表示与样本点 $\boldsymbol{x}_q$ 距离最近的 k 个样本。KNN 分类问题中,假设离散样本数据的目标函数满足 $f:\mathbf{R}^n \to V,V = \{v_1,\cdots,v_s\}$ 表示标签集合, $\widetilde{f}(\boldsymbol{x}_q) = \arg\max_{v \in V}\sum_{i=1}^{k}\delta(v,f(\boldsymbol{x}_i))$, $\widetilde{f}(\boldsymbol{x}_q)$ 为 $f(\boldsymbol{x}_q)$ 的估计值,当 $a = b$ 时, $\delta(a,b) = 1$;否则, $\delta(a,b) = 0$ 。

(5) $\widetilde{f}(\boldsymbol{x}_q)$ 为待测样本 $\boldsymbol{x}_q$ 的类别。

4.2　基于 OWTKNN 的轴承多分类故障诊断方法

轴承故障振动信号具有非线性非平稳特点,利用 OWT 对轴承的振动信号 $f(t)$ 进行多尺度分解,采取对各尺度上的相应局部信号进行特征提取的方法,将提取的局部特征信号作为特征向量,然后用监督学习 K-近邻法(KNN)对故障特征向量进行分类,计算出 K 个样本的欧氏距离,判断样本属于哪一类别,即可达到轴承故障诊断效果。具体方法如下:

(1)对原始振动信号 $f(t)$ 进行 m 层 OWT 变换,用 OWT 提取振动信号 $f(t)$ 的第 V_0 到第 V_{m-1} 共 m 个尺度上各层所对应的局部细节信号,其中 V_0 代表未进行特征提取的原始信号。

(2)求各尺度上信号的峰峰值组成的特征向量。设 $W_i(i=1,2,\cdots,m-1)$ 对应的峰峰值为 $Xpp(i)=\max(W_i)-\min(W_i),i=1,2,3,\cdots,m-1$，特征向量 $\boldsymbol{T}$ 按照下式进行构造：$\boldsymbol{T}=[Xpp(1),Xpp(2),Xpp(3),\cdots,Xpp(m-1)]$。

(3)将根据步骤(2)所构造的特征向量 $\boldsymbol{T}$ 作好标记作为训练样本，训练正交小波变换 K-近邻算法多分类器模型(OWTKNN)。

(4)用训练好的 OWTKNN 对轴承进行多分类故障诊断。

当 KNN 算法中特征向量作用相同时会出现问题缺陷，为了弥补这种缺陷，在求解相似度的距离公式中给特征向量中每一个样本赋予不同的权重，例如在欧氏距离计算公式中根据需要赋予不同特征样本数据不同权重进行计算，即

$$d(\boldsymbol{x}_i,\boldsymbol{x}_j)=\sqrt{\sum_{l=1}^{n}w_l(x_l^i-x_l^j)^2} \tag{4-13}$$

式中，w_l 表示样本第 l 个特征的权重值。

正交小波变换 K-近邻法轴承多分类故障诊断流程如图 4-2 所示。

基于 OWTKNN 的轴承多分类故障诊断方法的具体实现过程如下：

(1)采集训练样本 tr。采样长度为 512，采样周期 dt=1/12000，样本个数为 100。训练样本数据来自美国电气工程实验室的滚动轴承实验台实验数据，使用水平振动信号数据，并建立 OWTKNN 数学模型，训练样本 tr 核心实现代码如下所示，具体实现的程序界面如图 4-3 所示。

```
num=512;          %每个样本的长度
dt=1/12000;       %采样周期
l=100;            %在训练集中每组数据采集样本个数
tl=30;            %在测试集中每组数据采集样本个数
%导入训练样本,并建立数学模型
load('数据\data\Normal Baseline Datat')
a=X100_DE_time';
for i=1:l %+tl
    aa(i,:)=a(num*(i-1)+1:num*i);%60*512
end
for i=1:l/2 %+tl
    ff1(i,:)=a(num*(i-1+l)+1:num*(i+l));
end
tr=[aa];          %构建原始的训练集,100*512;
```

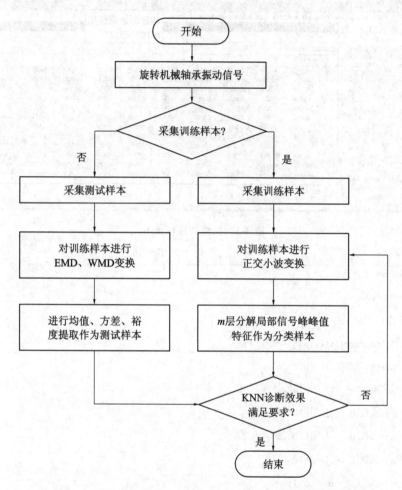

图 4-2 正交小波变换 K-近邻法轴承多分类故障诊断流程图

（2）对训练样本 tr 进行正交小波变换。OWT 特征提取后的特征样本为 trXpp，并把训练样本标记为目标样本，核心实现代码如下所示，具体实现的程序界面如图 4-4 所示。

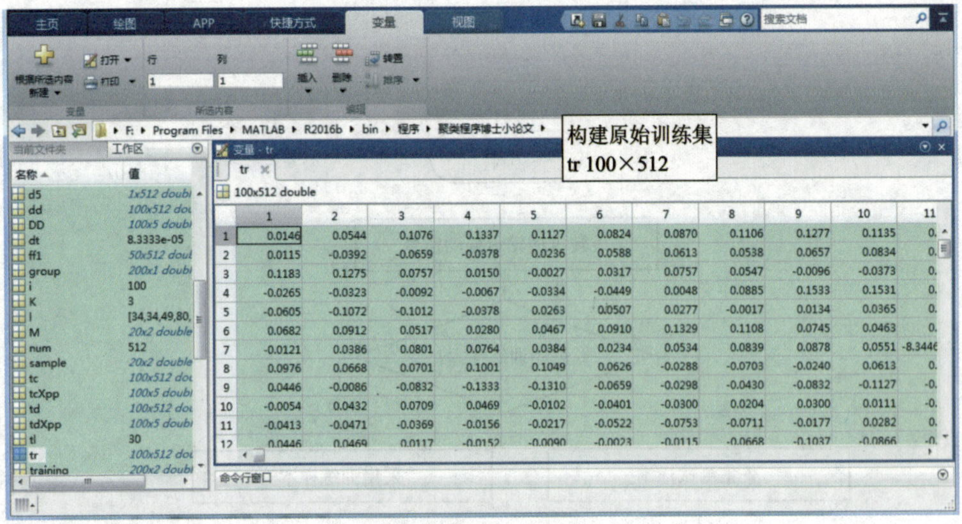

图 4-3 采集训练样本 tr

```
%Feature Extract

for i=1:100

tr(i,:);

[c,l]=wavedec(tr(i,:),5,'db10');

d5=wrcoef('d',c,l,'db10',5);

d4=wrcoef('d',c,l,'db10',4);

d3=wrcoef('d',c,l,'db10',3);

d2=wrcoef('d',c,l,'db10',2);

d1=wrcoef('d',c,l,'db10',1);

Xp5=max(d5)-min(d5);

Xp4=max(d4)-min(d4);

Xp3=max(d3)-min(d3);

Xp2=max(d2)-min(d2);
```

```
Xp1=max(d1)-min(d1);

trXpp(i,:)=[Xp5,Xp4,Xp3,Xp2,Xp1];

end

AA=trXpp;%把训练样本标记为目标类样本

A=AA(1:100,2:3);

tl=30;%导入训练样本,并建立数学模型,求出超球体半径

load('ata\12k Drive End Bearing Fault Datat')

b=X108_DE_time';
```

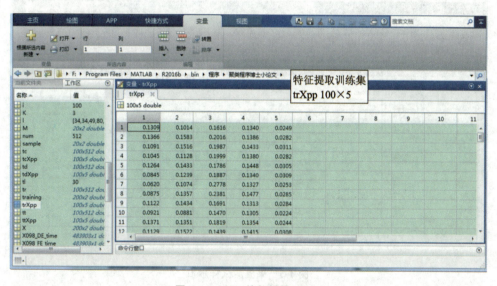

图 4-4　OWT 特征提取 trXpp

(3)采集测试样本 tt。采样长度为 512,采样周期 dt=1/12000,样本个数为 100。测试样本数据来自美国电气工程实验室的滚动轴承实验台实验数据,采集测试样本 tt 核心实现代码如下所示,具体实现的程序界面如图 4-5 所示,并建立 OWTKNN 数学模型。

```
for i=1:l %+tl
    bb(i,:)=b(num*(i-1)+1:num*i);%60*512
end
for i=1:l/2 %+tl
    ffl(i,:)=b(num*(i-1+l)+1:num*(i+l));
end
tt=[bb];%构建原始的训练集,100*512
```

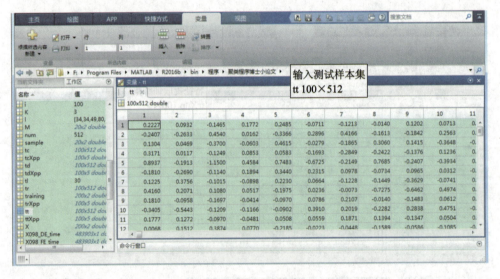

图 4-5　采集测试样本 tt

（4）对测试样本 tt 进行正交小波变换。OWT 特征提取后的特征样本为 ttXpp，核心实现代码如下所示，具体实现的程序界面如图 4-6 所示。

```
%Feature Extract
for i＝1:100
tt(i,:);
[c,l]＝wavedec(tt(i,:),5,'db10');
d5＝wrcoef('d',c,l,'db10',5);
d4＝wrcoef('d',c,l,'db10',4);
d3＝wrcoef('d',c,l,'db10',3);
d2＝wrcoef('d',c,l,'db10',2);
d1＝wrcoef('d',c,l,'db10',1);
Xp5＝max(d5)－min(d5);
Xp4＝max(d4)－min(d4);
Xp3＝max(d3)－min(d3);
Xp2＝max(d2)－min(d2);
Xp1＝max(d1)－min(d1);
ttXpp(i,:)＝[Xp5,Xp4,Xp3,Xp2,Xp1];
end
```

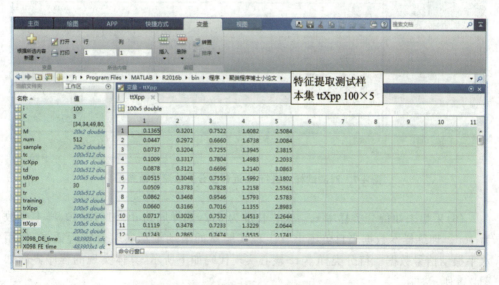

图 4-6 测试样本 OWT 特征提取 ttXpp

(5)对测试样本 ttXpp 进行 K-近邻多分类故障诊断。测试结果核心实现代码如下所示,具体实现的程序界面如图 4-7 所示。

```
%把训练样本标记为目标类样本

BB=ttXpp;

B=BB(1:100,2:3);

X=[A;B];

training=X;

group = [ones(100,1); 2 * ones(100,1)];

%绘制出离散的样本数据点

gscatter(training(:,1),training(:,2),group,'rc',' * x');

hold on;
```

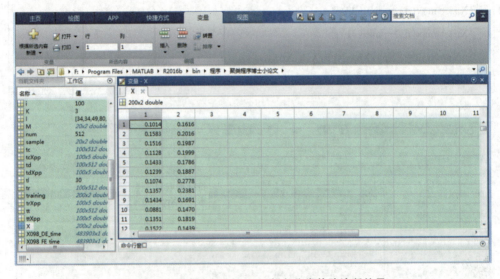

图 4-7　对测试样本进行 K-近邻多分类故障诊断结果

(6)采集未知待分类样本 tc。采样长度为 512,采样周期 dt=1/12000,样本个数为 100。训练样本数据来自美国电气工程实验室的滚动轴承实验台实验数据,使用水平振动信号数据。待分类样本 tc 核心实现代码如下所示,具体实现的程序界面如图 4-8 所示。

```
%生成待分类样本 100 个

%导入训练样本,并建立数学模型

load('数据\data\Normal Baseline. Dat')

c=X098_DE_time';

for i=1:l  %+tl

    cc(i,:)=c(num*(i-1)+1:num*i);%100*512

end

for i=1:l/2  %+tl

    ff1(i,:)=c(num*(i-1+l)+1:num*(i+l));

end

tc=[cc];%构建原始的训练集,100*512

%采集未知待分类样本 tc
```

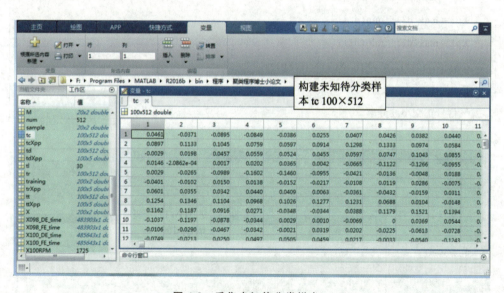

图 4-8 采集未知待分类样本 tc

(7)对未知待分类样本 tc 进行正交小波变换。对未知待分类样本 tc 进行 OWT 特征提取后的特征样本为 tcXpp,正交小波分解后可以看到,随着 OWT 信号分解层数的增加,相应层上对应的局部信号正则性增强。把训练样本标记为目标样本,核心实现代码如下所示,具体实现的程序界面如图 4-9 所示。

```
%对未知待分类样本 tc 进行正交小波变换
%Feature Extract
for i=1:100
tc(i,:);
[c,l]=wavedec(tc(i,:),5,'db10');
d5=wrcoef('d',c,l,'db10',5);
d4=wrcoef('d',c,l,'db10',4);
d3=wrcoef('d',c,l,'db10',3);
d2=wrcoef('d',c,l,'db10',2);
d1=wrcoef('d',c,l,'db10',1);
Xp5=max(d5)-min(d5);
Xp4=max(d4)-min(d4);
Xp3=max(d3)-min(d3);
Xp2=max(d2)-min(d2);
Xp1=max(d1)-min(d1);
tcXpp(i,:)=[Xp5,Xp4,Xp3,Xp2,Xp1];
End
%信号正交小波分解
```

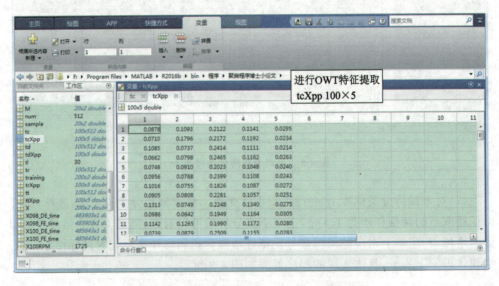

图 4-9 对未知待分类样本进行 OWT 特征提取

（8）采集未知待分类样本 td。采样长度为 512,采样周期 dt＝1/12000,样本个数为 100。训练样本数据来自美国电气工程实验室的滚动轴承实验台实验数据,使用水平振动信号数据。待分类样本 td 核心实现代码如下所示,具体实现的程序界面如图 4-10 所示。

```
CC＝tcXpp;％把训练样本标记为目标类样本
％导入训练样本,并建立数学模型,求出超球体半径
load('数据\data\12k Drive End Bearing Fault Data')
d＝X107_DE_time';
for i＝1:l ％＋tl
    dd(i,:)＝d(num＊(i−1)＋1:num＊i);％60＊512
end
for i＝1:l/2 ％＋tl
    ff1(i,:)＝d(num＊(i−1＋l)＋1:num＊(i+l));
end
td＝[dd];％构建原始的训练集,100＊512
％Feature Extract
for i＝1:100
td(i,:);
[c,l]＝wavedec(td(i,:),5,'db10');
d5＝wrcoef('d',c,l,'db10',5);
d4＝wrcoef('d',c,l,'db10',4);
d3＝wrcoef('d',c,l,'db10',3);
d2＝wrcoef('d',c,l,'db10',2);
d1＝wrcoef('d',c,l,'db10',1);
```

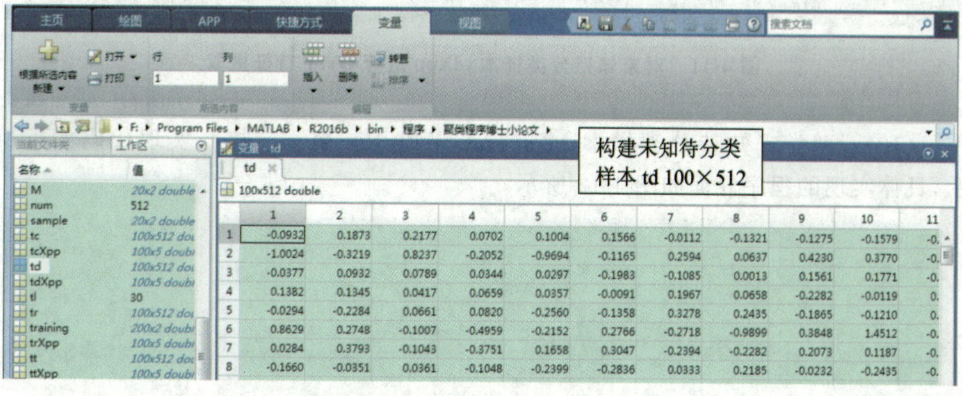

图 4-10 采集未知待分类样本 td

(9)对未知待分类样本 td 进行正交小波变换。OWT 特征提取后的特征样本为 tdXpp，并把训练样本标记为目标样本，核心实现代码如下所示，具体实现的程序界面如图 4-11 所示。

```
[c,l]＝wavedec(td(i,:),5,'db10');
d5＝wrcoef('d',c,l,'db10',5);
d4＝wrcoef('d',c,l,'db10',4);
d3＝wrcoef('d',c,l,'db10',3);
d2＝wrcoef('d',c,l,'db10',2);
d1＝wrcoef('d',c,l,'db10',1);
Xp5＝max(d5)－min(d5);Xp4＝max(d4)－min(d4);
Xp3＝max(d3)－min(d3);Xp2＝max(d2)－min(d2);
Xp1＝max(d1)－min(d1);tdXpp(i,:)＝[Xp5,Xp4,Xp3,Xp2,Xp1];
end
```

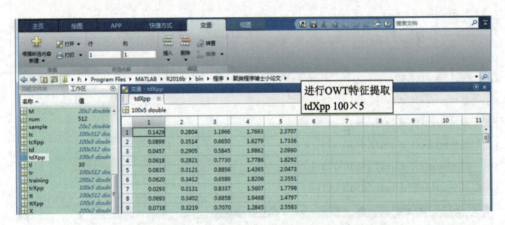

图 4-11　对未知待分类样本 **tdXpp** 进行 **OWT** 特征提取

(10)对两类未知待分类样本 M 进行 OWTKNN 聚类。核心实现代码如下所示，具体实现的程序界面如图 4-12 所示。

```
DD=tdXpp;%把训练样本标记为目标类样本
M=[CC(1:10,2:3);DD(1:10,2:3)];
sample=M;
% sample = unifrnd(-2,2,20,2);
%产生一个100X2,这个矩阵中的每个元素为20到30之间连续均匀分布的随机数
K=3;%KNN算法中K的取值
cK = knnclassify(sample,training,group,K);
%cK = knnclassify(sample,training,K);
gscatter(sample(:,1),sample(:,2),cK,'rc','os');
%CC的数据是红色的。DD的数据是蓝色的。
% xlabel('样本编号');ylabel('测试结果');
xlabel('relative length');ylabel('relative density');
```

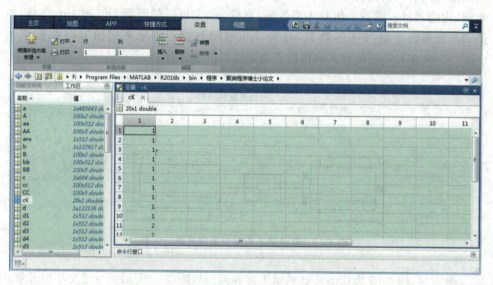

图 4-12 未知待分类样本 20 组 OWTKNN 聚类结果

4.3　OWTKNN 轴承多分类故障诊断实验

4.3.1　实验条件

实验数据来自美国电气工程实验室的滚动轴承实验台,用于分析验证 OWT-KNN 轴承多分类故障诊断方法的有效性。采用 6205-2RS 深沟球形滚动轴承,电机右侧的驱动端用于支撑电机轴,滚动轴承故障信号分别由安装位置如图 4-13 所示的 3 个加速度传感器进行多通道同步采集。

轴承正常状态下采样频率为 12kHz,采样长度为 512,分别采集轴承转速为 1797r/min(0hp 负载)和轴承转速为 1772r/min(1hp 负载)两组正常数据。使用电火花加工(Electrical Discharge Machining,EDM)对电机轴承进行故障植入,在内部滚道和球之间引入直径为 0.007in 的断层,相同采样条件下分别采集 0hp 负载和 1hp 负载,内圈和球故障各 2 组共 4 组数据,直径为 0.014in 的断层 0hp 和 1hp 负载,内圈和球故障各 2 组共 4 组数据,总共 8 组故障数据。将采集到的 8 组数据作为 OWTKNN 多分类器的输入向量用于测试故障信号分类。

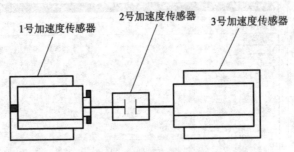

1号加速度传感器　　2号加速度传感器　　3号加速度传感器

图 4-13　滚动轴承实验台及传感器的位置

图 4-14、图 4-15 为 0hp 负载轴承正常和内圈故障(0.007in)信号正交小波分解 5 层后的波形图。从图中可以看到,随着 OWT 信号分解层数的增加,相应层上对应的局部信号正则性增强,尤其可以看到第 2 层和第 3 层的局部信号周期性变强,非平稳的局部信号逐步转化为平稳的信号,说明从第 1 层到第 5 层 OWT 变换后的局部信号周期性增强,轴承故障信号的故障特征信息减少或丢失。因此在选取 OWT 分解层数时,既要结合故障特征信号的平稳性以便研究信号规律,又要兼顾特征信号的有效性以便发现故障信号类别,确保分类效果最好。

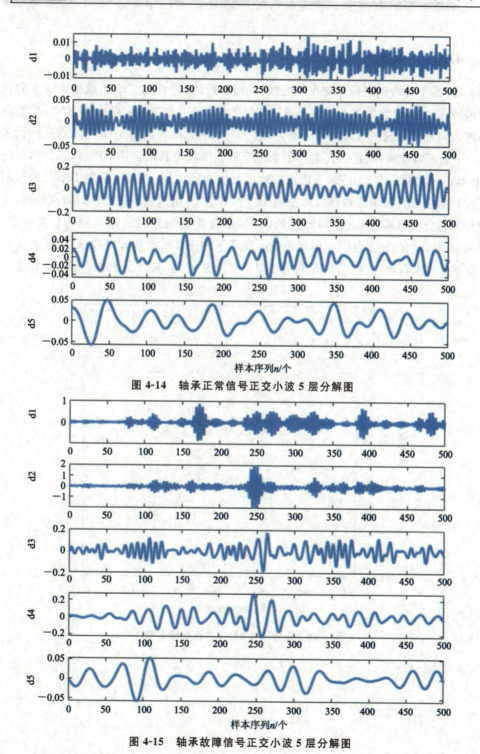

图 4-14　轴承正常信号正交小波 5 层分解图

图 4-15　轴承故障信号正交小波 5 层分解图

4.3.2 实验结果分析

首先,不对数据进行正交小波变换。分别对原始采集的 0hp 负载轴承正常和内圈故障(0.007in)数据各 100 组不进行特征提取,将这 200 组数据作为 KNN 分类器的输入向量用于测试故障信号分类,参数 $K=3$,测试结果如图 4-16 所示,红色*代表 0hp 下的正常数据,蓝色×代表 0hp 负载下的内圈故障数据。从图中可以看到,红色*和蓝色×在图中交叉分布,不能很好地区分出故障类别。之后,采集 1hp 负载轴承正常数据 10 组,再采集内圈故障数据 10 组,对这 20 组数据不进行任何特征提取,直接作为待分类样本,用上述训练好的 KNN 多分类器观察对故障类别的分类结果。图 4-16 中红色○和蓝色□分别代表 1hp 负载下的正常数据和故障数据(在图中以 1、2 标识),可以看到,红色○和蓝色□在图中交叉分布,也不能很好地区分故障类别。

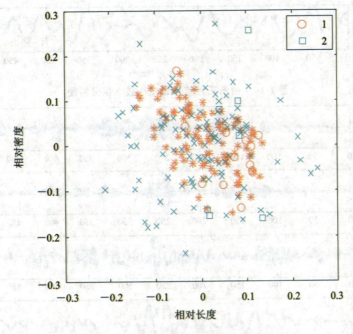

图 4-16 正常和 0.007in 内圈故障 KNN

其次,对数据进行正交小波变换峰峰值特征提取。对图 4-16 中的 200 组数据进行正交小波变换,分解层数为 5 层,正交小波函数选择 db10,并提取第 5 层、第 4 层的峰峰值特征向量作为 OWTKNN 多分类器的输入向量用于测试故障信号分类,分类结果如图 4-17 所示。红色*代表 0hp 负载下的正常数据,蓝色×代表 0hp 负载下的内圈故障数据。从图中可以看到,红色*和蓝色×很好地分成两部分,两类数据边界分明,分类效果明显,诊断正确率达到 100%。之后,对另外采集的 0hp 负载轴承正常数据和内圈故障(0.007in)数据各 10 组共 20 组数据,采取相同的 OWT 变换提取第 5 层、第 4 层的峰峰值特征向量作为待分类样本数据,用训练好的 OWTKNN 多分类器观察对故障类别的分类结果。图 4-17 中红色○和蓝色□分别代表 0hp 负载下的正常数据和故障数据,可以看到,待分类两组数据红色○和蓝色□能够完全正确识别,识别率为 100%,这表明 OWTKNN 多分类器能够很好地识别出训练样本故障类别。再对采集的 1hp 负载轴承正常数据和内圈故障(0.007in)数据各 10 组,对这 20 组数据采取相同的方法观察对故障类别的分类结果,如图 4-18 所示。图中红色○和蓝色□分别代表 1hp 负载下的正常数据和故障数据,可以看到,待分类两组数据红色○和蓝色□能够完全正确识别,识别率为 100%,这表明 OWTKNN 多分类器能够很好地识别出未知故障类别。

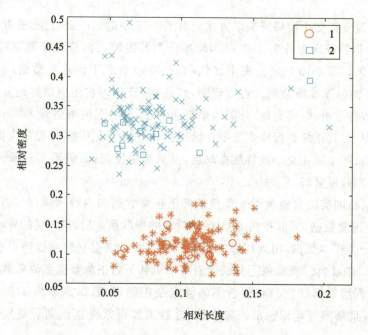

图 4-17　d4、d5 正常与 0.007in 内圈故障 OWTKNN

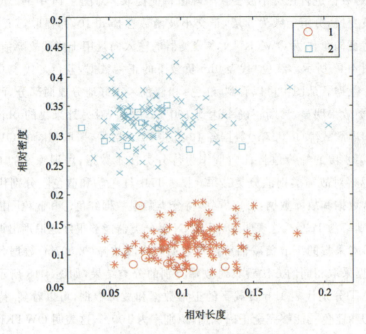

图 4-18 d4、d5 1hp 0.007in 内圈故障 OWTKNN

再次,改变正交小波特征提取方式。对图 4-16 中的 200 组数据,提取第 4 层、第 3 层的峰峰值特征向量作为 OWTKNN 多分类器的输入向量用于测试故障信号分类,分类结果如图 4-19 所示。图中红色∗代表 0hp 负载下的正常数据,蓝色×代表 0hp 负载下的内圈故障数据。可以看到,红色∗和蓝色×在图中很好地分为两部分,两类数据边界分明,距离更远,分类效果更加明显,诊断正确率达到 100%,并且两组数据更集中,尤其正常数据样本集中在纵坐标 0.2 单位线附近,聚类效果更好。这也说明第 3 层、第 4 层正交小波特征提取后,虽然规律性降低,但更多地保留了原来样本信息,分类效果更好。

再对采集的实验台轴承 1hp 负载条件下正常数据和内圈故障(0.007in)数据各 10 组共 20 组新数据,采取相同的 OWT 变换,并提取第 4 层、第 3 层的峰峰值特征向量作为待分类样本数据,用训练好的 OWTKNN 多分类器观察对故障类别的分类结果。图 4-19 中红色○和蓝色□分别代表 1hp 负载下的正常数据和故障数据,可以看到,待分类两组数据红色○和蓝色□能够完全正确识别,识别率为 100%。这说明 OWTKNN 能够很好地识别出故障类别,并且未知正常样本识别后更集中,聚类更明显。

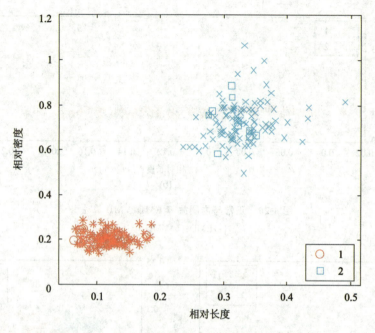

图 4-19 d3、d4 正常与 0.007in 内圈故障 OWTKNN

正常与内圈故障 EMD、VMD 算法见图 4-20，正常与内圈故障 KCA、均方差、裕度、脉冲因子特征算法见图 4-21。KCA、均方差、裕度、脉冲因子特征提取 OWT-KNN 分类效果比较如表 4-1 所示。

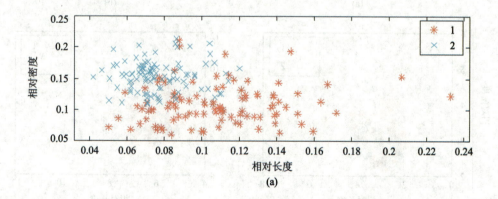

(a)

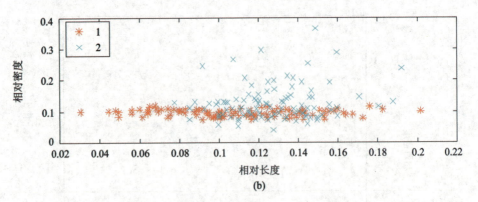

图 4-20　正常与内圈故障 EMD、VMD 算法

(a)EMD；(b)VMD

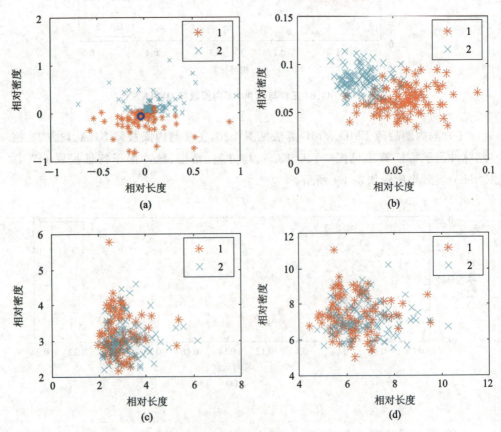

图 4-21　正常与内圈故障 KCA、均方差、裕度、脉冲因子特征算法

(a)KCA；(b)均方差；(c)裕度；(d)脉冲因子

表 4-1   多种算法分类效果比较

算法	各 100 组数据 OWTKNN 分类效果 0hp 负载
K-中心点聚类 算法(KCA)	从图 4-21(a)中可以看到,红色*正常数据和蓝色×内圈故障数据在图中分为两部分,两类数据交叉分布,边界不是很清楚,分类效果不明显,各有 20 多个故障数据误分类,诊断正确率只有 80％左右
EMD 算法特征提取	从图 4-20(a)中可以看到,红色*正常数据和蓝色×内圈故障数据在图中分为两部分,两类数据交叉分布,边界不是很清楚,分类效果不明显,各有 20 多个故障数据误分类,诊断正确率只有 80％左右
VMD 算法特征提取	从图 4-20(b)中可以看到,红色*正常数据和蓝色×内圈故障数据在图中分为两部分,两类数据交叉分布,边界不是很清楚,两类数据不能区分,诊断正确率只有 50％左右
裕度特征提取	从图 4-21(c)中可以看到,红色*正常数据和蓝色×内圈故障数据在图中分为两部分,两类数据交叉分布,边界不是很清楚,两类数据不能区分,诊断正确率只有 30％左右
脉冲因子特征提取	从图 4-21(d)中可以看到,红色*正常数据和蓝色×内圈故障数据在图中分为两部分,两类数据交叉分布,边界不是很清楚,两类数据不能区分,诊断正确率只有 30％左右

最后,对采集的多种故障信号进行 OWTKNN 验证。对比图 4-18,分别对原始采集的 0hp 负载轴承正常和故障数据各 100 组共 200 组数据,提取第 5 层、第 4 层的峰峰值特征向量作为 OWTKNN 多分类器的输入向量用于测试故障信号分类,再对采集的 1hp 负载轴承正常和故障数据各 10 组共 20 组新数据,提取第 5 层、第 4 层的峰峰值特征向量作为待分类样本,用训练好的 OWTKNN 多分类器观察对故障类别的分类结果。故障分类效果比较如表 4-2 所示。

表 4-2   多种故障信号 OWTKNN 分类效果比较

故障 1	故障 2	各 100 组数据 OWTKNN 多分类效果 0hp 负载	各 10 组数据 OWTKNN 多分类效果 1hp 负载
轴承 正常	内圈 0.007in	红色*轴承正常和蓝色×内圈故障在图 4-18 中被很好地分为两部分,两类数据边界分明,分类效果明显,诊断正确率达到 100％	待分类两组数据红色○轴承正常和蓝色□内圈故障在图 4-18 中能够被完全正确识别,识别率为 100％,能够很好地识别出故障类别

续表

故障 1	故障 2	各 100 组数据 OWTKNN 多分类效果 0hp 负载	各 10 组数据 OWTKNN 多分类效果 1hp 负载
内圈 0.007in	球 0.007in	红色＊内圈故障和蓝色×球故障在图 4-22 中被很好地分为两部分，两类故障数据除 2 个数据点靠得比较近，其他数据边界分明，分类效果明显，诊断正确率在 99％以上	待分类两组数据红色○内圈故障和蓝色□球故障在图 4-22 中能够被完全正确识别，识别率为 100％，能够很好地识别出故障类别
内圈 0.007in	球 0.014in	红色＊内圈故障和蓝色×球故障在图 4-23 中被很好地分为两部分，两类故障数据除 2 个蓝色×球故障数据点被误分类，其他数据边界分明，分类效果明显，诊断正确率达到 98％以上	待分类两组数据红色○内圈故障和蓝色□球故障在图 4-23 中能够被完全正确识别，识别率为 100％，能够很好地识别出故障类别
内圈 0.007in	内圈 0.014in	红色＊内圈故障和蓝色×球故障在图 4-24 中被很好地分为两部分，两类故障数据除 2 个红色＊内圈故障(0.007in)、5 个蓝色×内圈故障(0.014in)数据点被误分类，其他数据边界分明，分类效果明显，诊断正确率达到 95％以上	待分类两组数据红色○内圈故障(0.007in)和蓝色□内圈故障(0.014in)在图 4-24 中能够被完全正确识别，识别率为 100％，能够很好地识别出故障类别

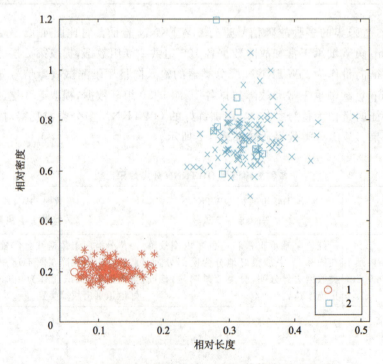

图 4-22　0.007in 内圈故障与 0.007in 球故障 OWTKNN

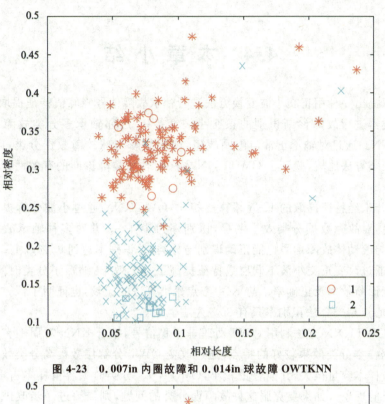

图 4-23　0.007in 内圈故障和 0.014in 球故障 OWTKNN

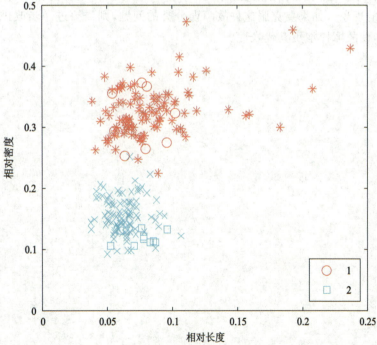

图 4-24　0.007in 内圈故障和 0.014in 内圈故障 OWTKNN

4.4 本章小结

本章提出一种用正交小波变换方法进行轴承故障信号峰峰值特征提取,用 K-近邻多分类器进行故障诊断识别的正交小波变换 K-近邻轴承多分类故障诊断方法 OWTKNN。通过对轴承正常与内圈故障、内圈故障与球故障数据分类,以及与 K-中心点聚类方法比较,验证了 OWTKNN 方法对轴承故障诊断的有效性。得出的结论如下:

(1)与未经特征提取的 K-近邻算法相比,OWTKNN 通过小波分解提取峰峰值特征信息,对故障数据分类效果明显,识别率为 100%。并对多种轴承故障内圈与球、内圈与滚动体故障信号也能正确识别与分类,总识别率达到 95% 以上。

(2)通过改变正交小波不同层数特征提高了分类效果,缩短了分类时间,大大提高了智能诊断效率及正确率。与 K-中心点聚类算法的比较,也证明了该方法的有效性,K-中心点聚类算法识别率只有 80% 左右。

(3)OWTKNN 方法利用 OWT 处理非平稳信号,结合 KNN 对周围有限的近邻故障数据样本分类效果较好的特点,通过改变 OWT 分解层数提高分类效果。如果输入故障样本容量很大,其他容量较小,OWTKNN 分类时大容量样本占多数,会产生误分类的现象。如果要克服这种故障误分类的问题,则需要进一步改进样本特征提取方法,使故障样本更具代表性。

5 基于正交小波变换和支持向量数据描述的轴承早期性能退化评估

第 4 章结合正交小波变换特征提取方法对监督学习算法 K-近邻法在轴承故障诊断中的方法进行了研究。K-近邻法属于监督学习算法,对训练算法的样本数据事先进行标记,它能在均衡情况下对故障样本数据进行精准分类,如果输入故障样本容量很大,其他样本容量较小,KNN 分类时大容量样本占多数,会产生误分类的现象。本章研究监督学习算法支持向量数据描述法在轴承故障诊断及早期性能退化预警中的方法及应用。

针对样本有限情况下的非线性非平稳故障信号,结合样本稀疏、核函数选择受限、支持向量数据描述(SVDD)优势发挥不明显的问题,采用正交小波变换方法,对故障信号进行特征提取,从而使支持向量数据描述方法能快速准确评估出设备的运行状态。

综合上述分析,本章提出一种基于正交小波变换和支持向量数据描述的轴承早期性能退化评估方法 OWTSVDD。针对样本有限情况下的非平稳故障信号,兼顾经验风险、置信区间和分类效果,利用 OWT 提取各细节峰峰值信号,作为 SVDD 的训练样本,求出测试样本集到球心的距离及其到超球面的距离 HI,实现对轴承早期性能退化评估。

5.1　支持向量数据描述概念及算法

5.1.1　支持向量数据描述概念

传统故障特征识别主要以大样本的数据为研究对象,但在轴承故障诊断研究中,故障样本一般很难获取,故障数据属于重要的小样本数据。这就给研究人员指明了方向,如何在有限故障样本情况下对设备运行状态进行评估,将是重点研究内容。Vapnik 等人基于以上思考提出统计学习原理,20 世纪 90 年代随着统计学习理论的完善,Vapnik 等人提出的支持向量数据描述(SVDD)方法在故障诊断中得到了推广。

SVDD 是 SVM 的衍生物,SVM 和 SVDD 都可以用来区分异常数据和正常数据。SVDD 通过在高维空间构造超球面来区分数据,超球面的中心和半径可以通过惩罚参数获得,该方法能够较好地展示多变量因素下振动数据的空间特征。SVDD 的基本思想是用支持向量建立一个封闭紧凑的球形区域 Ω,使被研究的对象尽可能多地包含在 Ω 内部。假定有 n 个数据 $\{x_i\}$ 需要描述,$i=1,\cdots,n$,这 n 个数据构建 SVDD 分类器的学习样本。

5.1.2 支持向量数据描述算法

支持向量数据描述(SVDD)的目标是找到一个超球体并使其体积最小,对于包含 n 个正常数据对象的样本数据集 $\{x_1, x_2, \cdots, x_n\}$;将所有的学习样本集都努力纳入该超几何球体内部,根据目标超球体模型计算出其半径。该超几何球体中心为 a,半径为 R,并要求形成紧凑的球体边界,如图 5-1 所示。

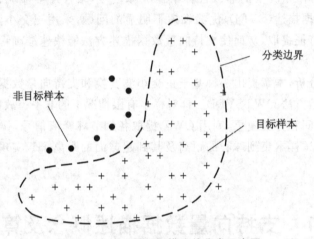

图 5-1 支持向量数据描述单分类示意图

寻找包含所有学习样本的超球体应满足如下关系:

$$\min\varepsilon = R^2 \tag{5-1}$$

约束条件:

$$\| x_i - a \|^2 \leqslant R^2 \quad i = 1, \cdots, n \tag{5-2}$$

考虑到 SVDD 分类中会存在一定比例的错误分类,因此允许一定比例的样本数据错分率,即样本 x_i 到超球体中心 a 的欧氏距离不是严格小于 R,对于大于 R 的距离 x_i 必须有一定惩罚。用统计学习原理来解释这种情况就是经验风险不可能为 0,因此允许一定比例的错分样本,类似于二分类问题。如图 5-2 所示,样本 x_i 被错误地划分为非目标样本,为了增强数据分类的鲁棒性,特别引入了松弛因子 $\xi_i \geqslant 0, i = 1, \cdots, n$。

那么式(5-1)变为:

$$\min\varepsilon(R, a, \xi) = R^2 + C_1 \sum_{i=1}^{n} \xi_i + C_2 \sum_{l=1}^{n} \xi_l \tag{5-3}$$

增加了约束条件:

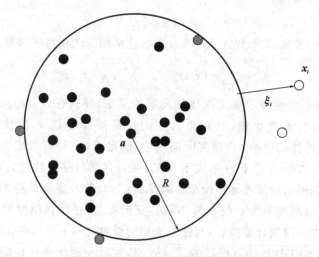

图 5-2 支持向量数据描述的超球体

$$\parallel x_i - a \parallel^2 \leqslant R^2 + \xi_i \quad \parallel x_l - a \parallel^2 \leqslant R^2 + \xi_l, \quad i,l = 1,\cdots,n \qquad (5\text{-}4)$$

在式(5-3)中，C_1，C_2 分别为目标样本、非目标样本的误差惩罚系数，会控制对错分类样本的惩罚程度，同时满足经验风险和推广能力两方面的要求，使经验概率最小化。

对式(5-3)进行优化处理，求出参数 $\varepsilon(R,a,\xi)$ 的最小值，按照求有约束条件的极值问题求出 $\varepsilon(R,a,\xi)$ 中参数 R,a,ξ 的值。因此构造约束条件 Lagrange(拉格朗日)函数如下：

$$L(R,\boldsymbol{a},\alpha_i,\gamma_i,\xi_i) = R^2 + C_1 \sum_{i=1}^n \xi_i + C_2 \sum_{l=1}^n \xi_l -$$

$$\sum_{i=1}^n \alpha_i [R^2 + \xi_i - \parallel x_i - a \parallel^2] - \sum_{i=1}^n \gamma_i \xi_i \qquad (5\text{-}5)$$

式中，$\alpha_i \geqslant 0$，$\gamma_i \geqslant 0$。每一个样本 x_i 都对应一组拉格朗日系数 α_i 和 γ_i，分别对拉格朗日函数方程中的 3 个参数 R,a,ξ_i 求偏导数，之后令式子等于 0 求它的极值，就会得到：

$$\sum_{i=1}^n \alpha_i = 1 \qquad (5\text{-}6)$$

$$\boldsymbol{a} = \sum_{i=1}^n \alpha_i \boldsymbol{x}_i \qquad (5\text{-}7)$$

$$\gamma_i = C_1 - \alpha_i \qquad (5\text{-}8)$$

可得到 a 是 x_i 的一个线性组合，如式(5-7)中维数与样本 x_i 相同。将 $\alpha_i \geqslant 0$ 和

$\gamma_i \geqslant 0$ 代入式(5-6)可得：

$$0 \leqslant \alpha_i \leqslant C_1 \tag{5-9}$$

再将式(5-6)和式(5-7)代入式(5-5)，求出拉格朗日优化目标函数公式：

$$L = \sum_{i=1}^{n} \alpha_i (\boldsymbol{x}_i, \boldsymbol{x}_i) - \sum_{i=1,j=1}^{n} \alpha_i \alpha_j (\boldsymbol{x}_i, \boldsymbol{x}_j) \tag{5-10}$$

式(5-10)是一个标准求解二次优化问题的算法，并且在式(5-9)的约束条件下，求导后对式(5-10)求极小值，计算出对应的拉格朗日参数 α_i 的最优解 α_i^*，再由式(5-7)求出超球体的中心 a。在实际应用中，满足式(5-3)等号成立的那些样本所对应的拉格朗日参数 α_i 是不为 0（大于 0）的，并且这部分样本往往只有少数几个，这些少数样本数据用来计算超球体模型。满足式(5-3)等号成立的样本对应的拉格朗日参数 α_i 将为 0，那些不为 0 的 α_i 样本就是支持向量，超球体模型的 a 值和 R 值由这些少部分的支持向量计算得到，其他非支持向量对应的 $\alpha_i = 0$，在计算中忽略不计。因此，监督学习 SVDD 算法有较高的计算效率，并且在轴承早期性能评估应用中得到验证。如果一组样本数据对应的 $\alpha_i < 0$，那么该样本处于超球体的内部；如果一组样本数据对应的 $\alpha_i \geqslant 0$，那么该样本数据处于超球体边界上或外部。式(5-9)参数 C_1 为 α_i 的上界，对建立的样本数据分类器限制其自身影响。如果一组样本数据所对应的 α_i 达到上限 C_1，如式(5-9)所对应的情况，那么这组样本就属于非目标类样本数据。

可以用任一组支持向量 $\boldsymbol{x}_k$ 按式(5-11)求得封闭区间 Ω 超球体半径 R：

$$R^2 = \langle \boldsymbol{x}_k, \boldsymbol{x}_k \rangle - 2 \sum_{i=1}^{n} \alpha_i \langle \boldsymbol{x}_i, \boldsymbol{x}_k \rangle + \sum_{i=1,j=1}^{n} \alpha_i \alpha_j \langle \boldsymbol{x}_i, \boldsymbol{x}_j \rangle \tag{5-11}$$

对于新样本 $\boldsymbol{z}$，判断它是否属于目标样本，则需要先求出新样本球心 a 的欧氏距离 R_z：

$$R_z^2 = \| \boldsymbol{z} - \boldsymbol{a} \|^2 = \langle \boldsymbol{z}, \boldsymbol{z} \rangle - 2 \sum_{i=1}^{n} \alpha_i \langle \boldsymbol{z}, \boldsymbol{x}_i \rangle + \sum_{i=1,j=1}^{n} \alpha_i \alpha_j \langle \boldsymbol{x}_i, \boldsymbol{x}_j \rangle \tag{5-12}$$

判断 $R_z^2 \leqslant R^2$ 是否成立，根据 $\mathrm{HI} = R_z^2 - R^2$ 判断新样本 $\boldsymbol{z}$ 是否属于同类样本，也可以用式(5-13)表示：

$$f_{\mathrm{SVDD}}(\boldsymbol{z}; \alpha, R) = I(\| \boldsymbol{z} - \boldsymbol{a} \|^2 \leqslant R^2)$$

$$= I\left[\langle \boldsymbol{z}, \boldsymbol{z} \rangle - 2 \sum_{i=1}^{n} \alpha_i \langle \boldsymbol{z}, \boldsymbol{x}_i \rangle + \sum_{i=1,j=1}^{n} \alpha_i \alpha_j \langle \boldsymbol{x}_i, \boldsymbol{x}_j \rangle \leqslant R^2 \right] \tag{5-13}$$

函数 I 的表达式定义为：

$$I(A) = \begin{cases} 1 & \text{如果 } A \text{ 为真} \\ 0 & \text{其他} \end{cases} \tag{5-14}$$

即：如果 $R_z^2 \leqslant R^2$ 满足条件，那么样本 $\boldsymbol{z}$ 为目标样本；反之，则为非目标样本。

在式(5-3)和式(5-5)中,两个参数 C_1 和 C_2 分别是对两类样本错误分类的惩罚因子,改变惩罚因子的权重,可以根据分类效果使分类误差达到平衡。第一类误差 ε_1:此类误差为误判误差,对目标数据样本进行错误的划分,在轴承故障诊断中被称为故障误判。第二类误差 ε_2:此类误差为漏判误差,将非目标样本错误地划分为目标样本,被称为故障漏判。

$$\frac{C_1}{C_2} = \frac{\varepsilon_1}{\varepsilon_2} \tag{5-15}$$

在轴承故障诊断应用中,可以根据故障误判和漏判的严重程度,以及对设备造成损失的严重程度选择 C_1/C_2,将对设备造成的损失降低到最小。根据公式 $\varepsilon_z = R_z^2 - R^2$ 计算 R_z 到模型超球面的距离,通过 ε_z 判断样本是否被接受(正常样本),或者拒绝(故障样本)。

5.2　基于 OWTSVDD 的轴承早期性能退化评估方法

利用正交小波变换对轴承的非线性非平稳振动信号 $f(t)$ 进行多尺度分解,采取对各尺度上的相应局部信号进行特征提取的方法,将提取的局部特征信号作为特征向量,然后用监督学习支持向量数据描述对轴承早期性能进行评估,实现对轴承故障的早期发现与诊断。OWTSVDD 轴承早期性能退化评估流程图如图 5-3 所示。

具体方法如下:

(1)对原始振动信号 $f(t)$ 进行 m 层正交小波变换(OWT),用 OWT 提取振动信号 $f(t)$ 的第 V_0 到第 V_{m-1} 共 m 个尺度上各层所对应的局部细节信号,其中 V_0 代表未进行特征提取的原始信号。

(2)对步骤(1)轴承正常信号的特征进行提取,用前5层的峰峰值作为特征向量。设 $W_i(i=1,2,\cdots,m-1)$ 对应的峰峰值为 $Xpp(i) = \max(W_i) - \min(W_i),(i=1,2,3,\cdots,m-1)$,特征向量 $\boldsymbol{T}$ 构造如下:$\boldsymbol{T} = [Xpp(1),Xpp(2),Xpp(3),\cdots,Xpp(m-1)]$。

(3)将根据步骤(2)所构造的特征向量 $\boldsymbol{T}$ 作好标记作为训练样本,训练正交小波变换和支持向量数据描述的轴承早期性能评估模型 OWTSVDD。

(4)对测试信号样本用 OWT 进行细节分析,并提取各层的峰峰值作为测试样本集,求出测试样本集到球心的距离 R_z,根据公式 $HI = R_z^2 - R^2$ 计算 R_z 到模型超球面的距离,通过 HI 判断样本是否被接受(正常样本),或者拒绝(故障样本)。

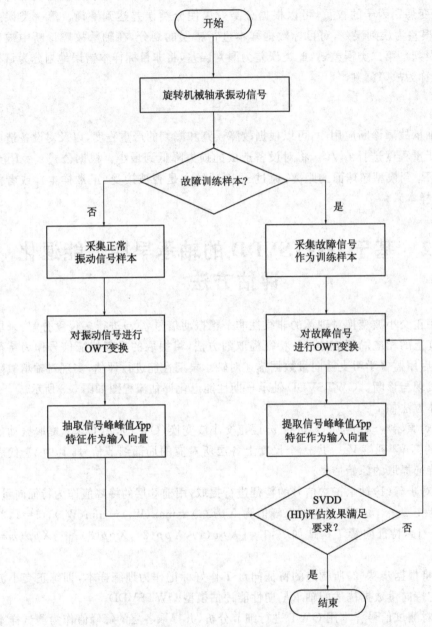

图 5-3   OWTSVDD 轴承早期性能退化评估流程图

(5)设置 HI=ε_z,依据参数 HI 对轴承早期性能进行评估,ε_z 越大,表明轴承偏离正常状态程度越大,退化越严重;反之,ε_z 越小,表明轴承偏离正常状态程度越小,退化越轻微。

基于 OWTSVDD 的轴承早期性能退化评估方法的具体实现过程如下:

(1)采集训练样本 tr。采样长度为 256,采样周期 dt=1/12000,样本个数为 100。训练样本数据来自滚动轴承实验台实验数据,使用水平振动信号数据,并建立 OWTSVDD 数学模型,训练样本 tr 核心实现代码如下所示,具体实现的程序界面如图 5-4 所示。

```
num=512;                %每个样本的长度
dt=1/12000;             %采样周期
l=100;                  %在训练集中每组数据采集样本个数
tl=30;                  %在测试集中每组数据采集样本个数
load('下载资料\data\Normal Baseline Data\100.mat')
a=X100_DE_time';
for i=1:l %+tl
    aa(i,:)=a(num*(i-1)+1:num*i);%60*512
end
for i=1:l/2 %+tl
    ff1(i,:)=a(num*(i-1+l)+1:num*(i+l));
end
tr=[aa];      %构建原始的训练集,100*512
```

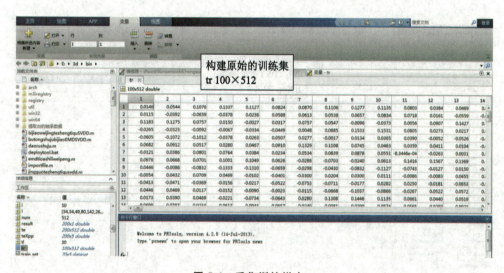

图 5-4 采集训练样本 tr

(2)对训练样本 tr 进行正交小波变换。OWT 特征提取后的特征样本为 trXpp，把训练样本标记为目标样本，核心实现代码如下所示，具体实现的程序界面如图 5-5 所示。

```
%进行正交小波特征提取
for i=1:50
tr(i,:);
[c,l]=wavedec(tr(i,:),5,'db10');
d5=wrcoef('d',c,l,'db10',5);
d4=wrcoef('d',c,l,'db10',4);
d3=wrcoef('d',c,l,'db10',3);
d2=wrcoef('d',c,l,'db10',2);
d1=wrcoef('d',c,l,'db10',1);
Xp5=max(d5)-min(d5);
Xp4=max(d4)-min(d4);
Xp3=max(d3)-min(d3);
Xp2=max(d2)-min(d2);
Xp1=max(d1)-min(d1);
trXpp(i,:)=[Xp5,Xp4,Xp3,Xp2,Xp1];
end
```

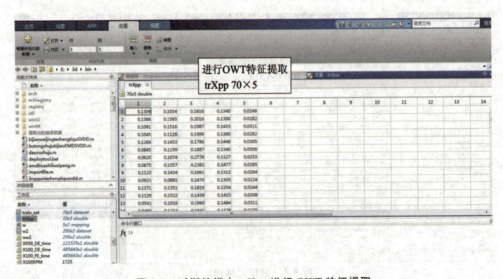

图 5-5 对训练样本 trXpp 进行 OWT 特征提取

(3)对训练样本 tt 进行正交小波变换。OWT 特征提取后的特征样本为 ttXpp，核心实现代码如下所示，具体实现的程序界面如图 5-6 所示。

```
%把训练样本标记为目标类样本
train_set=oc_set(trXpp);
%导入测试样本，并测试分类器的性能
load('data\12k Drive End Bearing Fault Data')
load('data\12k Drive End Bearing Fault Data')
load('data\12k Drive End Bearing Fault Data')
load('data\12k Drive End Bearing Fault Data')
load('data\12k Drive End Bearing Fault Data')
e1=X108_DE_time';e2=X172_DE_time';
e3=X212_DE_time';e4=X059_DE_time';
for i=1:50
    ee1(i,:)=e1(num*(i-1)+1:num*i);
    ee2(i,:)=e2(num*(i-1)+1:num*i);
    ee3(i,:)=e3(num*(i-1)+1:num*i);
    ee4(i,:)=e4(num*(i-1)+1:num*i);
end
%构建测试样本集，包括正常和不同的负载情况下的不同故障类型的不同故障等级
te=[ff1;ee1;ee2;ee3;ee4];
for i=1:250
te(i,:);
[c,l]=wavedec(te(i,:),5,'db10');
d5=wrcoef('d',c,l,'db10',5);
d4=wrcoef('d',c,l,'db10',4);
d3=wrcoef('d',c,l,'db10',3);
d2=wrcoef('d',c,l,'db10',2);
d1=wrcoef('d',c,l,'db10',1);
Xp5=max(d4)-min(d5);
```

```
Xp4＝max(d4)－min(d4);

Xp3＝max(d3)－min(d3);

Xp2＝max(d2)－min(d2);

Xp1＝max(d1)－min(d1);

teXpp(i,:)＝[Xp5,Xp4,Xp3,Xp2,Xp1];

End

fracrej＝0.1;

w＝svdd(train_set,fracrej,4);

w2＝svdd(teXpp,w);

ww2＝＋w2;

result＝ww2(:,2)－ww2(:,1);
```

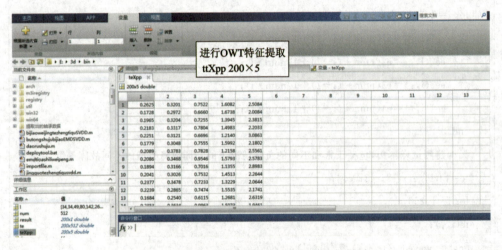

图 5-6　对训练样本 ttXpp 进行 OWT 特征提取

（4）对测试样本 ttXpp 进行支持向量数据描述 SVDD 评估。测试评估结果核心实现代码如下所示,具体实现的程序界面如图 5-7 所示。

```
subplot ;输出测试结果
for i=1:250
    if result(i)>0
        plot(i,result(i),'.r');
        hold on
    else
        plot(i,result(i),'og');
        hold on
    end
end
xlabel('样本编号');ylabel('测试结果');
```

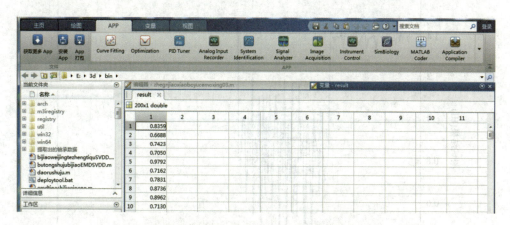

图 5-7 对测试样本进行 SVDD 评估的结果

5.3 OWTSVDD 轴承早期性能退化评估方法实验

5.3.1 实验条件

实验数据来自美国电气工程实验室的滚动轴承实验台,用于分析验证 OWTS-VDD 轴承早期性能退化评估方法的有效性。采用 6205-2RS 深沟球形滚动轴承,电机右侧的驱动端用于支撑电机轴,滚动轴承故障信号分别由 3 个加速度传感器进行多通道同步采集。轴承正常状态下采样频率为 12kHz,分别采集轴承内圈 0hp 负载时点蚀为 0.1778mm,1hp 负载时点蚀为 0.3556mm,2hp 负载时点蚀为0.5334mm,3hp 负载时点蚀为 0.7112mm,在不同深度下采样长度为 512 点的故障样本 50 组数据,作为测试的实验数据。为了观察轴承早期性能评估效果,用轴承正常情况下的50 组数据训练 SVDD 轴承早期性能评估模型,且轴承内圈点蚀四种故障样本各 50组共 200 组数据不进行 OWT 特征提取,作为原始数据输入训练好的 SVDD 分类器。纵轴 HI 代表 SVDD 评估效果指标,HI 反映出轴承不同故障等级的性能退化程度,早期性能评估效果如图 5-8 所示。从图中可以观察到没有进行 OWT 原始数据特征提取的 SVDD,轴承内圈点蚀为 0.1778mm 的 50 组故障数据对应样本点 1~50 数据偏离 HI=1.4 的平衡位置,早期性能评估指标 HI 变化较小。

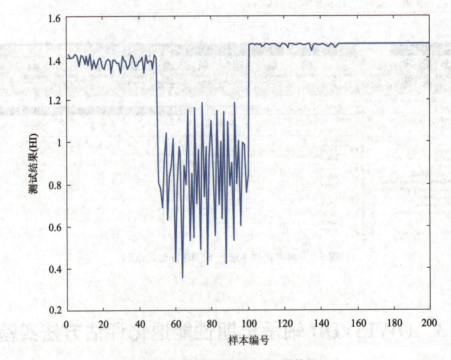

图 5-8　未经过特征提取 SVDD 评估图(一)

观察内圈点蚀为 0.3556mm 时的样本点 51~100,图中评估指标 HI 急速变成0.8 左右且变化幅度较大。观察内圈点蚀为 0.5334mm 时的样本点 101~150,指标 HI 再次突变到 1.5 左右,测试结果的变化幅度较小,样本点 151~200 为轴承内圈点蚀 0.7112mm 时的 50 组样本数据,观察发现样本数据稳定在 HI＝1.5 平衡位置保持不变。从图中可以看到 SVDD 评估效果指标 HI 的变化不具有连贯性,是跳跃的,HI 不能反映轴承点蚀大小与故障严重程度之间的关系。所以未经过特征提取的 SVDD 轴承性能评估方法,其评估效果指标 HI 不能反映轴承性能退化的程度。

接着对 OWTSVDD 轴承早期性能退化评估方法进行实验验证。在相同实验条件下,将图 5-8 中正常 50 组样本通过 OWT 提取后的特征向量作为训练样本,训练轴承性能评估模型 OWTSVDD。将上述四种情况下的轴承内圈点蚀振动信号共 200 组数据进行 OWT 提取后的特征向量输入 OWTSVDD 进行测试,测试结果如图 5-9 所示。图 5-9 中前 50 个样本数据代表轴承内圈 0.1778mm 点蚀的数据,评估效果指标 HI 偏离正常状态位置并在 0.75 左右保持小幅度波动。51～100 样本数据代表轴承内圈 0.3556mm 点蚀的数据,评估效果指标开始偏离 HI＝0.75 的平衡位置,HI 变大且变化幅度较大。101～150 样本数据代表轴承内圈 0.5334mm 点蚀的数据,幅值跳跃式突变,HI 变为 1.6,大幅增加,轴承性能开始恶化。151～200 样本数据代表轴承内圈 0.7112mm 点蚀的数据,评估效果指标 HI 进一步增大,轴承性能进一步恶化,图中评估效果指标 HI 可以表征轴承内圈点蚀增大、性能变差直至恶化的过程。

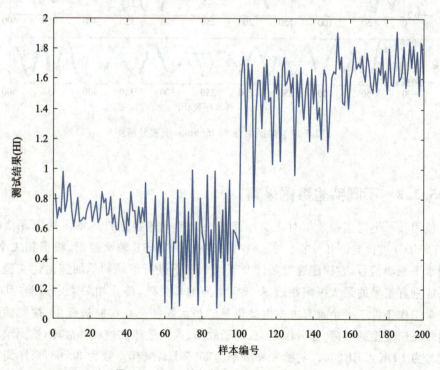

图 5-9　OWT 特征提取 SVDD 评估图(一)

对比图 5-8 和图 5-9 可知,OWTSVDD 评估模型能更完整地反映轴承运行状态并评估轴承性能,参数 HI 可用于监测轴承早期性能退化过程。内圈点蚀为 0.3556mm、0.5334mm 的小波分解图如图 5-10 和图 5-11 所示,正交小波分解后也能够看到高层 d5、d4 规律性由 0.3556mm 到 0.5334mm 变差。

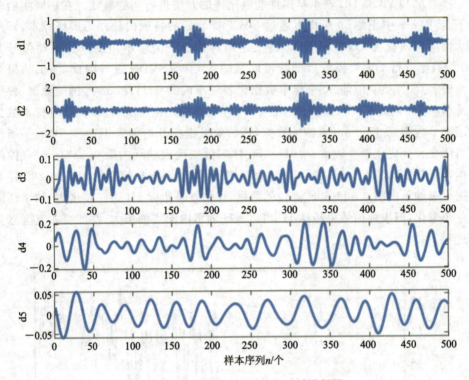

图 5-10　内圈点蚀 0.3556mm 小波分解图

5.3.2　不同实验数据采集

使用轴承不同实验数据对正交小波变换支持向量数据描述轴承性能评估模型 OWTSVDD 进行验证和分析。实验数据来自 XJTU-ST 轴承数据,根据相关文献,采用水平振动信号,在固定速度条件及不同工况下进行滚动轴承加速退化实验。当水平或垂直信号的最大振幅超过 A^{10} 时,认为轴承失效,终止相关寿命试验,其中 A 是正常工作条件下一个垂直方向振动信号的最大振幅。在实验过程中,被测轴承可能出现任何类型的故障,如外圈断裂、外圈故障、内圈故障和滚动件故障,被测滚动轴承型号为 LDK UER204。实验采样频率为25.6kHz,采样点数为 32768,采样周期为

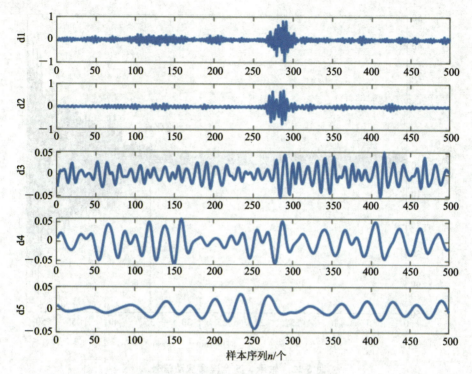

图 5-11   内圈点蚀 0.5334mm 小波分解图

1min，在连续窗口中收集轴承振动信号，考虑了代表 3 种不同负载的数据（表 5-1）。OWTSVDD 早期性能评估模型验证采用轴承 1_5 全寿命数据作为训练集。

5.3.3   不同实验数据性能评估对比

在滚动轴承寿命测试中采用正交小波变换进行特征提取，选取 db10 小波函数进行 5 层分解，提取第 5 层、第 4 层的峰峰值特征向量作为 OWTSVDD 输入向量，用该特征向量集训练正交小波支持向量数据描述轴承性能评估模型 OWTSVDD。以滚动轴承 1_5 为例，采样频率为 25.6kHz，采样周期为 1min，每次采样时长为 1.28s，样本总数为 52，实际寿命为 52min。图 5-12 显示了轴承 1_5 全寿命振动信号，在 35min 时间点，与正常标准振幅相比，滚动轴承振幅显著增加，这个时间点是轴承开始退化的时刻，并开始预测轴承剩余使用寿命（Remaining Useful Life，RUL）。不同工况下轴承参数可参考表 2-1。

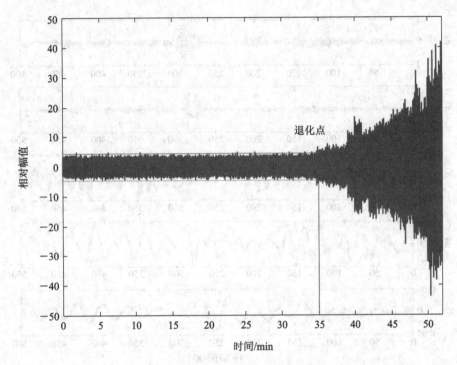

图 5-12　轴承 1_5 全寿命振动信号

分别采集滚动轴承 1_5 运行 26min、29min、32min、35min、38min、41min 时各 50 组振动数据，每组数据采集 512 个点。首先，在没有进行 OWT 特征提取的条件下，用纵轴 HI 代表 SVDD 评估效果指标，HI 反映出轴承不同故障等级的性能退化程度。为了观察轴承早期性能评估效果，采集轴承 2min 时 50 组振动数据训练 SVDD 轴承早期性能评估模型，且采集的六种情况下的故障样本各 50 组共 300 组振动数据不进行 OWT 特征提取，作为原始数据输入训练好的 SVDD 分类器，利用 OWTSVDD 轴承早期性能评估模型进行测试，评估效果指标 HI 变化趋势如图 5-13 所示。对于轴承运行 26min 时的振动数据，观察前 50 个样本点对应的测试结果 HI，保持在平衡位置 HI 值为 0.02 左右，测试结果 HI 变化幅度较小。观察样本点 51～100，轴承在 29min 时的振动数据，整体 HI 值为 0.02 左右，第 74 个样本点 HI 偏离平衡位置，振幅较大。观察样本点 101～150，轴承运行 35min 时的振动数据，HI 在 0.02 上下微弱变化。观察样本点 151～300，轴承运行 38min、41min 时的振动数据，样本未偏离平衡位置 0.02，恒定不变。

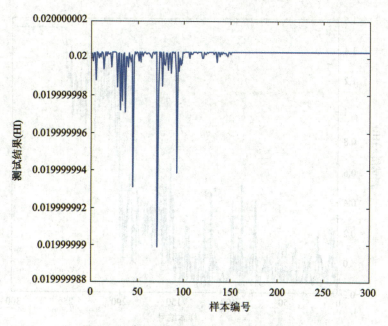

图 5-13 未经过特征提取 SVDD 评估图(二)

再通过 OWTSVDD 模型进行轴承早期性能评估分析,在同样的条件下,分别采集 26min、29min、32min、35min、38min、41min 时的轴承振动信号各 50 组,每组数据采样长度为 512 个点。取正常 2min 情况下 50 组振动信号样本通过 OWT 提取后的特征向量作为训练样本,训练轴承性能评估模型 OWTSVDD。将上述六种情况下的轴承内圈点蚀振动信号共 300 组进行 OWT 提取后的特征向量输入 OWTSVDD 进行测试,评估效果指标 HI 变化趋势如图 5-14 所示。用 k-Sigma 阈值法验证模型数据集上输出的异常数值,并将其用均值 μ、标准差 σ 的高斯分布建模,然后将阈值定义为 $t=\mu+k\sigma$,如果可以假定此分布完全遵循高斯分布,则可以选择 k 在数据集上区间 t 的值以满足轴承性能退化要求,计算得出轴承退化阈值为 0.85。对于轴承运行 26min、29min、32min 时振动数据 150 组,0～150 个样本点评估效果指标 HI 偏离正常状态位置并在 0 值左右保持小幅度波动,第 74 个样本点振动幅值增大,偏离平衡位置。

观察 151～200 样本点,轴承运行 35min 时的振动数据样本幅值开始不稳定,评估效果指标开始偏离 HI=0.25 的平衡位置,振幅呈加速增加的趋势。观察 201～250 样本点,轴承运行 38min 时数据,振幅加速突变,性能退化阈值 $t>0.85$,轴承性能开始恶化。观察 251～300 样本点,轴承运行 41min 时的数据,轴承性能进一步恶

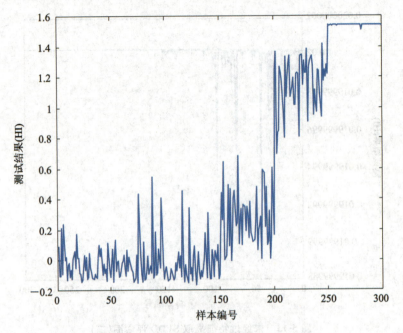

图 5-14　OWT 特征提取 SVDD 评估图(二)

化。轴承运行时间大于 42min 时,轴承性能加剧恶化,图中评估效果指标 HI 可以表征轴承内圈点蚀增大、轴承性能变差直至恶化的过程。对比图 5-13 和图 5-14 可知,以正交小波变换提取的特征向量来建立的支持向量数据描述轴承性能评估模型 OWTSVDD,能更有效地对轴承性能状态进行评估。OWTSVDD 评估效果指标 HI 意义更加明确,可更好地监测轴承早期性能退化过程,并且退化信号和图 5-12 中轴承运行 35min 时的全寿命振动信号一致。利用正交小波变换对 35min、38min 信号进行分解后,对比图 5-15 和图 5-16 可知高层 d5、d4 规律性由 35min 到 38min 明显变差。OWTSVDD 轴承性能评估方法利用 OWT 提取各细节峰峰值信号,并将提取后的特征向量作为支持向量数据描述的训练样本,求出测试样本集到球体中心的距离及其到超球面的距离 HI,对轴承早期性能进行评估。同样条件下使用 EMD 对振动信号进行特征提取后,作为 SVDD 的输入向量,使每个样本的维数降到 5 维,SVDD 所需的训练样本维数大大降低,如图 5-17 所示。从图中可以看出,正常样本识别出 48 个,识别率为 96%,并且正常样本的类内分散度较小,HI 的差别较小。而故障样本同样完全被正确识别,识别率为 100%,目标样本和非目标样本能很好地被区分开,诊断的准确率大大提高,说明该方法能准确提取出滚动轴承在不同状态下的振动信号中的特征,也证明该方法在故障诊断中的有效性。

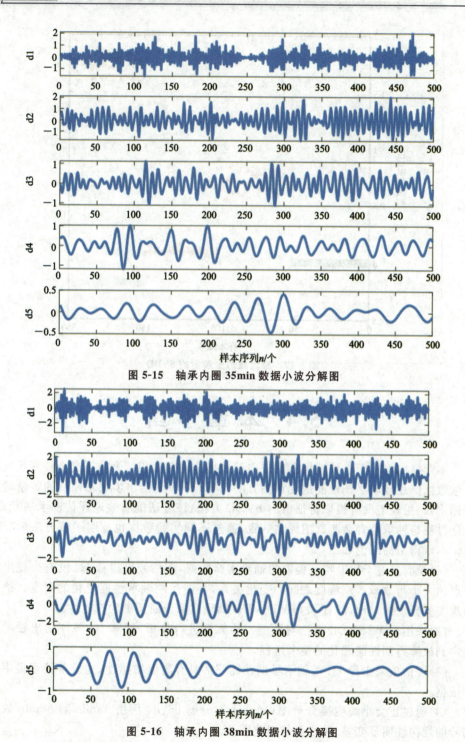

图 5-15　轴承内圈 35min 数据小波分解图

图 5-16　轴承内圈 38min 数据小波分解图

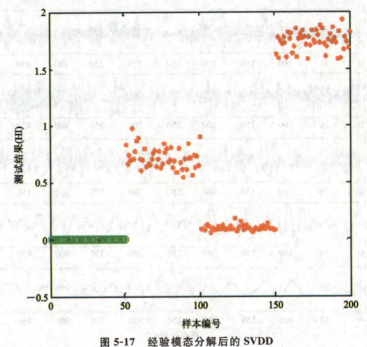

图 5-17 经验模态分解后的 SVDD

5.4 本章小结

本章提出将正交小波变换和支持向量数据描述方法相结合的正交小波变换支持向量数据描述轴承早期性能退化评估方法 OWTSVDD,给出了状态评估的定量健康指标 HI。相较于没有提取特征值的 SVDD 方法,该方法能有效地评估轴承的状态,退化过程与轴承全寿命测试图评估一致,通过不同实验数据也证明了该方法的有效性。本章得出的结论如下:

(1)没有经过 OWT 特征提取的轴承实验数据,评估效果指标 HI 没有表现出轴承点蚀大小与故障严重程度之间的变化关系,不能反映轴承性能退化的程度。通过两组实验数据的对比,验证了 OWTSVDD 轴承故障诊断预测的有效性。

(2)采用 OWTSVDD 方法对两组实验数据进行分析,能够 100% 评估出轴承由正常到故障再到性能恶化的整个过程。

(3)评估效果指标 HI 对轴承早期性能评估具有高度敏感性,为设备管理提供科学依据。

(4)通过正交小波变换分解图可知,小波分解 d5、d4 层由 35min 到 38min 故障信号的规律性明显变差,轴承性能退化明显。

6 基于正交小波变换和改进支持向量数据描述的轴承早期故障预警

第 5 章结合 OWT 特征提取方法对监督学习算法支持向量数据描述轴承早期性能评估方法及应用进行了研究,其在轴承早期性能退化评估中取得较好的效果。SVDD 算法不能独自进行特征提取和故障识别,因此需利用基于正交小波变换和改进支持向量数据描述的轴承早期故障诊断预警方法,引入参数 $\lambda(z)$,通过观察 $\lambda(z)$ 变化来判断设备偏离正常状态的情况,对轴承进行早期故障预警。本章直接将 SVDD 轴承性能退化评估方法用于轴承设备故障预警,并在水泥厂煤灰鼓风机轴承故障预警中进行应用,以某水泥厂鼓风机轴承的状态检测实践为依据,验证了 OWTSVDD 预警模型的有效性。

当前随着工业技术的快速发展,工业设备越来越自动化和智能化,如何保障轴承设备安全运行,减少重大安全隐患,提高企业经济效益显得尤为重要。轴承 SVDD 监督学习算法是为解决智能检测与诊断中缺少故障样本而提出的一种故障诊断方法。轴承常常处于工况恶劣、负载重、不稳定和持续运行的状态,由于受环境和设备的影响,轴承故障样本表现为非线性非平稳脉冲周期信号,另外现场还会受到轴承各部件振动产生的谐波和工作环境中的噪声信号影响,故多表现为低频调和信号,一般比较难获得。根据预警技术的常用研究方法,本章对低信噪比微弱的早期故障信号特征提取进行研究,采用故障样本统计量进行特征提取,利用 OWTSVDD 方法解决非线性动力特性、小样本和强泛化问题,实现轴承早期故障预警。

综合上述分析,本章提出一种基于正交小波变换和改进支持向量数据描述的轴承早期故障预警方法。针对样本数据非线性维度过大、预警警兆(故障样本)缺少和支持向量数据描述核函数选择受限制的问题,通过对设备正常数据样本提取峰峰值、均方根、偏斜度和峭度组成特征向量,用 OWT 降低数据维数并建立改进核函数的 OWTSVDD 分类器,引入参数 $\lambda(z)$,观察 $\lambda(z)$ 变化来判断设备偏离正常状态的情况,实现正交小波变换和改进支持向量数据描述的轴承早期故障预警。

6.1　改进支持向量数据描述预警方法

6.1.1　支持向量数据描述理论

支持向量数据描述通过在高维空间构造超球面来区分数据,超球面的中心和半径可以通过计算惩罚参数来获得,该方法能够较好地展示多变量因素下数据的空间特征。

对于包含 N 个正常数据对象的样本数据集 $\{x_1, x_2, \cdots, x_n\}$,支持向量数据描述目标是寻找到一个超球体并使其体积达到最小,将所有的学习样本集都努力纳入该超几何球体内部,根据目标超球体模型计算出其半径。该超几何球体中心为 a,半径为 R,并要求形成紧凑的球体边界,SVDD 的优化问题可以表示为:

$$\min \quad L(R) = R^2 \tag{6-1}$$

$$\text{s. t.} \quad R^2 - \| \boldsymbol{x}_i - \boldsymbol{a} \| \geqslant 0 \tag{6-2}$$

根据式(6-1)和式(6-2)定义拉格朗日函数:

$$L(R, \boldsymbol{a}, \Lambda) = R^2 - \sum_{i=1}^{n} \alpha_i [R^2 - \| \boldsymbol{x}_i - \boldsymbol{a} \|^2] \tag{6-3}$$

式中,拉格朗日系数 $\alpha_i \in \Lambda$,且 $\alpha_i \geqslant 0$。分别对式(6-3)中 R 和 a 求偏微分,并令求出的式子等于0,得到下式:

$$\sum_{i=1}^{n} \alpha_i = 1 \tag{6-4}$$

$$\boldsymbol{a} = \sum_{i=1}^{n} \alpha_i \boldsymbol{x}_i \tag{6-5}$$

把式(6-4)和式(6-5)代入式(6-3),得到优化方程:

$$\max_{\alpha} \quad L = \sum_{i=1}^{n} \alpha_i \langle \boldsymbol{x}_i, \boldsymbol{x}_i \rangle - \sum_{i,j=1}^{n} \alpha_i \alpha_j \langle \boldsymbol{x}_i, \boldsymbol{x}_j \rangle \tag{6-6}$$

$$\text{s. t.} \quad \sum_{i=1}^{n} \alpha_i = 1 \quad \alpha_i \geqslant 0 \tag{6-7}$$

根据卡罗需-库恩-塔克(Karush-Kuhn-Tucker,KKT)条件,它是判断某点是否为极值点的必要条件,Λ 中大部分 $\alpha_i = 0$,少部分 $\alpha_i > 0$。那些不为0的 α_i 对应的样本就是支持向量,这些少部分的支持向量样本能够求出超球体模型的 a 和 R 值,而其他非支持向量因为其对应的 $\alpha_i = 0$,在计算中忽略不计。

对于已知 Λ,通过式(6-5)可以求出超球体的中心 a,任选一组支持向量通过式(6-8)求出 R:

$$R^2 - \| \boldsymbol{x}_i - \boldsymbol{a} \|^2 = 0 \tag{6-8}$$

对于测试样本数据 z,令:

$$f(\boldsymbol{z}) = \| \boldsymbol{z} - \boldsymbol{a} \|^2 \tag{6-9}$$

则式(6-9)变换为

$$f(\boldsymbol{z}) = \langle \boldsymbol{z}, \boldsymbol{z} \rangle - 2 \sum_{i=1}^{n} \alpha_i \langle \boldsymbol{z}, \boldsymbol{x}_i \rangle + \sum_{i,j=1}^{n} \alpha_i \alpha_j \langle \boldsymbol{x}_i, \boldsymbol{x}_j \rangle \tag{6-10}$$

考虑到式(6-10)中,测试样本数据 z 满足

$$\sum_{ij} \alpha_i \alpha_j \langle \boldsymbol{x}_i, \boldsymbol{x}_j \rangle = \text{const} \tag{6-11}$$

$$g(z) = \langle z, z \rangle - 2\sum_{i=1}^{n} \alpha_i \langle z \cdot x_i \rangle + \text{const} \qquad (6\text{-}12)$$

$$\lambda(z) = \frac{g(z)}{g(x_s)} \qquad (6\text{-}13)$$

式中，x_s 为任意支持向量。所以，可以根据式(6-13)来判定 z 在超球体内或外，进而判断其是否为目标样本：

$$\lambda(z) = \begin{cases} \lambda > 1, z \text{ 在超球体外} \\ \lambda \leqslant 1, z \text{ 在超球体内} \end{cases} \qquad (6\text{-}14)$$

可以根据式(6-11)~式(6-13)来计算待测样本点 z 的参数 $\lambda(z)$，并且判断其状态，计算评估参数 $\lambda(z)$ 时省去了计算半径 R 和 a 的过程，简化了运算量。然而，由式(6-6)计算出的 SVDD 预警模型，存在边界形状单一、边界区域不够紧凑、空间过大等问题，容易出现误分类，会把可疑故障样本数据纳入超球体内。利用核函数把输入样本空间的数据对象进行转换，将其映射到核空间，这样就能解决边界模糊导致的误分类问题。在进行样本数据向量内积运算时，通过核函数 $K(x_i, x_j)$ 隐式映射到高维空间，避免直接计算高维特征向量的内积，使计算复杂度大大降低。

基于核函数方法直接建立封闭区域数学模型的监督学习方法被称为改进支持向量数据描述 SVDD。高斯径向基核函数（Radial Basis Function，RBF）的表达式为

$$K(x, y) = \exp\left(\frac{-\parallel x - y \parallel^2}{2\sigma^2}\right) \qquad (6\text{-}15)$$

使用时式中的参数 σ 是提前给出的。

核函数方法被引入后，对正常数据聚集形成的边界计算 $g(z)$、$g(x_z)$，如果待测样本数据对象 z 的 $g(z) > g(x_z)$，此时 $\lambda(z) > 1$，那么判断样本 z 为可疑样本数据。

6.1.2 常用改进核函数及其性质

图 6-1 为香蕉型数据经过内积运算后的 SVDD 样本，用支持向量来计算超球体半径，图中空心圆圈表示支持向量，用黑色＋代表目标样本，黑色的实线为数据描述的边界线。从图中可以看到，经过内积运算的 SVDD 能对香蕉型数据进行正确的描述，但会把可疑的故障样本数据纳入超球体内，样本数据的分布特点不能被准确地描述。在 SVDD 的计算公式中利用 Vapnik 等人提出的空间转换理论，用核函数方法直接建立封闭区域数学模型，将低维空间的数据向高维空间转换，并且能够使低维空间的非线性问题转换为高维的线性问题，这适用于处理轴承故障过程中产生的非线性非平稳振动信号。在空间转换过程中用核函数 $K(x_i, x_j)$ 代替内积，通过内积运算实现非线性问题向线性问题的转换。所以核函数的引入可以提高 SVDD 精度，使改进的 SVDD 更加适用于轴承故障特征信号的处理与诊断。接下来将重点介绍几种

常用的核函数及其性质。

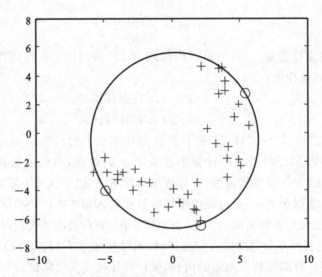

图 6-1 球形支持向量数据描述对香蕉型数据的描述示例

在监督学习方法中,若通过支持向量计算构建的超球体模型 SVDD 能够对测试样本数据进行正确分类,并且超球面满足收敛性的要求,则称测试样本是线性可分的;反之,则称测试样本是线性不可分的。在测试样本数据线性不可分的情况下,SVDD 表达式中的内积运算 $x_i \cdot x_j$ 可以用核函数运算代替。将非线性问题转换为线性问题非常适用于轴承故障特征信号的处理与诊断,根据 Hilbert-Schmidt(希尔伯特-施密特)理论,要通过 Mercer 条件选择核函数,只要满足 Mercer 定理的任意对称函数都可以作为核函数来使用。

Mercer 定理:对称函数 $K(\boldsymbol{u}, \boldsymbol{v})$ 展开式中系数 $\alpha_k > 0$ 始终要保证为正。

$$K(\boldsymbol{u}, \boldsymbol{v}) = \sum_{k=1}^{\infty} \alpha_k \psi_k(\boldsymbol{u}) \psi_k(\boldsymbol{v}) \tag{6-16}$$

$K(\boldsymbol{u}, \boldsymbol{v})$ 为特征空间的一个内积函数,其充分必要条件是使 $\int g^2(\boldsymbol{u}) \mathrm{d}\boldsymbol{u} < \infty$ 所有的 $g \neq 0$,那么有

$$\iint K(\boldsymbol{u}, \boldsymbol{v}) g(\boldsymbol{u}) g(\boldsymbol{v}) \mathrm{d}\boldsymbol{u} \mathrm{d}\boldsymbol{v} > 0 \tag{6-17}$$

Mercer 定理即将核函数理解为特征空间向量的内积,这是在研究势函数方法时发现的,之后将其引入机器学习领域,但是直到 Vapnik 等人在研究支持向量机 SVM 的理论时,核函数为空间向量内积的应用潜力才被广大研究者发掘。

目前,支持向量数据描述和支持向量机中常用的核函数有以下几种:

(1)线形核函数:

$$K(\boldsymbol{x}_i,\boldsymbol{x}_j) = \boldsymbol{x}_i \cdot \boldsymbol{x}_j \tag{6-18}$$

这是指构成线性可分的空间内积核函数,适用于线形可分的问题。

(2)多项式核函数:

$$K(\boldsymbol{x}_i,\boldsymbol{x}_j) = [\langle \boldsymbol{x}_i,\boldsymbol{x}_j \rangle + 1]^d \tag{6-19}$$

式中,d 为多项式阶数。

(3)高斯径向基核函数:

$$K(\boldsymbol{x}_i,\boldsymbol{x}_j) = \exp\left(\frac{-\parallel \boldsymbol{x}_i - \boldsymbol{x}_j \parallel^2}{2\sigma^2}\right) \tag{6-20}$$

式中,σ 为高斯径向基函数宽度。

(4)Sigmoid 型核函数:

$$K(\boldsymbol{x}_i,\boldsymbol{x}_j) = \tanh[b\langle \boldsymbol{x}_i,\boldsymbol{x}_j \rangle - c] \tag{6-21}$$

Sigmoid 型核函数构成神经网络,它是多层感知器的,式中参数 b 为比例因子,参数 c 为偏移因子。

(5)样条核函数:

$$K(\boldsymbol{x}_i,\boldsymbol{x}_j) = \sum_{k=1}^{d} [1 + \boldsymbol{x}_i^{(k)}\boldsymbol{x}_j^{(k)} + \frac{1}{2}\boldsymbol{x}_i^{(k)}\boldsymbol{x}_j^{(k)} \min(\boldsymbol{x}_i^{(k)},\boldsymbol{x}_j^{(k)}) - \frac{1}{6}\min(\boldsymbol{x}_i^{(k)},\boldsymbol{x}_j^{(k)})^3]$$

$$\tag{6-22}$$

式中,$\boldsymbol{x}_i^{(k)}$、$\boldsymbol{x}_j^{(k)}$ 表示 $\boldsymbol{x}_i$、$\boldsymbol{x}_j$ 第 k 个分量。

改进 SVDD 常用核函数还有 B 样条、Fourier 序列核函数等,根据 Hilbert-Schmidt 理论容易证明这几种核函数满足 Mercer 定理。

6.1.3　基于 OWTSVDD 的轴承早期故障预警方法

OWTSVDD 预警技术把轴承故障预警分为两步:第一步,区分轴承正常样本数据和可疑样本数据。采集设备正常运行时的数据,提取峰峰值(M)、均方根(U)、偏斜度(K_e)和峭度(K_u)组成特征向量训练监督学习 OWTSVDD 分类器,把能够确定的所有轴承正常样本数据对象包含在用支持向量计算的超球体模型内,区别超球体外的可疑故障样本数据。第二步,确认超球体外可疑故障数据中的预警警兆及故障数据特征,也为下一步建立更智能的机器学习方法进行轴承早期预警提供样本数据库。

基于正交小波变换和支持向量数据描述的轴承早期故障预警方法 OWTSVDD，对设备正常运行时采集的样本数据进行特征提取，将提取后的特征向量作为训练样本，训练 OWTSVDD 预警模型，以轴承正常数据样本建立超球体的边界，进而判断待测轴承数据样本偏离正常位置的程度，引入参数 $\lambda(z)$，观察 $\lambda(z)$ 的变化趋势来判断轴承设备偏离正常状态的趋势，实现对设备状况进行预警的目标。OWTSVDD 预警步骤及实现流程如图 6-2 所示。

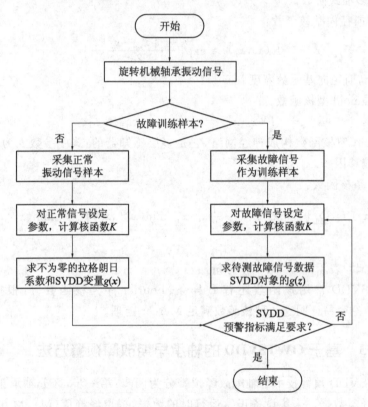

图 6-2　OWTSVDD 预警步骤及实现流程图

6.2　OWTSVDD 轴承早期故障预警方法实例

将上述 OWTSVDD 预警技术应用于某水泥厂鼓风机轴承的早期故障预警中。图 6-3 为煤灰鼓风机的结构示意图。

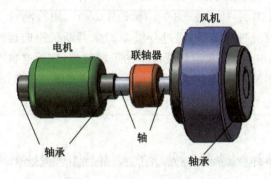

图 6-3　煤灰鼓风机结构图

（1）在煤灰鼓风机正常工作的情况下，采集风机两端轴承处的振动信号，采用加速度传感器手持设备各采集 20 组振动信号。该风机轴承正常工作转速 $v=900\text{r}/\text{min}$，采样频率 $f=458\text{Hz}$，轴承振动样本数据长度 $d=1024$，对采集的风机前端（靠近电机端）轴承振动样本信号数据进行特征提取，分别提取这些样本数据峰峰值（M）、均方根（U）、偏斜度（K_{e}）和峭度（K_{u}）组成向量，称为特征向量 x_i。风机后端分类模型参数见表 6-1。

即：$x_i=[M(x_i)\quad U(x_i)\quad K_{\text{e}}(x_i)\quad K_{\text{u}}(x_i)]$

建立 OWTSVDD 模型：$x_i=[M(x_i)\quad U(x_i)\quad K_{\text{e}}(x_i)\quad K_{\text{u}}(x_i)]$

表 6-1　　　　　　　　　　　　　　　风机后端分类模型参数

不为零的 α	与不为零的 α 相对应的支持向量			
$\alpha_1=0.5$	11.3037	2.0773	0.0077	2.2369
$\alpha_6=0.5$	14.4409	1.9942	-0.1965	2.9574

下一步检验机组的运行状态是否正常，可以分别采集风机两端处的振动速度信号，作同样的特征提取，并按照下式

$$g(z)=1-2\sum_{i=1}^{n}\alpha_i K(z,x_i)+\text{const} \tag{6-23}$$

求出待测振动信号 z 的 $g(z)$ 与各自的 $g(x_s)$ 的比值 $\lambda(z)$，如果 $\lambda(z)>1$，表示待测轴承振动样本数据 z 不是目标样本数据，拒绝接受，此时机器发生故障；反之，如果 $\lambda(z)<1$，表示待测轴承振动样本 z 是目标样本数据，样本接受，此时机器无故障。

(2)根据水泥厂提供的数据,分别在 7 月 1 日、7 月 5 日、7 月 10 日、7 月 15 日、7月 20 日、8 月 10 日、8 月 15 日、8 月 20 日、8 月 25 日,用检测设备对风机前端(靠近电机端)轴承振动情况进行测试,通过分析 $\lambda(z)$ 来判断机组的运行状态,为故障分类提供识别依据。图 6-4 为正常运转情况下的风机前端(靠近电机端)轴承振动的时域波形和频域图,图中没有 1 倍频成分,为轴承正常状态下的时频图。

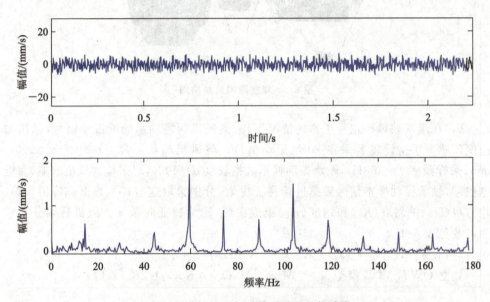

图 6-4 水平方向振动的时域图和频域图

选定 $\sigma=2$,然后根据 OWTSVDD 轴承早期故障预警步骤对风机轴承振动样本信号数据进行特征提取,分别提取样本峰峰值(M)、均方根(U)、偏斜度(K_e)和峭度(K_u)组成特征向量,并计算 $g(z)$ 和 $\lambda(z)$,如表 6-2 所示。

表 6-2 水泥厂 7—8 月风机的振动特征值数据

预警时间	$M(x_i)$	$U(x_i)$	$K_e(x_i)$	$K_u(x_i)$	$g(z)$	$\lambda(z)$
7 月 1 日	13.671	2.4833	0.0476	2.3726	0.3123	0.8582
7 月 5 日	13.981	2.4611	0.096091	2.5272	0.32373	0.8896
7 月 10 日	14.121	2.3743	0.1934	2.4612	0.35072	0.9638

续表

预警时间	$M(x_i)$	$U(x_i)$	$K_e(x_i)$	$K_u(x_i)$	$g(z)$	$\lambda(z)$
7 月 15 日	14.369	2.4372	−0.066841	2.5116	0.38594	1.0606
7 月 20 日	14.625	3.2662	−0.1998	2.6231	0.63354	1.7410
7 月 25 日	14.618	3.467	−0.33345	2.7358	0.69288	1.9040
8 月 10 日	14.808	3.0791	0.14035	1.5783	0.79673	2.1894
8 月 15 日	14.987	3.0102	0.1471	1.6051	0.81607	2.2426
8 月 20 日	13.596	2.4863	0.0467	2.3256	0.29098	0.7996
8 月 25 日	13.682	2.4721	0.09581	2.4282	0.29122	0.8003

由表 6-2 中的数据可以看出,7 月 15 日到 7 月 20 日、8 月 10 日到 8 月 15 日 $\lambda(z)$ 有明显变化。8 月 15 日用 PDES-C 型设备状态检测及安全评价系统测得风机轴承振动的时域图和频域图,如图 6-5 所示。从图中可以看出:风机振动剧烈,振动速度有效值达到 14mm/s 左右,且图中 1 倍频成分明显增加,出现了明显的不平衡。根据常见故障诊断的判定方法,可以判断此时风机存在轴承长时间振动引起的严重不平衡故障,并且伴随由转子弯曲导致的轴承振动信号异常。8 月 16 日,停机并对转子实施了动平衡操作。

在实施动平衡后,机组正常运行了 3d,之后风机振动又出现了异常,厂家报告风机机组振动加剧,时域振幅已接近动平衡前的振动水平。于是厂方怀疑是加上去的配重块脱落造成轴承重新回到了不平衡状态,要求重新实施动平衡操作。对采集到的轴承振动数据,又按照上述的 OWTSVDD 轴承早期故障预警方法的步骤进行了计算,得到 $\lambda(z_1)=1.7234$,$\lambda(z_2)=1.5115$,$\lambda(z_3)=1.391$。这表示样本不属于轴承动平衡振动数据目标样本,即此时机器发生故障,由预警专家通过人机交互确定为预警警兆。根据预警警兆进行轴承设备故障的诊断,即利用故障诊断方法排除故障。

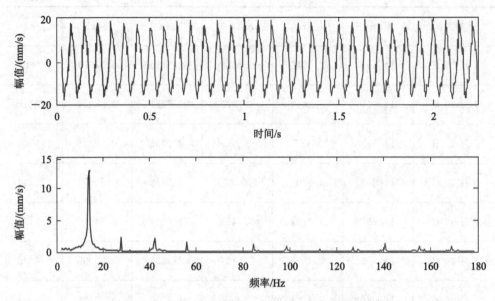

图 6-5　8 月 15 日水平方向振动时域图和频域图

　　此时,新故障发生时风机轴承振动时域图和频域图,如图 6-6 所示。从图中可以看到,此时 1 倍频的成分已经消失,产生 2 倍、3 倍等高倍频的振动,是连接松动的典型特征频率。此时的故障类型已经发生改变,不再是之前由振动引起的不平衡故障。再结合其他故障诊断的分析方法,判断该故障为风机组存在基础松动。工作人员检查设备后发现风机组的一个基础连接螺栓失效。工作人员更换螺栓并紧固后,机组振动减小,故障消失。计算得到此时的 $\lambda(z)<1$,说明机组运行正常,不存在预警警兆。

　　采用 OWTSVDD 轴承早期故障预警方法计算待测轴承振动样本参数 $\lambda(z)$,省去了计算 R 和 a 的过程,$\lambda(z)>1$ 或 $\lambda(z)<1$ 的程度能正确反映机器设备的运行情况,评估、预测轴承故障偏离正常位置的大小,这验证了 OWTSVDD 预警技术的有效性。

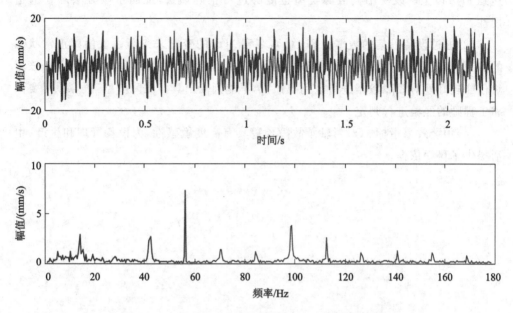

图 6-6　新故障发生时风机轴承振动时域图和频域图

6.3　本章小结

本章介绍了基于正交小波变换和改进支持向量数据描述的 OWTSVDD 预警技术,解决了故障诊断中缺少故障样本情况下的预警问题。但是由于 SVDD 有局限性,该预警技术不能判断出是何种原因引起故障,即不能判断出故障类型。该预警技术为发现大型设备的早期预警故障并及时排除故障,积极预防恶性事故发生和提高企业安全效益提供了支持。另外,采用 OWTSVDD 预警技术可以收集故障数据的预警警兆及故障特征,为下一步建立更智能化的轴承早期预警模型提供样本数据库,也为判断故障原因和故障发生的部位提供依据。本章得出的结论如下:

(1)该预警方法将提取峰峰值(M)、均方根(U)、偏斜度(K_e)和峭度(K_u)组成特征向量训练正交小波变换和改进支持向量数据描述分类器,利用 OWTSVDD 进行早期故障预警,预警有效率达到 100%。

(2)对水泥厂 7 月 10 日风机前端(靠近电机端)轴承正常振动信号进行特征提取,计算 $\lambda(z)$ 并与 8 月 15 日的 $\lambda(z)$ 进行比较,验证了预警参数的有效性,总识别率达到95%以上。改变不同故障类型也能够进行正确预警,证明了该方法的普遍适用性。

(3)通过设备采集的数据计算 $\lambda(z)$,观察 $\lambda(z)$ 的变化来判断设备偏离正常状态的情况,实现对设备状况进行预警的目标,同时也解决了收集故障样本的问题。该方法仅能较好地对故障数据进行区别与预警,不能判断出具体故障类型,故障原因要依靠工程师的经验进行判定。

(4)预警效果指标 $\lambda(z)$ 对轴承故障预警具有高度敏感性,为设备管理和生产、生活提供了科学依据。

7 基于经验模态分解和高斯混合模型的轴承故障诊断

国内外的轴承故障诊断研究虽然取得了显著进展,但仍存在诸多问题,特别是在故障信号采集方面。故障信号采集受到传感器的限制,在某些特定环境,如高温、高压、强振动等恶劣工况下,传感器的性能会受到严重影响,导致采集到的信号失真或无法采集到有效信号。信号干扰也是重要的影响因素,机械设备在运行过程中,往往会产生各种噪声和干扰信号,这些噪声和干扰信号会与轴承故障信号叠加,使得故障信号难以被准确识别和提取。信号传输损失大,在信号传输过程中,线路损耗、电磁干扰等会影响信号质量,导致有效信号在传输过程中衰减或失真。设备在运行过程中产生的信号往往具有复杂的时频特性,并且其中包含了大量的非故障信息和冗余信息,这些信息会掩盖故障特征,使得有效信号难以被提取。从这些海量数据中提取出与轴承故障相关的有效信号是一项巨大的工程。如何有效地利用这些数据,提取出与轴承故障相关的有效信号,是当前研究的重点之一。

本章对轴承故障信号进行特性分析,包括信号的频率分布、幅值变化等。研究 EMD 算法在轴承故障信号分解中的应用,将复杂的故障信号分解为一系列简单的固有模态函数(IMF),以便更好地提取故障特征。研究高斯混合模型(GMM)在轴承故障诊断中的应用,研究 GMM 算法在轴承故障诊断中的应用,对故障信号进行建模,并通过分析模型参数的变化来识别故障类型。结合 EMD 和 GMM 的优势,构建 EMD-GMM 联合模型,用于轴承故障信号的预处理和故障诊断。先利用 EMD 对故障信号进行分解,然后利用 GMM 对分解后的信号进行建模和诊断。

EMD 作为一种自适应的信号分解技术,能够有效地将复杂的故障信号分解为一系列简单的固有模态函数(IMF),以便更好地进行故障特征的提取和分析。GMM 作为一种强大的统计模型,能够很好地描述数据的分布特性,并通过模型参数的变化来识别故障类型。因此,将 EMD 和 GMM 相结合,构建 EMD-GMM 联合模型,可以实现对轴承故障信号的准确处理和诊断。

本章收集实际工作中的滚动轴承故障数据样本,并进行预处理和特征提取,然后利用 EMD-GMM 联合模型进行故障诊断,最后通过实验验证模型的有效性和准确性。

7.1 轴承故障信号诊断方法

轴承故障信号诊断方法主要基于声学信号分析、振动检测和温度检测等多种技术,用于检测轴承的运行状态并诊断可能存在的故障。高频噪声通常表明轴承存在表面磨损或滚珠损坏等故障;低频振动通常表现为轴承内部的撞击和杂音,其原因可能是滚道损坏或球和滚道的间隙过大等；非线性振动通常表现为轴承内部的摩擦和振动，其原因可能是润滑不良或轴承过度磨损等。轴承一旦出现故障，将会影响整台设备的工作。

7.1.1 故障信号的特征及采集

1. 故障信号的特征

由于轴承在正常运行时会产生高频振动，并且环境中往往存在噪声干扰，因此故障特征频率往往难以被直接检测出来。通过对振动信号进行包络分析，可以识别出不同零部件故障或故障程度下故障特征频率及其倍频的显著程度，这为轴承的故障诊断提供了关键依据。

轴承故障诊断技术依托于振动信号分析和神经网络等先进方法，能够实现对轴承早期故障的准确检测和预警，从而避免由轴承故障导致的设备停机和生产损失。目前，轴承故障诊断技术已在多个领域得到广泛应用，特别是在风力发电机和机床等关键设备中，其重要性越发凸显。

在运行过程中，轴承会产生两种与轴承弹性特性紧密相关的振动：一是弹性系统的固有振动，二是由轴承故障引发的冲击振动。由于轴承及其零部件均为弹性体，它们所构成的整个系统会存在固有的振动频率。

当轴承部件出现故障时，由于非正常的载荷作用于轴承上，因此会产生瞬时冲击振动。当轴承的各个部分出现故障时，这种冲击振动将呈现周期性的特征。此时，采集到的振动信号的时域波形主要由冲击成分、谐波成分和噪声成分组成。

冲击成分是由轴承故障直接引起的，它能反映故障发生的频率和强度，是轴承故障诊断的重要依据。在故障初期损伤程度较小，冲击成分相对较弱，且容易受到噪声的干扰，导致故障诊断难以进行。谐波成分主要来自轴承正常运行时各部件自身产生的振动信号，这些信号具有较高的频率，振幅较小且随机性较强。轴承在运转过程中产生的振动信号由冲击成分、谐波成分和噪声成分相互调制而成，具有非线性、非平稳的特征。为了准确进行轴承故障诊断，需要采取有效的方法来提取和分析这些复杂的振动信号。

2. 故障信号的采集

首先，检查轴承在机械设备运行时是至关重要的。轴承的作用是支撑机械设备正常运行并减少运行过程中的摩擦。任何故障都可能导致机器不稳定运行并产生尖锐的噪声。在各种诊断技术中，分析振动信号是检测机器状态最有效的方法。本章

的重点是机械振动信号分析。如图 7-1 所示,使用机械故障预测综合模拟实验平台
(MFS)收集机器运行过程中的参数。对于振动信号,仔细测量机械组件特定点的位
移、速度和频率等详细参数。机械设备中存在多个振动源,如轴承和齿轮,传感器安
装方法的不同,导致不同的偏差水平。在实验中,传感器被放置在连接处以收集和分
析信号,从而获得传感器数据。然后,收集的数据被导入 MATLAB 软件并使用
Wavelet 工具箱进行处理,以直观地识别故障类型。最终结果有助于确定操作条件
或识别机械设备中的故障。

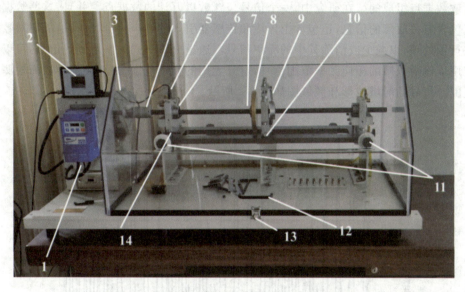

图 7-1　机械故障预测综合模拟实验平台(MFS)
1—电机变频控制器;2—电机转速检测器;3—电机;4—联轴器;5—速度传感器;
6—滑动轴承与轴承座;7—转子卡环;8—转子;9—轴中心定位装置;10—固定螺栓×6;
11—不对中调节码盘×2 组;12—MFS 实验平台保护罩;13—保护罩锁;14—定位销×2

在了解了实验室设备操作程序和安全预防措施之后,要严格按照指定步骤进行
实验以确保个人安全和数据准确性。完成设置(包括测试平台的软件和参数配置)
后,可以开始实验。最初安装正常滚动轴承和负载(高质量转子),传感器连接到采集
设备,使测试平台正常运行。在配置软件界面后,逐渐启动发动机,速度稳定在40r/s
左右。通过软件界面的选项开始收集信号,并通过控制面板使发动机停止运转。观
察收集到的信号波形以检测故障的特征频率(例如,外圈故障特征频率为 2438r/
min,正常轴承不应在噪声信号中显示或显示很少)。以更高速度(1780r/min 和
3600r/min)进行进一步测试,观察轴承信号的性能。观察后,使用已知的不同故障轴

承重复实验,并从多次测试中选择最合适的数据文件。实验涉及重复收集和分析数据,以选择合适的数据集,包括两个轴承涡流油膜故障和无故障的数据集,以及两个转子对齐和不对齐的数据集。整个实验过程中,主轴转速保持在 2400r/min。最后,选择最有效的信号作为后续机器学习过程的训练样本。

7.1.2 轴承信号处理实验分析

收集到的振动信号不能直接用于机器学习算法模型,这是因为信号是由大量的离散数据点组成的。在研究中,一个信号包含数以万计的数据点。并且,这些数据不仅包含有关故障的信息,还包含由环境和传感器引入的噪声信号。所以,需要对数据进行预处理,以减少或消除其中的噪声信号。通过分析不同频率范围的信号,可以确定用于诊断故障的相应频率范围信号,避开无用的频率范围,并缩小信号故障检测的范围。信号的时域波形和频域图如图 7-2 所示。

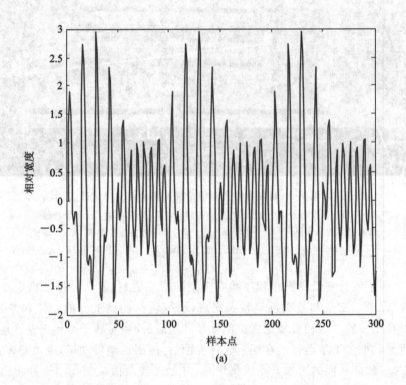

(a)

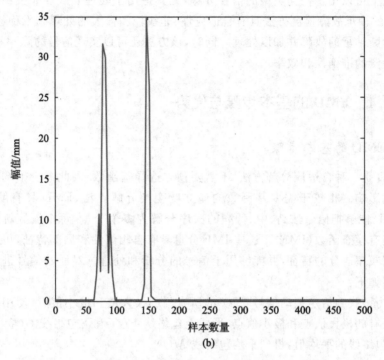

图 7-2　信号的时域波形和频域图

(a)信号的时域波形；(b)信号的频域图

　　使用频域分析比时域分析更直观。从图 7-2 中可以观察到两组信号之间的显著差异，不同频率间隔内的幅度成分也有所不同。由于原始信号为非稳态信号，不同时间段内信号的频域分布是不同的，因此对信号整体使用 FFT 变换只能分析出信号整体包含哪些频率成分，但非稳定信号不同时间段频率分布是不均匀的，因此图 7-2 中的频域图仅表示该时间段内信号整体频率分布。为了获得更精确的结果，需要对原始信号进行特殊处理。必须保留具有故障特征的信号片段，并删除那些没有故障的片段，以便通过直接解决问题来分析故障频率带，并提高算法预测的准确性。

7.2　EMD 的基本步骤与优势及其在轴承故障诊断中的应用

　　经验模态分解(EMD)是由 Noden E. Huang 于 1998 年提出的一种新型信号时

频处理方法。EMD 方法具有自适应时频分析的特征,无须预先确定任何基函数,因此在理论上可以用于任何类型的信号分解,尤其适用于处理非线性非平稳数据。基于 EMD 的轴承故障检测方法具有自适应性、非线性和强大的处理非平稳性能力,能够有效诊断轴承的故障并加以处理。同时,该方法还可以实现信号的降噪和压缩,提高故障检测的准确性和效率。

7.2.1 EMD 的基本步骤与优势

1. EMD 的基本步骤

EMD 是一种自适应分解方法,不需要预先选择基函数,因此减少了基函数选择对结果的影响。相较于需要基函数的傅立叶变换分解算法,EMD 具有明显优势。使用 EMD 能够把信号按高、中、低频的次序分解为多个分量,每个被分解出的分量被称作固有模态函数(IMF)。这些 IMF 分量具有自相似性和局部特征,可以反映出信号不同频率成分的特征,并能够用于信号的分析和处理。对原始信号进行分解的基本步骤如下:

(1)为了找到给定振动信号 $y(t)$ 的所有局部极大值和极小值点,使用样条插值来连接所有的极大值点和极小值点,形成上包络线 $F(t)$ 和下包络线 $G(t)$。然后,计算上、下包络线的平均值,得到平均包络线 $M(t)$。

$$M(t) = y(t) - M(t) \tag{7-1}$$

(2)将原始信号 $y(t)$ 与式(7-1)所计算的平均包络线 $M(t)$ 进行差值运算,所得差值记为 Δt。

$$\Delta t = y(t) - M(t) \tag{7-2}$$

理想情况下,Δt 应该属于 IMF,但由于信号的非线性,该计算过程可能需要多次迭代。重复上述过程,直到 Δt 满足 IMF 的条件。此时,将 Δt 记为第一个 IMF,即为第一个本征模态分量(IMF1(t))。

(3)从原始信号($y(t)$)中减去已提取的第一个 IMF(IMF1(t)),得到剩余信号。对剩余信号重复步骤(1)和步骤(2),以提取下一个 IMF,即(IMF2(t))。依次类推,直到无法提取出有效的 IMF。

(4)经过多次迭代后,当剩余信号变为单调函数(无法提取出 IMF)时,该剩余信号被称为残差($h(t)$)。原始信号可以被表示为所有提取的 IMF 及残差的和。

$$y(t) = \sum_{1}^{k} \text{IMF}_k(t) + h(t) \tag{7-3}$$

（5）在迭代过程中，如果新信号已经满足 IMF 的条件或者变为单调函数，则迭代终止。通过这种方式，EMD 能够将复杂的非线性信号分解为一系列简单的振荡组件，这些组件具有明确的物理意义，并且可以用于信号的特征提取和分析。这种方法在信号处理、故障诊断、地震分析等领域被广泛应用。

EMD 分解流程图如图 7-3 所示。

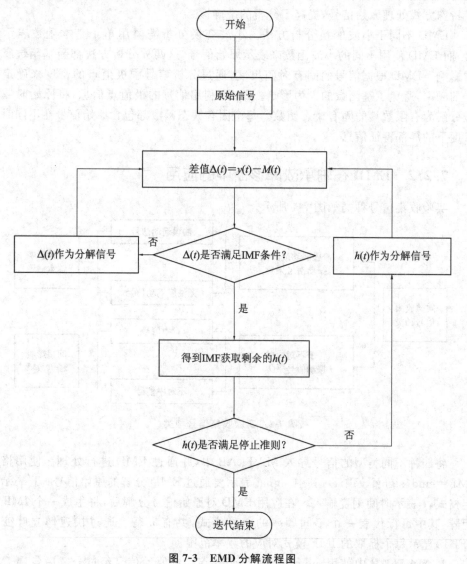

图 7-3　EMD 分解流程图

2. EMD 的优势

在传统的信号分析中,通常会将时域信号和频域信号分开进行分析。时域信号通过传感器收集,并经过傅立叶变换后得到频域信息。这种分析方法在处理平稳信号时能获得较好的效果,但对于非平稳信号,仅通过傅立叶变换无法反映其频域分布随时间变化的特性。因此,需要采用时频分析方法以获取信号的局部信息。EMD以特殊方式处理原始信号,提高了分析的准确性。

EMD 不同于小波变换分析方法。小波变换分析需要用单个基本函数表示信号,而 EMD 使用不同的小波函数来表示原始信号,这两种分析方法都受基函数属性的影响。EMD 根据信号的固有时间尺度,通过分析信号中极值点的密度来确定信号的频率,避免了基函数的人为影响。EMD 利用信号的极值点信息,将原始时域信号分解为有限数量的固有模态函数。每个固有模态函数都包含原始信号在不同时间尺度下的局部特征信息。

7.2.2　EMD 在轴承故障诊断中的应用

实验收集信号种类如图 7-4 所示。

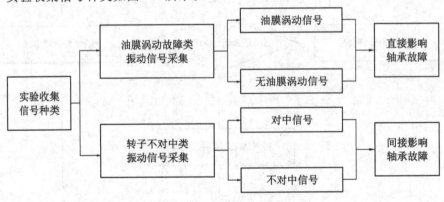

图 7-4　实验收集信号种类

将四种不同类型的信号导入 MATLAB 中,并通过 EMD 进行处理。使用格式 IMF＝emd(signal,′T′,t),其中 signal 表示要通过 EMD 分解的原始信号,′T′表示固定格式,t 表示时间刻度输入。在应用 EMD 对原始信号分解后,将生成一个 IMF 行矩阵,其中每行代表一个不同频率的信号模式,共有 n 行。通过快速傅立叶变换(FFT)显示每个提取的 IMF 模式对应的频率范围。

在 MATLAB 中使用 subplot 和 fft 函数等绘制原始信号经过分解后各层 IMF的时域图和频域图。图 7-5 和图 7-6 为非中心信号的 IMF 分解图像。

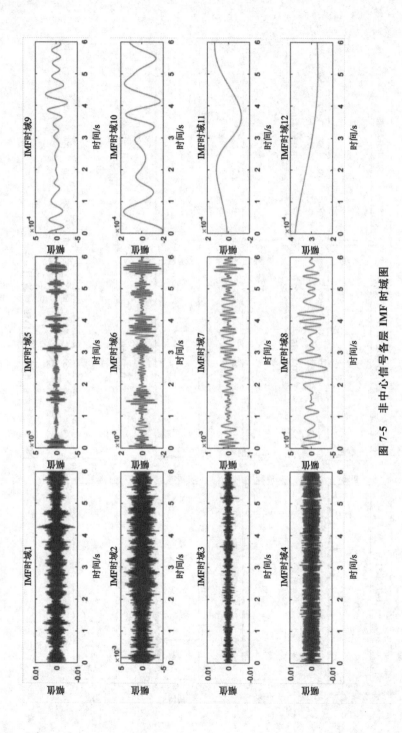

图 7-5 非中心信号各层 IMF 时域图

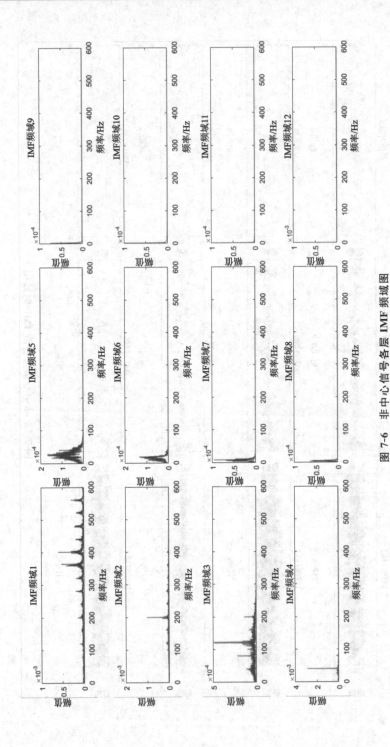

图 7-6 非中心信号各层 IMF 频域图

观察信号各 IMF 分量的时域波形发现,随着信号分解后 IMF 层数的增加,信号的时域波形逐渐变得稀疏。时域图变稀疏表明极大值点和极小值点变少,波形的频率逐渐降低。最后一层 IMF 几乎变为单调函数,频率可近似为 0。这也印证了 EMD 能更将原始信号分解为多组频率由高到低组成 IMF 信号的可行性。

观察信号 IMF 分量的频率波形,四种信号的第一层 IMF 频率主峰主要集中在 360 Hz 以上。360 Hz 以下的频率峰值很少存在噪声信号。查看 IMF2 到 IMF7 的频率图像,频率能量主要集中在 10~200 Hz。第 8 层到最后一层 IMF 分量的频率能量主要集中在 10 Hz 以下。

故障信号主要在 2 倍工频和 4 倍工频中,频率幅值要比正常对中信号高,同时包含不具有故障特征的频段信号。IMF2 到 IMF7 层的频率能量分布在 10~200 Hz,包含两种故障频率段。因此针对 IMF2 到 IMF7 层的四种信号进行分析,可以避免非故障频段的干扰,同时避免一些噪声信号的干扰。

7.3 GMM 的基本原理及其在轴承故障诊断中的应用

高斯混合模型(GMM)在轴承故障诊断中的应用是基于其对复杂多模态数据分布的灵活建模能力。轴承振动信号往往呈现出非线性多模态的特点,GMM 恰好能够有效地对这种复杂的数据分布进行建模和描述。具体而言,GMM 将观测数据视为由多个高斯分布组成的混合体,每个高斯分布代表了数据中的一个模态或簇。在轴承故障诊断中,利用 GMM 对振动信号进行建模,将其分解为不同模态的振动特征,从而识别轴承可能存在的故障模式。通过对比观测数据和 GMM 模型,可以进行异常检测和故障诊断。观测数据与 GMM 模型不匹配,可能意味着轴承存在异常或故障,进而触发相应的预警或维护措施。

7.3.1 GMM 的基本原理

GMM 是一种机器学习算法,可以用于数据的分类、图像分割、概率分布函数拟合等领域。GMM 是一种半参数的密度估计方法,只要模型中分量足够多,就能够拟合任何概率密度分布。轴承故障信号具有一定的随机性,采用 GMM 对其建模能够定量描述反应器的波动特性。

单一 GMM 模型呈正态分布,也称高斯分布,科学实验中很多随机变量的概率密度分布都服从高斯分布,如图 7-7 所示。

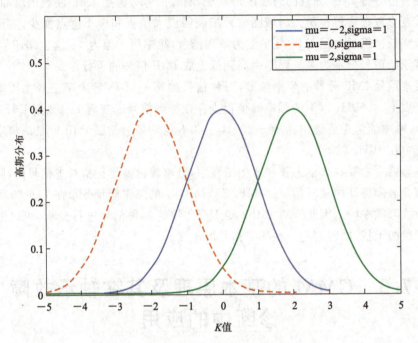

图 7-7 $K=1$ 时的单一高斯概率密度函数

从图 7-7 中可以看出,K 用来描述高斯分布的离散程度。K 值越大,概率密度函数分布越分散;K 值越小,概率密度函数分布越集中。K 也被称为高斯分布的形状参数,K 值越大,概率密度曲线越"矮胖";反之,K 值越小,概率密度曲线越"瘦高"(图 7-8)。同时,任意一条曲线与 X 轴围成的面积之和为 1,保证概率密度在一定的范围内。

7.3.2 GMM 在轴承故障诊断中的应用

要在 MATLAB 中构建一个 GMM 模型,可以使用 MATLAB 的 fitgmdist 函数,这是一个功能非常强大且简便的函数。以下是一个完整的示例,展示如何生成数据、拟合 GMM,以及如何使用该模型进行预测和可视化。

(1)创建一些模拟数据,这些数据来自两个不同的高斯分布。

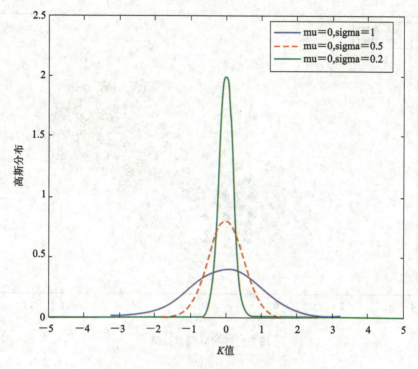

图 7-8 *K*＝0 时的单一高斯概率密度函数

（2）使用 fitgmdist 函数拟合 GMM，接着使用 fitgmdist 函数拟合一个两个组分的高斯混合模型。

（3）使用 GMM 进行预测和可视化，利用拟合的模型对数据点进行聚类，并可视化结果。

（4）可以使用模型来估计新数据点属于每个组分的概率。可以根据实际数据调整模型的复杂度，比如增加组分的数量或调整协方差类型等，如图 7-9 所示。

如图 7-10 所示，在 MATLAB 中按一定的规律生成一些二维离散点，然后通过 GMM 对其拟合，生成了一个模型数为 2 的 GMM 模型。

由效果图可以看出，GMM 对数据具有很强的聚类能力，可以将明显处于同类的数据划入同一个多维正态分布中，从而较好地对数据在空间中的几何分布情况进行拟合，将大量的数据以具有较高相关性的形式表示出来。

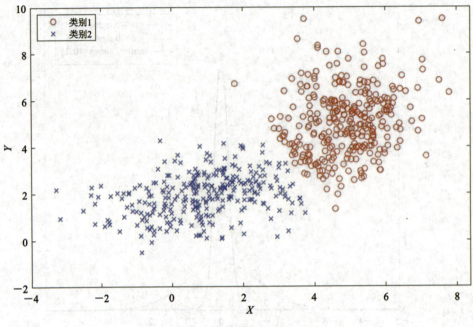

图 7-9　GMM 聚类结果

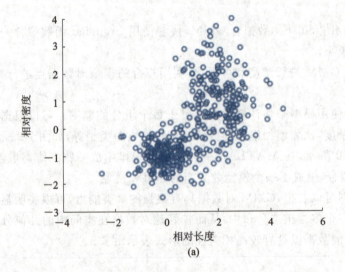

(a)

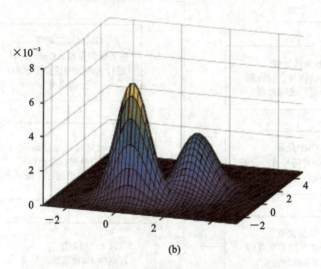

图 7-10 高斯混合模型拟合示意图

(a)存在规律的离散点；(b)拟合后的高斯混合模型

7.4 EMD-GMM 在轴承故障诊断中的应用

本节采用具有高度细化能力的 EMD-GMM 进行轴承的故障诊断。目前,依据人工经验选取 EMD 结构具有不确定性,容易陷入局部极值,产生训练误差收敛速度慢的问题,而 GMM 算法适合全局寻优。因此,本节提出了一种 GMM 算法优化 EMD 故障诊断模型,该模型能够有效避免局部极值点的出现,同时,提高了轴承故障诊断的准确率和效率。

7.4.1 基于 EMD-GMM 的轴承故障诊断模型设计

本节提出的 EMD-GMM 模型将经验模态分解(EMD)和高斯混合模型(GMM)相结合,以准确诊断轴承故障。通过对振动信号进行 EMD 处理,再利用 GMM 对提取的特征进行建模,实现故障诊断。故障诊断流程图如图 7-11 所示。

模型设计思路:通过 EMD 对振动信号进行分解,获得一系列固有模态函数(IMF),从中提取故障相关特征。利用 GMM 对提取的特征进行建模,识别不同状态下的信号模式,进行故障检测和分类。收集轴承振动信号数据,并对数据进行去噪处

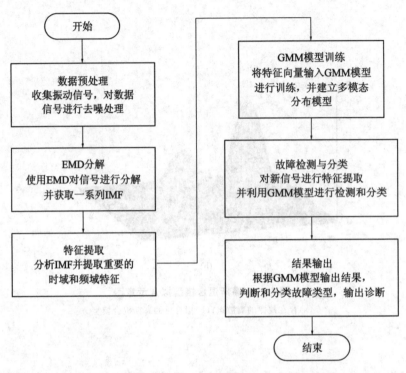

图 7-11 基于 EMD-GMM 的轴承故障诊断流程图

理。将预处理后的振动信号输入 EMD 模型,将其分解为若干 IMF。分析所有 IMF,选择具有诊断价值的 IMF(通常是含有主要故障信息的 IMF)。从选定的 IMF 中提取时域和频域特征,如均值、方差、峭度、频谱能量等。将提取的特征向量输入 GMM 模型进行训练。通过 EM 算法迭代求解最优参数,建立多模态特征分布模型。故障检测与分类:利用训练好的 GMM 模型对新采集的振动信号进行特征提取和建模。根据 GMM 模型的输出,判断振动信号的模式是否异常,进而识别可能的故障类型。

具体实现步骤:进行数据预处理,收集振动信号数据。对数据进行去噪处理,去除干扰成分。将处理后的振动信号输入 EMD 模型,得到若干 IMF。选择包含故障信息的 IMF 进行分析。对特征进行提取,从选定的 IMF 中提取多维特征(如振幅、频率等)。训练 GMM 模型,使用 EM 算法对 GMM 模型进行训练,获得最优高斯分布参数。故障检测与分类:利用训练好的 GMM 模型,对新信号进行检测,识别信号异常模式。根据诊断结果的输出判断信号是否异常,进而识别故障类型。基于上述步骤,可以实现基于 EMD-GMM 的轴承故障诊断模型,有效提高轴承故障检测的准确性和可靠性。

7.4.2 轴承故障数据分析

观察数据拟合图可发现,故障拟合效果明显,说明 EMD 结合 GMM 算法后故障分类更加明显。图 7-12 中的数据拟合效果不好,数据点与拟合曲线之间存在较大的偏差或者曲线无法捕捉数据中的重要特征。在这种情况下,模型可能出现欠拟合的现象,即无法很好地拟合数据的真实分布,导致预测结果不够准确或者不够可靠。

图 7-13 中的数据拟合效果较好,拟合曲线与数据点之间的偏差较小,曲线能够较好地贴合数据中的特征。在这种情况下,模型可以更好地捕捉数据的真实分布,表现出较高的拟合精度和适用性。

因此,通过比较图 7-12 和图 7-13 的拟合效果,可以明显看出图 7-13 所呈现的模型在数据拟合方面表现更佳,具有更高的拟合精度和适用性,可以更准确地描述数据的真实分布特征。本节应用 EMD-GMM 模型对上述数据集进行故障分类识别,优化迭代过程,最终模型适应度曲线如图 7-14 所示。

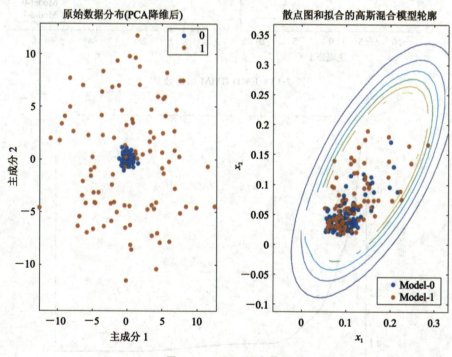

图 7-12　GMM 拟合效果

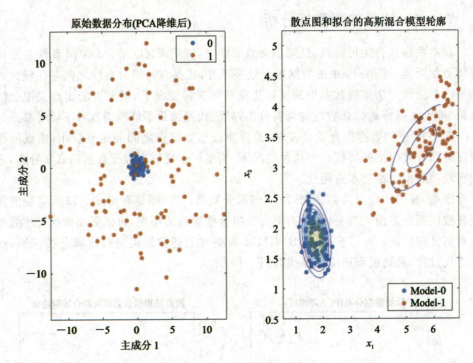

图 7-13　EMD-GMM 拟合效果

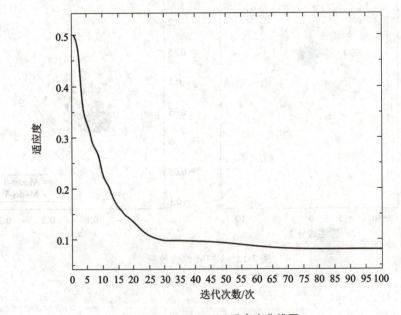

图 7-14　EMD-GMM 适应度曲线图

从图 7-14 中可以看出,当迭代次数趋近于 35 时,EMD-GMM 模型的适应度曲线趋于稳定。后将上述剩余测试数据导入 EMD-GMM 模型中进行测试,测试结果与预测分类结果对比如图 7-15 所示。

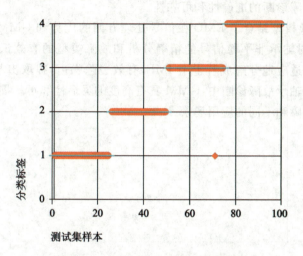

图 7-15　EMD-GMM 诊断分类结果图

由图 7-15 可以看出,所有测试数据与设置的状态标签基本一致。利用该模型进行多次轴承故障诊断实验,该模型的平均识别准确率可达到99.4%,验证了 EMD-GMM 方法的有效性。

根据上述观察结果,结合 EMD 和 GMM 算法的方法在预测模型的优化方面有明显的优势,能够更有效地提高模型识别故障诊断的准确性和稳定性,从而提高预测的精确率和可靠性。

7.5　本 章 小 结

基于经验模态分解(EMD)和高斯混合模型(GMM)的轴承故障诊断,是对轴承产生的振动信号进行分析和处理,用来识别轴承可能存在的故障。GMM 是一种基于概率的模型,能对特征信息进行建模和分类,从而提高故障诊断的精度。基于 EMD-GMM 的轴承故障诊断方法,结合了 EMD 和 GMM 的优点,可以实现对轴承故障的准确诊断和分类。

基于 EMD 的轴承故障诊断方法能够诊断非平稳故障信号,并评估和预测不同状态下转子的故障情况。实验结果表明,基于 EMD-GMM 的轴承故障诊断方法可以准确分类不同类型的转子故障,并实现自动故障识别。这主要归因于 EMD 在特征提取方面的优势和 GMM 在模式识别中的能力。尽管本章未使用小波包分解方法分解信号,但 EMD 仍表现出出色的特征提取能力,与高斯混合模型结合使用,可以进一步提高故障诊断的准确性和可靠性。

EMD-GMM 模型结合了 EMD 在信号处理方面的优势和 GMM 在模式识别中的能力,实现了对轴承非平稳信号的精确分析和故障类型的有效识别。EMD 能够将待分析信号自适应地分解成若干个 IMF,有效去除噪声,提取出与轴承故障相关的特征信息。在轴承故障诊断中,GMM 具有高度的灵活性和可扩展性,能够应对不同类型的轴承故障和不同的应用场景。

8　基于经验模态分解和 K 均值算法的轴承故障诊断

随着科学技术的进步,故障诊断技术不断改进升级,并在实际生产与生活中广泛应用。信号处理与特种提取是故障诊断最重要的前提,将有用的信息从噪声中分离出来,并提取出能够反映系统状态的关键特征。这些特征对于后续的分析和诊断至关重要。由于受到外界环境因素影响,传统的时域、频域和时频分析方法在非平稳或非线性信号分析方面受到一定限制。EMD是针对非平稳非线性信号的一种常用分析方法,在轴承故障早期具有明显优势。通过 EMD 算法提取轴承振动信号故障特征,再利用 K 均值算法将含有不同故障类型的样本集按照故障类型进行分类,以预防为主,从而做出更有针对性的维护与更换决策,显著提高维护效率和设备的可靠性。

本章以滚动轴承为研究对象,以 EMD 算法与 K 均值算法为理论基础,开展了对轴承故障形式分类的研究。本章的主要目的是通过 EMD 算法对测得的振动信号进行分析处理,提取出信号的故障特征,然后利用 K 均值算法对轴承故障类型进行分类。

8.1 轴承振动信号与轴承故障信号采集

8.1.1 轴承振动信号

轴承在运行期间的振动包含两部分:一是由轴承各组件相互作用构成的弹性系统固有的振动;二是由轴承故障引发的振动。对于前者,无论轴承是否发生故障都会存在。后者则是由轴承故障引起的不良振动,是周期性的瞬时冲击振动。滚动轴承的振动信号一般是固有振动和冲击振动调制的结果,滚动轴承发生故障时的振动信号时域波形由谐波成分、冲击成分和噪声成分三部分组成。

(1)谐波成分。这部分信号主要是轴承在正常运作时由各零部件自身固有振动产生的信号,与故障引起的周期性冲击信号相比,它们的频率更高、幅值更小、随机性更强。

(2)冲击成分。轴承在运行过程中经过损伤位置时,就会产生周期性的冲击。该冲击成分出现的频率是轴承故障诊断的依据。故障早期产生的冲击较弱且易被噪声掩盖,因此早期的轴承故障诊断也较为困难。

（3）噪声成分。其主要是指在工业环境中,周围环境噪声造成的混入振动信号的干扰成分。噪声成分会降低振动信号的信噪比,容易使故障冲击产生的特征频率被掩盖,增加故障诊断的难度。

轴承故障信号是以上三种成分相互调制的结果,是非线性非平稳的信号。

8.1.2 轴承故障信号采集

轴承故障轻则影响生产效率,降低产品质量,重则造成重大的人员伤亡事故和经济损失。轴承故障诊断的第一环是轴承故障数据采集,性能良好的采集设备能够有效地收集轴承故障信息。美国 SQI 开发的 MFS 转子动力学平台(又称故障模拟平台)性能可靠、操作简单,不会附加额外振动。使用实验室的 MFS 平台(图 8-1),通过加速度传感器采集实验台转速恒定状态下轴承的振动情况。在本次实验中,通过安装在轴承座上垂直方向的传感器对加速度信号进行采集。通过实验室计算机中的VibraQuest Pro 软件将采集到的各种信号数据导出,然后将得到的数据导入 MAT-LAB 软件中。

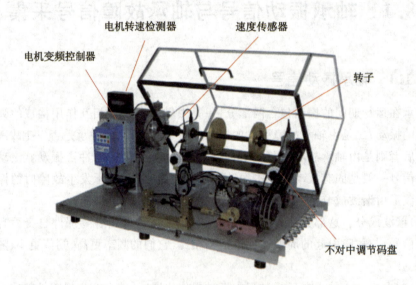

图 8-1 转子动力学平台

与平稳信号不同,非平稳信号是统计特性随时间变化的信号,在分析和处理上要采取一些特殊的方法。非平稳信号具有几个主要特征:(1)非平稳信号的均值随时间变化,不是一个常数。(2)非平稳信号的方差也不是一个常数,反映了非平稳信号在不同时间段内的波动程度不同。(3)非平稳信号的频域特性(例如频谱)随时间变化,这意味着非平稳信号的频率亦随时间变化。(4)对于非平稳信号来说,它们的自相关系数不仅依赖于时间滞后,还依赖于时间位置。这说明非平稳信号在不同时间段内的相关性是不同的。(5)非平稳信号可能会出现突变或者不规则的变化。

使用 MFS 平台采集的轴承故障信号的时域波形与频谱图可参见图 7-2。由图可知,轴承的振动信号由于受到各种力的作用,以及间隙和材料不均匀等影响,往往呈现非线性、非平稳特征。除此之外,轴承故障信号会产生周期性的冲击,这些冲击一般出现在与故障类型对应的倍频处,因此可以根据这个特点来进行轴承故障的分类。

8.2　EMD 分解轴承故障信号效果分析

为了验证 EMD 方法分解轴承故障信号的效果,使用美国凯斯西储大学采集的标准故障数据进行分解实验,轴承故障数据采集条件及装置标注见图 3-7。装置依靠加速度计收集振动数据,该加速度计通过磁性底座固定在外壳上,放在电动机外壳的驱动端和风扇端的 12 点钟位置。振动信号则通过 16 通道 DAT 记录器收集,数据以 MATLAB(∗.mat)格式存储。驱动端轴承故障数据以每秒 48000 个进行样本采集,其余故障数据以每秒 12000 个进行样本采集。

外部滚道故障位置固定,因此故障位置相对于轴承负载区域对电动机和振动的响应有直接影响。为了量化这种影响,当轴承的外部滚道故障分别处于 3 点钟(负载区域)、6 点钟(垂直于负载区域)和 12 点钟位置时,对风扇端和驱动端轴承进行了实验测试。通过这种设置,研究不同故障位置对振动特性的影响,获得多种不同类型的轴承故障数据。风扇端轴承故障尺寸、频率分别见表 8-1、表 8-2,驱动端轴承故障尺寸、频率分别见表 8-3、表 8-4。

表 8-1　　　　　　　　　　　　　风扇端轴承故障尺寸

内径	外径	厚度	球直径	节距直径
0.6693in	1.5748in	0.4724in	0.2656in	1.122in

表 8-2   风扇端轴承故障频率

内圈	外环	保持架轮系	滚动体
4.9469Hz	3.0530Hz	0.3817Hz	3.9874Hz

表 8-3   驱动端轴承故障尺寸

内径	外径	厚度	球直径	节距直径
0.9843in	2.0472in	0.5906in	0.3126in	1.537in

表 8-4   驱动端轴承故障频率

内圈	外环	保持架轮系	滚动体
5.4152Hz	3.5848Hz	0.39828Hz	4.7135Hz

前文已经对 EMD 方法的基本原理和分解步骤进行了介绍。在 MATLAB 中使用 EMD 方法对轴承故障信号进行分解,得到如图 8-2 所示的 IMF 图,由图 8-2 可知,故障信号被分解成若干 IMF。IMF 代表信号中不同频带的成分,可以看作局部振荡模式,便于进一步分析每个 IMF 分量的特性,如瞬时频率和幅值的变化。例如,轴承故障信号的特征频率是输入转速的特定倍频,这些倍频取决于轴承的几何特性和安装条件,如果观察到有明显的峰值出现在特征频率及其倍频位置,通常可以认为这与相应部位的故障有关。因此,在使用 EMD 方法对轴承故障数据进行分解的过程中可以重点关注这些特殊频率,以避免轴承故障特征频率的丢失,帮助简化 EMD 分解的步骤,使算法更加简单,方便对 IMF 后续的处理。并通过对分解结果进行 Hilbert 变换得到 Hilbert 谱和 Hilbert 边际谱(图 8-3 与图 8-4)。这两者都能够帮助了解信号的频率特性。

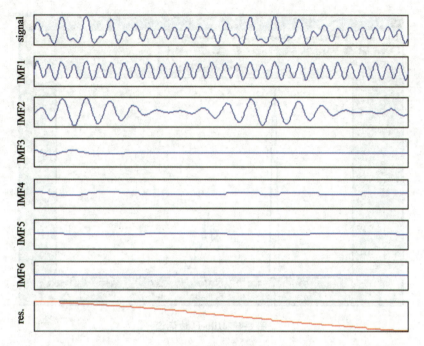

图 8-2 IMF 图

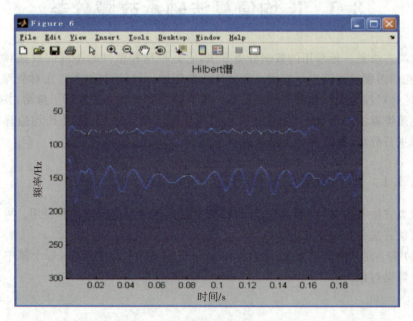

图 8-3 Hilbert 谱

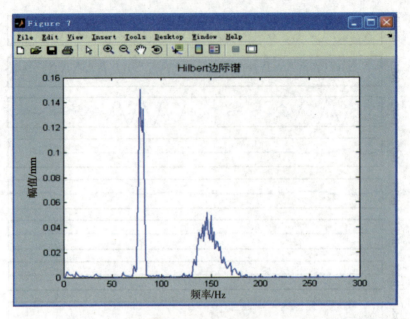

图 8-4　Hilbert 边际谱

8.3　K 均值算法轴承故障分类

聚类方法是一种常用的数据分类方法,它是根据相似性对不同的数据对象进行分组,在许多领域得到广泛应用。在故障诊断领域,可以通过聚类方法对故障进行分类,以便针对性地维护和保养故障设备。本节首先对聚类方法进行了总结,并将几种常用的聚类算法进行对比,总结出 K 均值算法的优缺点之后,使用 K 均值算法对轴承故障进行分类,最后对分类结果进行分析。

8.3.1　基于聚类的分类方法

聚类方法有很多,对于这些方法,需要根据具体情况进行选择和应用。可以按性质将聚类方法分为以下几种。

(1)基于划分的聚类方法:将数据对象划分到不同的聚类簇中,每个簇中至少包含一个数据对象。

(2)基于层次的聚类方法:分为自底向上和自顶向下。前者将所有对象视为单独簇,并不断地对这些簇进行合并,直至它们的差异大于某个阈值。自顶向下方法则相反。

(3)基于密度的聚类方法:对于给定的聚类簇中的每个数据对象,如果其邻近数据对象的距离小于设定阈值,就将其吸收到该簇。

(4)基于网格的聚类方法:将整个数据对象空间划分为多个网格,然后对这些网格中的数据对象实施合并、分裂等操作,直到达到某个阈值。

其他常用的聚类方法还包括模型的聚类方法、基于统计的聚类方法和基于约束的聚类方法。通过以下几个方面对几种基本的聚类方法进行比较:(1)是否需要用户输入参数;(2)是否能发现不规则形状的簇;(3)是否受离群点和噪声的影响;(4)算法的时间复杂度。比较结果如表 8-5 所示。

通过表 8-5,得到以下结论:

(1)基于划分的聚类算法不需要用户输入参数,但是一般需要用户构造启发函数,将 NP 问题转化为非 NP 问题。

(2)K 均值算法的时间复杂度是最低的。

(3)基于密度和网格的算法能够识别出任意形状的簇,但这些算法大多数情况下时间复杂度较高;STING 算法具有较低的时间复杂度,但是其应用基于分层统计,应用范围较窄。

由此可见,每种算法都有其优点和缺点。根据表 8-5,K 均值算法在效率上明显优于其他算法并且容易实现,常用于在线的快速聚类。但其也有一些缺点,例如受异常点的干扰较为严重。

表 8-5 **常用聚类算法性能比较**

聚类算法		是否需要用户输入参数	簇形状	是否受离群点和噪声影响	时间复杂度
基于划分	K 均值	需要用户输入聚类簇的个数	球形	是	$O(n)$
	PAM	需要用户输入聚类簇的个数	球形	否	$O(n^2)$
基于层次	BIRCH	否	球形	是	$O(n\log n)$
	Chameleon	否	球形	是	$O(n^2)$

续表

聚类算法		是否需要用户输入参数	簇形状	是否受离群点和噪声影响	时间复杂度
基于密度	DBSCAN	需要用户输入半径和密度阈值	任意形状	否	$O(n^2)$
	OPTICS	需要用户输入阈值	任意形状	否	$O(tn)$
基于网格	STING	需要用户提供网格的层数	任意形状	否	$O(n^2)$
	CLIQUE	需要用户提供密度阈值和聚类个数	任意形状	否	$O(n^2)$

8.3.2 K 均值算法的具体实现步骤

K 均值算法的具体实现步骤如下:

(1)任选 k 个初始聚类中心 $z_1(1), z_2(1), \cdots, z_k(1)$。一般以开头 k 个样本为初始中心。

(2)将样本集的每一样本按最小距离原则分配给 k 个中心,即在第 m 次迭代时,若 $\| x - z_i(m) \| < \| x - z_j(m) \|, i, j = 1, 2, \cdots, k, \forall j \neq i$ 则 $x \in S_i(m)$,$S_i(m)$ 表示第 m 次迭代时,以第 i 个聚类中心为代表的聚类域。

(3)由步骤(2)计算新的聚类中心,即:

$$z_i(m+1) = \frac{1}{N_i} \sum_{x \in S_i(m)} x, \quad i = 1, 2, \cdots, k \tag{8-1}$$

式中,N_i 为第 i 个聚类域 $S_i(m)$ 中的样本个数。将其均值向量作为新的聚类中心,使误差平方和准则函数:

$$J = \sum_{x \in S_i(m)} \| x - z_i(m+1) \|^2, \quad i = 1, 2, \cdots, k \tag{8-2}$$

达到最小值。

(4)若 $z_i(m+1) = z_i(m)$,算法收敛,计算完毕;否则返回到步骤(2),进行下一次迭代,流程如图 8-5 所示。

根据上述步骤可以得出 K 均值算法的输入为聚类个数 k 及包含 n 个数据对象的数据库;输出为满足方差最小标准的 k 个聚类。

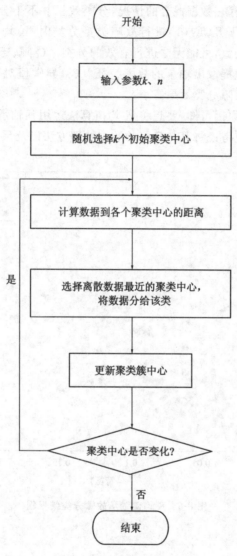

图 8-5 K 均值算法流程图

8.3.3 K 均值轴承故障分类效果分析

K 均值轴承故障分类结果如图 8-6 所示,结果显示数据成功被分为两个明显的类别,其中一个类别呈现出与正常状态相似的特征,而另一个类别则显示出潜在的异常模式。这种分类方法增进了操作者对数据的认识,有助于进一步分析数据和制定决策。但是此方法也存在数据混合的情况,分类效果并不十分理想。推测造成这种情况的主要原因有以下几点:(1)进行故障类型分类时,K 均值算法依赖距离的计算,如果数据差异性较大,可能无法进行有效的分类。(2)缺乏良好的轴承故障信号处理方法,无法较好地提取出轴承的故障特征。(3)异常值对 K 均值算法的影响较大,可能会影响轴承故障分类效果。

结合以上可能的原因可知,要想将 K 均值算法运用到轴承的故障诊断之中并取得较好的分类效果,应考虑将其与良好的数据处理方法以及预处理方法结合使用。

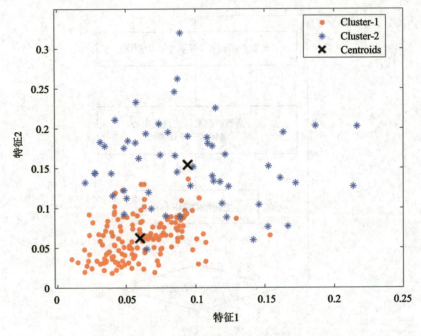

图 8-6 K 均值轴承故障分类结果图

8.4 EMD-K 均值算法在轴承故障诊断中的应用

在实际生产与生活中,考虑到轴承故障信号的非平稳特性以及轴承典型故障样本不易出现等情况,故障类型的诊断和故障程度的识别同样重要。本节通过 EMD-K 均值算法对轴承故障进行分类,首先利用 EMD 方法对轴承故障振动信号进行分解,并对含有故障特征的固有模态函数(IMF)进行重构分析。其次,在提取特征量之后,利用 K 均值算法对轴承故障进行分类,并进行对比分析证明其可行性。

8.4.1 EMD-K 均值算法故障分类流程

前文中已经对 EMD 算法以及 K 均值聚类方法进行了详细介绍。为了取得更好的故障分类效果,本小节将结合 EMD 算法、K 均值算法,对轴承故障进行处理和分类。

EMD-K 均值算法故障分类具体流程如图 8-7 所示。

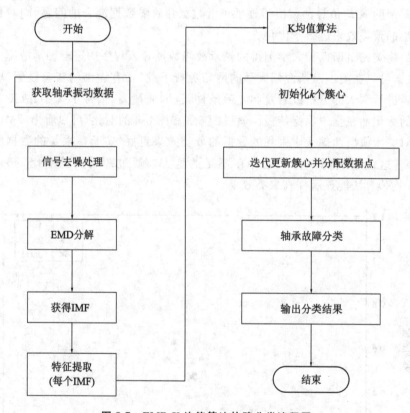

图 8-7   EMD-K 均值算法故障分类流程图

8.4.2 EMD-K 均值算法故障分类与对比分析

EMD-K 均值算法应用在 MATLAB 中的第一步是轴承正常数据信号的分解与

处理。首先引入测得的轴承正常数据并对其进行定义,随后在 MATLAB 中直接对 EMD 函数进行调用,进行轴承正常数据的分解,将这些信号分解为 IMF 形式(一般选择分解至 IMF5 即可)。接着对这些固有模态函数进行 Hilbert 包络谱分析提取它们的特征值,以供后续使用。之后导入测得的轴承故障数据并使用同样的方法对它们进行提取。

然后将两组数据的样本点标记为不同的颜色和形状,这样做的目的是使两组数据的样本点能够被肉眼区分,以便后续分析轴承故障分类的效果。当这些准备步骤都在 MATLAB 中完成后,就可以使用经典的 K 均值算法对两组数据进行聚类。EMD-K 均值算法故障分类效果要明显优于 K 均值算法。EMD 方法对轴承故障信号的处理帮助 K 均值算法解决了轴承正常数据和故障数据混合的问题,同时也对 K 均值算法的聚类效果进行了优化。

之后将美国凯斯西储大学测得的轴承故障数据导入程序中进行轴承故障数据分类,该数据可以在美国凯斯西储大学的网站免费下载,含有详细的实验设置描述,方便使用者进行深入的分析或者复制实验条件,且因质量高、信号干扰小、故障类型具有很好的标记而在全球广泛传播。通过图 8-8 和图 8-9 的对比,可以看出 EMD-K 均值算法对美国凯斯西储大学采集的数据的分类效果更好,实验室采集的数据的分类效果较差,这说明实际操作中还存在不足的地方。通过两组实验对比,充分说明 EMD-K 均值算法能显著提高聚类效果。

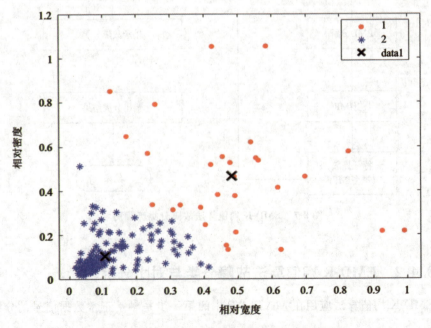

图 8-8　EMD-K 均值算法分类结果图(实验室采集数据)

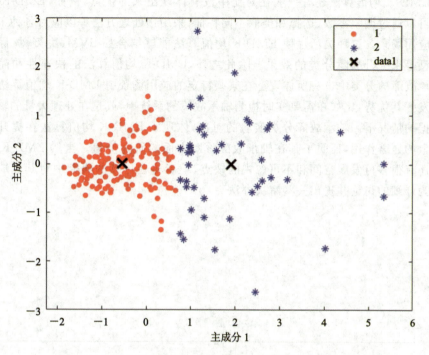

图 8-9　EMD-K 均值算法分类结果图（美国凯斯西储大学数据）

8.5　本章小结

　　在前文详细介绍 K 均值算法以及 EMD 方法的基础上，本章将两者结合起来进行轴承故障分类。在 MATLAB 中通过程序实现两者结合的算法实例，并将收集的轴承故障数据导入程序中运行得到分类结果，对比结果显示，结合后的算法相较于独立算法具有更好的分类效果与更强的灵活性和适应性。后续可以通过对算法的持续改进以获得更好的分类效果。

　　本章将 EMD 方法应用于轴承故障信号的处理中，利用其处理非线性非平稳信号的良好能力，提取轴承故障信号的故障特征；将 K 均值算法用于轴承故障分类，加快了轴承故障分类的速度、减少了轴承故障分类的计算量；多组数据分类结果表明，将 EMD 方法与 K 均值算法结合起来应用于轴承故障诊断中具有可行性。

　　虽然实验结果表明 EMD-K 均值法在轴承故障分类方面确实具有可行性，但仍存在不少问题需要解决。

EMD-K 均值算法还有一些在对比中没有体现出来的优点，例如，EMD-K 均值算法可以通过调整参数、选择和提取不同特征、采用预处理方法等以应对各种工作环境和应用场景。这种灵活性使 EMD-K 均值算法能够结合如 SVM、决策树、深度学习模型等来提升故障分类的效果。除此之外，EMD-K 均值算法的快速性和简单性在轴承故障的分类中也有所体现。在某些特定的应用场景中 EMD-K 均值算法能够充分发挥其优势，比如在需要实时检测轴承故障的系统中，或是在处理大量的轴承故障数据的情况下。轴承故障分类实验的对比，体现了 EMD-K 均值算法在提升分类效果上的显著作用，证明了其在轴承故障诊断方面的研究价值。当然 EMD-K 均值算法还有很多可发展空间和不可忽视的缺点，笔者将在后续的研究中对其优缺点进行更为详细的讨论并提出一些解决办法。

9 基于经验模态分解和支持向量机方法的轴承故障诊断

　　为准确诊断和预测轴承故障,减少由轴承故障引发的机械系统故障,研究人员提出一种新型的故障预测系统,能够识别轴承的健康状况,从而提前预警并采取措施,以减少非计划停机,提高设备运行的稳定性,降低维护成本,并确保生产过程中的安全性。

　　结合经验模态分解(EMD)与支持向量机(SVM)进行轴承故障预测的方法,可以从轴承的振动信号中提取关键特征,并使用 SVM 对这些特征进行学习和分类,从而实现对轴承故障状态的准确预测。这种方法能够提高预测的准确性和效率,对于提前识别故障、优化维护计划和延长设备寿命具有重要的价值。通过对国内外相关研究的梳理发现,虽然现有方法在某些特定环境下表现出色,但仍存在针对复杂故障识别能力不足的问题。

　　本章主要围绕轴承的故障诊断展开,主要关注轴承故障诊断在提高设备运行效率、降低成本以及保障生产安全方面的作用。轴承作为关键组件,其健康状态直接影响整个系统的稳定运行。当前,随着工业 4.0 和智能制造的发展,相关领域对轴承故障的早期预警和精确诊断需求日益迫切。EMD 是一种非线性信号分解技术,能够有效地解析复杂的机械振动信号,提取出反映轴承健康状况的关键时频特征。SVM 作为一种强大的分类器,能够通过这些特征构建出精准的故障分类模型。首先,应深入理解轴承振动产生的机理及常见失效形式,包括轴承内部滚珠、滚道或保持架等部件的磨损、疲劳或断裂等。接着,运用 EMD 方法对实际采集的轴承振动信号进行特征提取。在此基础上,通过 SVM 的轴承单分类故障诊断实验,优化参数,提高诊断准确度,并扩展到多类别故障分类场景。EMD-SVM 方法是本章的核心内容,本章探讨了如何融合两种方法的优势,通过特征融合与选择,优化模型性能。通过实验验证,展示 EMD-SVM 方法在实际轴承故障检测中的优越性,并将其与传统方法进行对比,以凸显其在提高故障检测精度和鲁棒性方面的显著优势。在实验验证与结果分析部分,详细阐述数据获取过程,对实验结果进行深入剖析,强调 EMD-SVM 方法在实际应用中的可行性,以及其对工程实践的深远影响。虽然 EMD-SVM 方法在故障诊断领域表现出色,但仍面临一些技术挑战,如 EMD 在处理极端复杂信号时的稳定性问题,以及 SVM 在非平衡数据集上的性能优化问题。因为这两种方法存在这些问题,所以在运用它们时应避免极端的复杂信号,同时避开不平衡的数据集分类。由于轴承的故障数据只是简单检测多组内外圈数据,并且轴承故障的数据集可以通过实验保证自身的平衡性,所以尽管这两种方法存在一定局限,但在轴承故障诊断方面表现出色。

本章旨在深入探讨轴承故障的诊断问题,采用 EMD 与 SVM 相结合的方法,以期提高设备运行效率并降低维护成本。本章基于 EMD 方法进行轴承单分类故障诊断实验分析,深入解析 EMD 方法的原理及其在轴承故障特征提取中的应用,评估其优缺点,并讨论参数选择对诊断性能的影响。基于 SVM 的轴承单分类故障诊断,介绍了 SVM 的基本概念,探讨了其在轴承故障分类中的应用,以及参数优化对诊断效果的影响。通过实验分析,展示了 SVM 在单分类故障诊断中的性能。基于 EMD-SVM 的轴承单分类故障诊断,构建了 EMD-SVM 联合模型,讨论了特征融合策略,并通过实验验证了 EMD-SVM 方法在故障诊断上的优越性。与其他传统方法进行了对比,突显出 EMD-SVM 方法的实用价值。

9.1　轴承故障信号诊断方法

轴承故障信号诊断方法旨在通过对轴承振动、声音和温度等多维信号的分析,及时发现和识别机械设备中轴承可能存在的问题。随着现代制造业对设备可靠性和生产效率要求的不断提高,轴承的健康状态成为影响设备性能和寿命的重要因素。因此,通过有效的信号处理、特征提取和模式识别技术,实现对轴承故障的精准诊断和预测变得尤为重要。

9.1.1　轴承故障信号产生与采集方法

美国 SQI 公司开发了一款创新的"机械故障综合模拟实验台",该实验台专为模拟机械装备的常见故障而设计,适用于故障诊断技术的研究。该故障模拟系统由两大核心组件组成:MFS 故障模拟平台和上位机。MFS 故障模拟平台通过调整实验平台的旋钮以及油泵的供油量,来模拟实际电机转子在运转过程中可能出现的故障模式。在模拟过程中,由故障引起的振动信号通过安装在实验台转轴左侧的速度传感器和加速度传感器捕获。捕获的信号随后通过信号采集卡传输至上位机软件 VibraQuest Pro。该软件不仅用于评估故障信号的采集质量,还能将采集到的数据以 Excel 格式输出,便于用户利用 MATLAB 或其他数据分析工具进行进一步的处理和分析。这样的设计使得故障模拟和数据分析更加高效,便于故障诊断和研究的开展。

轴承故障模拟实验使用 MFS 故障模拟平台。它能够对机械装备的常见故障进行仿真,并通过合理的结构组装布置,实现单一的故障信号的仿真,也可以将多个仿真故障信号合并输出。在故障模拟过程中,没有额外的振动干扰,减少了环境因素的影响,确保了数据的准确性。在控制变量实验中,单一变量得以严格控制,这为机械故障诊断的研究者提供了一个理想的平台。本实验以真实电机为研究对象,通过调整台架旋钮、调整油泵供油等方式,对电机转子旋转过程中出现的轴承故障形态进行仿真。

利用 MFS 故障模拟平台实现对轴承故障的模拟,保证了单一变量,能够在轴承正常运行和存在故障时进行故障仿真实验,收集轴承在正常运行及存在故障时所产生的数据信号,再通过产生的轴承故障数据来进行实验验证。故障模拟平台保证了数据的准确性与真实性。

9.1.2　实验分析

实验数据通过美国 SQI 公司的 MFS 故障模拟平台获得,实验地点为汇森楼三楼精密测量实验室。在实验室的故障模拟平台上进行实验并测得实验数据。通过加速度传感器采集实验台转速恒定状态下的轴承振动情况。将传感器安装在轴承座上,安装方向为垂直方向。MFS40hz_151030083440.txt:该数据通道 1 为转速信号,通道 2、通道 3 为振动信号,分别位于左右两个轴承座垂直方向。变频器设置的转频为 40Hz,因为是三相异步电机,实际转频有滑差,为 39.8Hz 左右。MFSunbalance40hz_151030094149:该数据为不平衡状态数据,同样的通道和转频配置。不平衡质量在 5g 左右,位于第一个平衡转子外圈螺钉孔。MFS 外圈故障_160509165814:该数据通道 2 为有效数据,代表振动信号。变频器设置 30Hz,实际转频在 29.7Hz 左右。故障轴承为 REXNORD 公司的 ER-16K,轴承为外圈故障,故障类型为点蚀,外圈滚道上有大约直径 2mm、深 0.5mm 的小坑,轴承详细参数如表 9-1 所示。

表 9-1　　　　　　　　　　　　　　　　**轴承参数表**

滚道直径/in	节圆直径/in	保持架频率(FTF)/Hz	外圈故障频率(BPFO)/Hz	内圈故障频率(BPFI)/Hz	滚动体自转频率(BSF)/Hz
0.3125	1.516	0.402	3.572	5.43	2.322

注:①滚道直径(R. R. Dia.):轴承滚道的直径。
②节圆直径(Pitch Dia.):滚动体中心的分布圆直径。
③频率参数(如 FTF、BPFO、BPFI、BSF)是轴承故障诊断中常用的特征频率,用于识别不同部件的损伤。

通过研究可知,轴承的振动信号能够反映轴承的运行状况,但是只通过直接采集的振动信号波形图,很难用肉眼观察得出轴承是否存在故障以及存在何种故障的结论。通过实验台测得数据并生成时域波形图,得到数据波形是非平稳信号,不能直接输入机器学习模型进行故障诊断,必须对振动信号进行特征提取。

在得到时域波形图后,需要进行傅立叶变换将时域信号转为频域信号,从而对信号进行频率分解和分析。首先需要对时域信号进行采样,获得离散的时间信号后,通常使用快速傅立叶变换(FFT)将其转为频域信号。得到的结果通常为复数结果,表明了信号的振幅和相位。由于 FFT 结果具有对称性,这里只保留正频率部分的数据,得到如图 9-1 所示的频谱图。

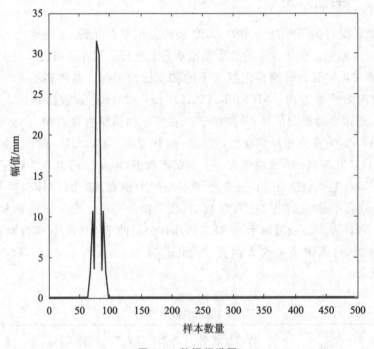

图 9-1　数据频谱图

由图 9-1 可以看出,实验振动信号在倍频处振幅明显,在频谱分析中基频的幅值过大,该现象常表示转子动不平衡。这说明该实验能正常模拟轴承的故障,保证振动数据的准确性。

9.2 基于 EMD 的轴承单分类故障诊断

经验模态分解(EMD)是由 Norden E. Huang 等人于 1998 年提出的一种用于时间序列数据分析的自适应方法。这个方法的独特之处在于它不依赖固定的基函数,而是根据数据自身的特点,提取出一系列本质的振荡模式。EMD 在处理非线性非平稳数据时效果较好,这是因为非线性非平稳数据的统计特性会随时间改变,传统的线性和平稳分析工具如傅立叶分析有时并不能有效地处理这类数据。

9.2.1 基于 EMD 的故障特征提取

EMD 是一种自适应的时频分析法,它能将不稳定的信号分解为一系列固有模态函数(IMF),每个 IMF 分量分别凸显出原始信号的特定局部特征。EMD 的主要优点在于能够根据信号的局部特性自适应地分解信号,它比小波分解等方法更为灵活,不会出现小波分解中难以确定小波基及分解层数等一系列问题。

1.经验模态函数

IMF 是由 EMD 得到的函数,它是一种用来描述信号中的局部振荡模式的函数。每个 IMF 都应该满足两个基本条件:

(1)对称性:在整个数据集中,IMF 的局部极大值和局部极小值的数量必须非常接近,且极值点之间的波形应该相对对称。

(2)零均值:IMF 中任何一段数据的均值应该接近零。

这些条件能够确保每个 IMF 准确地从最高频到最低频表示信号中的不同频率组成部分。通过 EMD,原始信号被逐步分解为多个 IMF,每个 IMF 捕捉原始信号中的一个本征振荡模式,直到剩下的成分无法再被视为一个合适的 IMF,通常这部分被称为剩余项或趋势。IMF 的提取使原始信号的复杂数据结构变得简单,每个分量都包含了信号中的特定频率信息,这对于分析复杂的非线性非平稳信号特别有用。该方法在实际生产、生活中可用于如故障诊断、气象分析等领域,分析各个 IMF 可以更深入地理解和处理信号数据。

2.EMD 分解步骤

EMD 分解主要步骤有:通过对原始信号进行细致的分析,寻找局部均值为零、幅度变化相对平缓的分量;通过希尔伯特变换计算每个 IMF 的瞬时频率,以便于理解信号的频率演变,通过合成这些 IMF,重构原始信号,并重复此过程直至满足 IMF 定义的要求,即数据长度小于或等于数据最高频率的周期数。这种方法能够有效地捕捉信号的非线性特性,对于解析轴承振动信号中的故障特征至关重要。

9.2.2 EMD 方法的优势与不足

EMD 方法的核心优势在于其能够有效地捕捉非线性非平稳信号的内在固有模态,即不同频率成分的瞬时频率变化。EMD 方法具有良好的自适应性,不需要预设的基函数,它是完全数据驱动的。EMD 非常适用于非线性非平稳的数据分析,因为它可以根据数据自身的特性调整分解过程。同时 EMD 的算法结构相对简单,不需要复杂的数学变换,在多种应用中都易于实现。在轴承故障预测方面,对于信号的特征提取,EMD 可以通过分解出多个 IMF,揭示信号中的局部特征和短期行为,这在其他分析技术中可能难以实现。在处理复杂的故障信号或一些时间序列等方面,EMD 显示出优于传统傅立叶分析的效果。

但是 EMD 方法也存在一些问题。一方面,分解过程可能受到模态混叠问题的影响。模态混叠是指不同尺度的 IMF 可能会包含相似的频率成分。这种现象可能会使分解的 IMF 失去实际的物理意义,导致分析结果难以解释。特别是在信号噪声较大或者信号质量较差的情况下,可能影响故障特征的准确提取。另一方面,在处理信号的开始和结束部分时,由于缺乏数据,EMD 可能会引入不准确的估计,这被称为端点效应,可能对结果产生影响,尤其是在分析短信号时。EMD 算法结构简单,但筛分过程需要重复迭代,这可能导致算法在处理大规模数据时计算密集且时间消耗增加。EMD 的计算复杂度相对较高,尤其是在处理长序列数据时,可能会消耗较多的计算资源。

尽管存在上述问题与不足,EMD 在轴承故障诊断中的应用仍显示出其独特的优势,尤其是在早期故障识别和特征提取方面。通过合理的参数设置和后期处理,EMD 能够提供丰富的轴承故障信息,为支持向量机等故障诊断模型提供高质量的输入特征。

9.2.3 基于 EMD 的轴承单分类故障诊断实验分析

1. 实验条件

借鉴美国凯斯西储大学实验室开展的滚动轴承在正常运行和存在故障损伤时的仿真实验。通过产生的轴承故障数据来进行实验验证。测试台由 2hp 电动机、扭矩传感器/编码器、测力计和控制电子设备组成。测试轴承支撑电机轴,通过电火花加工的方式将单点故障引入测试轴承中,故障直径分别为 7in、14in、21in、28in 和 40in。SKF 轴承用于直径为 7in、14in 和 21in 的故障,NTN 等效轴承用于直径为 28in 和 40in 的故障。通过加速度计模块采集振动信号,使用磁性底座将传感器固定在外壳驱动端和风扇端的 12 点钟位置。在其他一些实验中,加速度计被附接到电动机支撑基板,同样能收集到所需的振动数据。通过 16 通道 DAT 记录器收集轴承振动数据,并在 MATLAB 软件中进行处理。所有数据文件均为 MATLAB(*.mat)格式。设置以每秒 12000 个样本的速度收集振动信号,在驱动端轴承的故障以每秒 48000 个样本的速度收集振动信号。通过扭矩传感器/编码器收集轴承的速度并记录。外部滚道故障是固定故障,与轴承负载区域的故障相比,故障位置对电动机/振动的响应有直接影响。为了量化这种影响和获得单一的实验变量,将外部滚道故障设置在 3 点钟(位于负载区域)、6 点钟(垂直于负载区域)和 12 点钟的风扇端和驱动端轴承并进行实验。

通过实验,收集了常规轴承在单点驱动端和风扇端缺陷的数据。将收集的振动信号数据进行汇总,统计样本数量,并将位置不同、负载不同、采样频率不同的各类数据分类汇总(表 8-1~表 8-4),为接下来的数据特征提取做准备。

2. 实验结果分析

通过实验台测得数据并生成时域波形图(图 9-2),可以得到数据波形是非平稳信号,并不能直接输入模型进行故障诊断,需要进行处理。对轴承振动信号进行降噪之后,通过 EMD 分解得到各个 IMF 分量。

通过 EMD 分解得到多个 IMF 分量,每个 IMF 代表了信号中的一个特定频率范围的振动模式(图 8-2)。经 EMD 处理后,轴承原始时间序列被分解成若干相对平稳的分量,分解成 IMF 后,每个 IMF 可以用于不同的分析和处理任务。IMF 作为信号的代表特征,将用于故障检测,高频的 IMF 通常包含噪声成分,可以省略掉这些 IMF 来去除噪声。

将分解后稳定程度相似的分量重组,得到两组序列并使用 SVM 进行预测,然后叠加两个预测结果形成最终的预测值,在后文中将其作为特征输入并使用 SVM 对其进行分类。当轴承出现故障时,不同频带的振动状态会发生显著变化。通过对轴承的振动信号进行 EMD 分解,可以得到多个 IMF,每个 IMF 对应不同的频率范围。因此,这些 IMF 的能量会随着故障状态的变化而变化,IMF 能量在整个信号能量中的比例也会发生变化。我们可以将各个 IMF 分量的能量或能量比例作为特征量。利用这些特征量,通过 SVM 对轴承的故障类型进行识别。实验结果显示,基于经验模态能量和能量比例的诊断方法能够有效识别轴承的工作状态和故障类型。综上,这种诊断方法在实际应用中表现出了较高的准确性和鲁棒性。

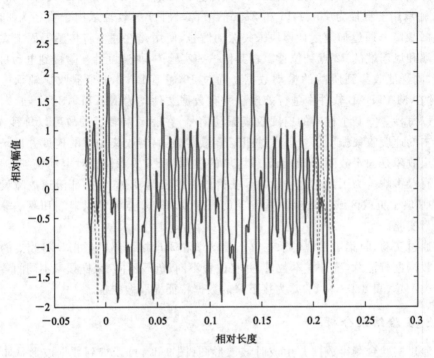

图 9-2　时域波形图

9.3　基于 SVM 的轴承单分类故障诊断

　　支持向量机(SVM)是一种监督学习模型,其基本原理源自统计学习理论,它关注的是找到一个最优决策边界,以将样本间的间隔最大化,从而实现高泛化能力。SVM 的核心思想是通过构建一个超平面,将不同类别的数据点分离,同时尽可能保证分类的鲁棒性。SVM 对于轴承故障诊断至关重要。本节首先介绍 SVM 的基本理论,接着研究如何利用 SVM 对轴承振动信号进行特征分析和故障分类。通过真实数据集实验,展示 SVM 在轴承单分类故障诊断中的实际效果,并进一步讨论参数调整对诊断准确率的影响。

9.3.1 SVM分类、SVR及改进算法

1. SVM分类

SVM的基本原理是寻找一个最优分类超平面,使得分类器在保证经验风险最小的前提下,泛化能力最强,即结构风险最小。SVM的基本原理可以用二维线性分类问题来说明,如图9-3所示。在图9-3中,黑色实心点代表类样本,白色空心圆点代表另一样本,直线H是两类样本的分类线,H_1与H_2是与分类线H平行且分别过两类样本中的点并与分类线H距离最近的直线,H_1与H_2之间的距离叫作分类间隔。要想得到最强的泛化能力,则必须得到最大的分类间隔,这样才能获得最高的测试样本分类正确率。

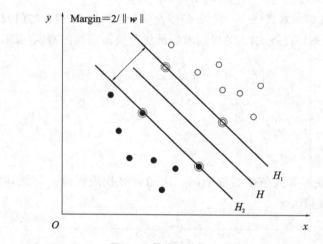

图9-3　最优分类面示意图

设分类面H的方程为$f(x_i)=w^T x_i+b=0$,有线性可分样本集(x_i,y_i),$i=1,\cdots,$ $n,x\in \mathbf{R}^d,y\in\{-1,1\}$,$H$能够对样本集中的所有样本进行正确分类,进行归一化处理后有:

$$y_i(w^T x_i + b) - 1 \geqslant 0, \quad i = 1,\cdots,n \tag{9-1}$$

容易求得分类间隔为$2/\parallel w\parallel$。能够对样本集中的所有样本进行正确分类并能使$\parallel w\parallel^2/2$取得最小值的分类面叫作最优分类面,H_1、H_2上的训练样本点叫作支持向量。求解支持向量机最优分类面的问题转化为在满足式(9-1)的条件下求式(9-2)的最小值。

$$\phi(w) = \frac{\|w\|^2}{2} \tag{9-2}$$

通过拉格朗日优化方法可以将以上求解支持向量机最优分类面的问题（求函数 $\phi(w)$ 的最小值）转化为其对偶问题。引入如下的拉格朗日函数：

$$L(w,b,a) = \frac{\|w\|^2}{2} - \sum_{i=1}^{n} a_i [y_i(w^T x_i + b) - 1](a_i \geqslant 0) \tag{9-3}$$

式中，a_i 为拉格朗日乘子。求 L 对 w 拉格朗日的偏导数并令这三个偏导数为 0，可以得到：

$$w = \sum_{i=1}^{n} a_i y_i x_i \tag{9-4}$$

$$\sum_{i=1}^{n} a_i y_i = 0 \tag{9-5}$$

$$a_i [y_i(w^T x_i + b) - 1] = 0 \tag{9-6}$$

由式（9-1）、式（9-4）、式（9-5）、式（9-6）以及 $a_i \geqslant 0$ 可知，w 和 b 的值只和 $a_i > 0$ 的样本相关。将式（9-4）代入式（9-3）得到求解最优分类面问题的对偶问题：

$$\max_{a} \sum_{i=1}^{n} a_i - \frac{1}{2} \sum_{i=1}^{n} \sum_{j=1}^{n} a_i g y_i y_j x_i^T x_j \tag{9-7}$$

$$\text{s.t.} \quad a_i \geqslant 0, i = 1, \cdots, n$$

$$\sum_{i=1}^{n} a_i y_i = 0$$

式中，g 为样本标签。

对偶问题是在不等式条件要求下的二次函数寻找最优解的问题，存在唯一解。若 a_i^* 为最优解，则有：

$$w^* = \sum_{i=1}^{n} a_i^* y_i x_i \tag{9-8}$$

支持向量对应 a_i^* 不为零的样本，通过支持向量线性组合即可得到最优分类面。由此可见，最大分类间隔只与支持向量有关，而与其他样本没有任何关系。求解上述问题后得到式（9-9）：

$$f(x) = \text{sgn}\left(\sum_{i=1}^{n} a_i^* y_i x_i^T x + b^*\right) \tag{9-9}$$

式中，b^* 为分类阈值，可以用任意一个支持向量求得。

当本样本不可分时，可以引入松弛因子 ξ，允许少量样本错误分类。此时式（9-1）变为：

$$y_i(w^T x_i + b) - 1 + \xi_i \geqslant 0, i = 1, \cdots, n \tag{9-10}$$

此时式(9-2)中求最小值的函数 $\phi(w)$ 变为：

$$\phi(w,\xi) = \frac{\|w\|^2}{2} + c\sum_{i=1}^{n}\xi_i \qquad (9\text{-}11)$$

此时，对最大分类间隔和最少错分样本数量进行重新划分选择，得到最优分类面为广义上的最优分类面。求取广义最优分类面的对偶问题与线性可分情况下的不同之处，仅 $a_i \geqslant 0, i=1,\cdots,n$ 变为：$0 \leqslant a_i \leqslant c, i=1,\cdots,n$。

2.SVR 及改进算法

SVM 的工作机制可以简化为寻找一个最优的核函数，如线性核、多项式核或高斯径向基函数(RBF)，以映射原始特征空间到一个更高维度的特征空间，使得原本非线性的问题变得线性可分。在这个新空间中，支持向量(即离决策边界最近的数据点)决定了模型的性能，因为它们对分类决策影响最大。在轴承故障诊断的应用中，SVM 通过学习训练集中的正常振动和故障振动信号模式，能够有效地识别出异常信号，从而实现早期故障预警。SVM 的优势在于其对高维数据的处理能力和在小样本情况下仍能保持良好性能。选择合适的核函数类型和参数对于 SVM 的分类性能至关重要，这通常需要通过交叉验证等方法进行优化。支持向量回归(SVR)是支持向量机在预测函数这一分类中的运用。尽管 SVR 的算法基础与用于分类问题的 SVM 相似，但其核心差异在于，SVR 并不寻求最大化区分两类样本的超平面，而是寻求一个最优超平面，这个平面与单类样本点保持特定范围内的最近距离。因此，同一类别的样本点位于两条边界线之间，寻找最佳超平面转变为确定最大间隔。传统 SVM 作为强大的分类工具，其二次规划的求解过程常存在速度慢、计算复杂度高等问题。为兼顾学习精度和效率，引入了等式约束的小二乘支持向量机算法(Least Square Support Vector Machine,LSSVM)。LSSVM 是 Suykens 和 Vandewalle 在 1999 年提出的一种创新性 SVM 变体。在数学中，最小二乘法通常涉及各分量差的平方和。这两位研究者据此将 SVM 的优化问题转换成最小二乘的形式，获得了更优的解决方案。

9.3.2 基于 SVM 的轴承单分类故障诊断实验

本次基于 SVM 的轴承单分类故障诊断实验将在之前测得的数据基础上进行，经过 SVM 分类后进行故障预测，并于下一节与 EMD 结合后的 SVM 方法形成对照。实验数据选用美国凯斯西储大学实验室对轴承在正常运行时和在不同位置不同损伤程度的故障情况下运行进行模拟生成的数据。一组轴承正常，一组轴承故障，通过 SVM 分类进行轴承正常数据与故障数据的区分并找到最优分类面，进而实现对轴承故障的诊断。

图 9-4、图 9-5 为正常轴承与故障轴承的散点图(分别为 MFS 转子动力学平台数据、美国凯斯西储大学轴承实验数据),在图 9-4 中正常轴承和故障轴承有所混叠,可见仅采用 SVM 的方法对轴承故障类别进行判别是不具优势的。只通过 SVM 诊断轴承故障并不能将轴承的故障数据明确分类,并且不能找到最优分类面。所以在后文中先通过 EMD 对轴承信号进行故障特征提取,再通过 SVM 分类观察得到数据散点图变化,并与本节形成对照,找到 SVM 在轴承故障分类领域的最优方法。

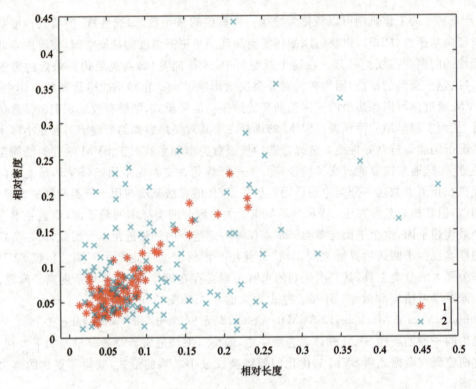

图 9-4 SVM 正常轴承、故障轴承数据分类(MFS 转子动力学平台数据)

本节深入探讨了 SVM 在轴承单分类故障诊断中的应用。首先介绍了 SVM 的基本理论,如最优分类超平面的构建和核函数的使用,以及 SVM 在处理高维数据和小样本数据中的优势。实验部分利用了美国凯斯西储大学的轴承实验数据,尝试通过 SVM 对正常与故障状态的轴承数据进行分类。通过散点图分布可以看出,正常轴承和故障轴承有所混叠。实验结果表明,只通过单一的 SVM 分类方法,难以明显区分出故障数据与正常数据,可能无法有效处理复杂的轴承故障数据。根据实验结

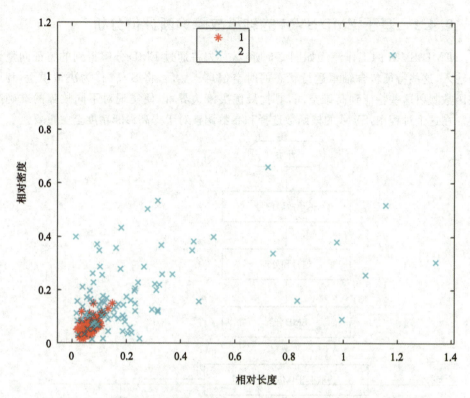

图 9-5　SVM 正常轴承、故障轴承数据分类(美国凯斯西储大学轴承实验数据)

果提出将 SVM 分类与 EMD 分解结合的方法,并在后文进行相应实验,包括结合其他机器学习技术和信号处理方法,或探索深度学习框架,以增强诊断系统的性能。

9.4　EMD 与 SVM 结合在轴承单分类故障诊断中的应用

在轴承故障预测方面,针对轴承振动信号非线性、非平稳的特性,提出了一种以 IMF 分量为输入特征的基于 SVM 的组合预测模型。首先对轴承的振动信号进行 EMD 分解,然后选择 IMF 分量作为输入特征,采用 SVM 进行预测。将 EMD 与 SVM 结合,充分发挥 EMD 在揭示数据局部特征方面的优势,同时利用 SVM 在分类和回归分析中的强大能力,提高整体预测性能。

9.4.1　基于 EMD-SVM 的轴承故障诊断评价分析

EMD-SVM 的工作流程如图 9-6 所示,首先将通过 EMD 分解得到的特征向量作为输入,这些特征包含轴承运行状态的时空信息。然后,将 SVM 作为决策模型,利用核函数映射这些特征到高维空间,寻找最优决策边界,以便实现对不同故障的准确分类。在这个过程中,SVM 的核函数选择和参数调整对于提高诊断精度至关重要。

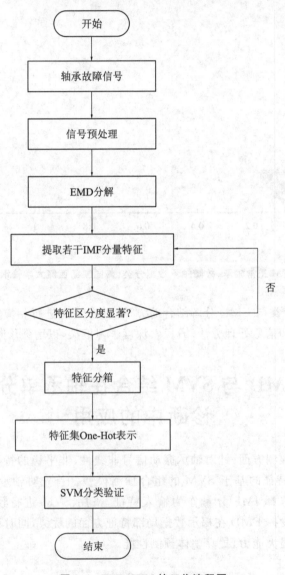

图 9-6　EMD-SVM 的工作流程图

1. 特征融合与选择

值得注意的是,EMD 有助于减少噪声影响,SVM 则因其强大的泛化能力和小样本学习能力,在复杂数据集上表现突出。然而,EMD 对信号的平稳性要求较高,且可能存在模式混叠问题,这可能影响特征的稳定性和选择。因此,合理设置参数和采取适当的特征融合策略对于 EMD-SVM 联合方法的成功运用至关重要。为了验证这一方法的有效性,进行了轴承振动信号采集,并对数据进行了预处理,确保了输入数据的质量。实验结果显示,EMD-SVM 联合方法在轴承单分类故障诊断中表现出显著的优势,相比于传统的故障检测方法,它能更准确地识别出各种故障类型,降低误判率。通过对实验数据的分析发现,EMD-SVM 联合方法不仅提高了故障检测的精度,而且在资源消耗和计算效率上也有所优化。但在进一步的研究中需要解决 EMD 在处理非平稳信号时存在局限性的问题,以及如何进一步优化 SVM 参数以满足不同工况下的轴承故障检测需求。EMD-SVM 联合方法在轴承故障检测领域展现出了巨大的潜力,可提高设备运行效率、降低维护成本和保障生产安全。随着技术的不断发展,EMD-SVM 联合方法将在更多复杂的工程环境中广泛应用。

特征融合与选择是关键步骤,可采用一种集成方法,即先通过 EMD 提取出一组丰富且具有代表性的故障特征,包括频率域的谐波成分和时间域的瞬时频率信息。接着,这些特征信息被输入 SVM 模型中,但并非所有特征信息都对分类有同等贡献,因此需要筛选出最能反映故障模式的特征子集。这样做不仅可以降低计算复杂性,还能提高诊断的精度和鲁棒性。在实际操作中,利用现有的公开轴承振动数据库,如 CWRU Bearing Data Set,进行特征融合和选择的实验验证。通过对不同特征组合的 SVM 模型进行训练和测试发现,通过 EMD 分解输入特征,SVM 的分类性能得到了显著提升,尤其是在区分早期故障阶段,显示出显著的优势。

2. 基于 EMD-SVM 的轴承故障诊断方法

实验结果显示,EMD-SVM 联合方法展现出优异的故障识别能力,尤其是在区分早期阶段的轻微故障时,其性能明显优于传统的单一方法。与传统的基于频域分析的方法或单一特征提取方法相比,EMD-SVM 联合方法展现出更强的鲁棒性和适应性,能够有效应对复杂工况下的轴承故障。为了进一步验证,将 EMD-SVM 联合方法与现有的故障诊断方法进行了对比分析,发现 EMD-SVM 联合方法在精度和稳定性上均表现出显著优势。这不仅证实了该方法的有效性,也为轴承故障检测提供了新的解决方案。为了体现 EMD-SVM 联合方法在轴承故障检测中的优势,选取了几种主流的传统故障诊断方法进行对比,如基于频域分析的谱分析法和基于时间序列分析的自相关函数法。这些传统方法在处理非线性非平稳信号时往往存在局限性,而 EMD-SVM 联合方法的独特性体现在能够有效地分离信号的固有模态,它在处理轴承复杂振动信号时显示出显著优势。

本节进一步地分析了 EMD-SVM 联合方法在处理噪声干扰和变化工况下的表现,结果显示,由于 EMD 的去噪能力和 SVM 的泛化能力突出,该方法能保持较高的诊断精度。通过与传统方法的对比分析,证实了 EMD-SVM 联合方法在轴承故障检测领域的显著优势,该方法不仅提高了故障识别的准确性,还提升了系统的适应性和鲁棒性。

9.4.2 基于 EMD-SVM 的轴承单分类故障诊断实验

开展基于 EMD-SVM 的轴承单分类故障诊断实验,并与 SVM 单分类实验形成对照,分析 EMD-SVM 联合方法是否更具优势。在此选用美国凯斯西储大学实验室的滚动轴承故障检测数据。表 9-2 的实验数据为正常基线数据,在不同负载和转速下一共有四组正常的数据,数据文件为 MATLAB 格式。表 9-3 为 12k 驱动端轴承故障数据,驱动端和风扇端轴承外圈的损伤点分别放置在 3 点钟、6 点钟、12 点钟三个不同位置,所以外圈的损伤有三个数据集。对前面测得数据进行 EMD 分解,然后进行 SVM 分类。同时在实验中采用在 MFS 转子动力学平台测得的数据,对两组数据得到的结果进行对照分析。对两组数据进行 EMD 分解,得到 IMF 分量,可以明显看出各信号故障特征后,再选取同一段信号特征进行 SVM 分类。首先将轴承的正常信号与故障信号区分开来,在此基础上对轴承故障进行详细分类,区分轴承的故障种类。

表 9-2 正常基线数据

电机负载/hp	近似电机转速/(r/min)	正常基线数据
0	1797	Normal_0(97. mat)
1	1772	Normal_1(98. mat)
2	1750	Normal_2(99. mat)
3	1730	Normal_3(100. mat)

经过 EMD-SVM 联合方法处理后的轴承故障信号分类情况如图 9-7 与图 9-8 所示，可以看出基于 EMD-SVM 的故障诊断预测方法能够准确处理与区分不同信号，正常与故障的两组数据信号通过最优分类面分隔开来，并且轴承的正常数据集中于一点，这说明 SVM 的分类效果非常好，对于数据的掌控非常准确。据统计，EMD-SVM 的误报率降低了约 20%，漏报率也下降了 15%，这表明其在实际应用中的可靠性较高。

表 9-3　　　　　　　　　　　　　　**12k 驱动端轴承故障数据**

故障直径/ in	电机负载/ hp	近似电机转速/ (r/min)	内圈	滚珠	外圈		
					正中位置 3:00	正交位置 6:00	反面位置 12:00
0.007	0	1797	IR007_0	B007_0	OR007@6_0	OR007@3_0	OR007@12_0
	1	1772	IR007_1	B007_1	OR007@6_1	OR007@3_1	OR007@12_1
	2	1750	IR007_2	B007_2	OR007@6_2	OR007@3_2	OR007@12_2
	3	1730	IR007_3	B007_3	OR007@6_3	OR007@3_3	OR007@12_3
0.014	0	1797	IR014_0	B014_0	OR014@6_0	—	—
	1	1772	IR014_1	B014_1	OR014@6_1		
	2	1750	IR014_2	B014_2	OR014@6_2		—
	3	1730	IR014_3	B014_3	OR014@6_3	—	—
0.021	0	1797	IR021_0	B021_0	OR021@6_0	OR021@3_0	OR021@12_0
	1	1772	IR021_1	B021_1	OR021@6_1	OR021@3_1	OR021@12_1
	2	1750	IR021_2	B021_2	OR021@6_2	OR021@3_2	OR021@12_2
	3	1730	IR021_3	B021_3	OR021@6_3	OR021@3_3	OR021@12_3

续表

故障直径/in	电机负载/hp	近似电机转速/(r/min)	内圈	滚珠	外圈		
					正中位置 3:00	正交位置 6:00	反面位置 12:00
0.028	0	1797	IR028_0	B028_0	—	—	—
	1	1772	IR028_1	B028_1	—	—	—
	2	1750	IR028_2	B028_2	—	—	—
	3	1730	IR028_3	B028_3	—	—	—

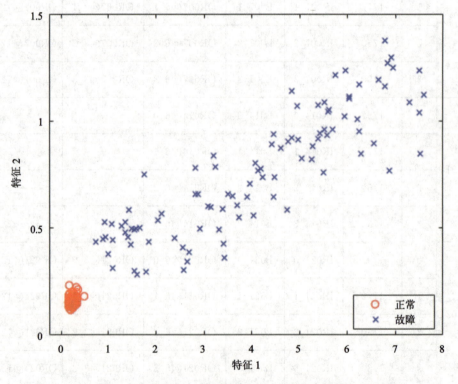

图 9-7　EMD-SVM 正常轴承、故障轴承分类(美国凯斯西储大学数据)1

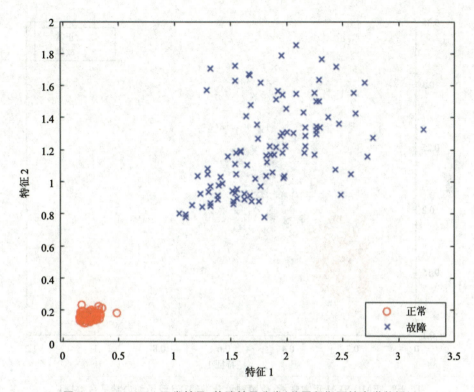

图 9-8 EMD-SVM 正常轴承、故障轴承分类(美国凯斯西储大学数据)2

通过分析得到,基于 EMD-SVM 的故障诊断方法相较于单独 SVM 分类显然更具优势,无论是在数据的特征提取还是在数据的分类方面,它的速度更快、区分效果更加明显。但在判断轴承故障种类时还需要继续优化 SVM 的分类方法。根据轴承内外圈不同位置传感器提供的信号,经过特征提取后得到不同的故障特征,使用 SVM 分类,将其划分成不同的数据集,判断具体的故障种类。通过实验数据发现,在识别不同类型的轴承故障时,EMD-SVM 联合方法的分类准确率和鲁棒性明显优于传统方法。例如,当面对轴承内部缺陷和润滑不良等复杂故障时,EMD 能够提取出关键的故障特征,而 SVM 则能高效地利用这些特征进行精准分类。接着对在 MFS 转子动力学平台测得的两组轴承故障数据进行 EMD-SVM 故障诊断分类,得到图 9-9、图 9-10。对比两组数据可以看出,EMD-SVM 分类有明显优势。

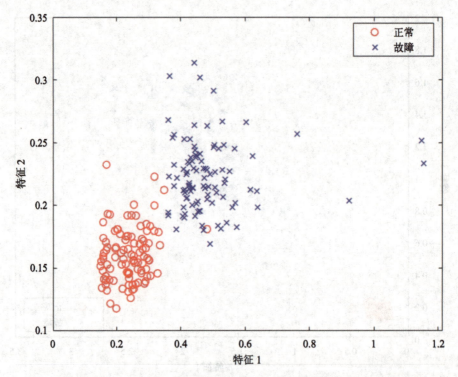

图 9-9　EMD-SVM 正常轴承、故障轴承分类（MFS 转子动力学平台数据）

在轴承正常数据方面,美国凯斯西储大学的轴承实验数据明显更加集中,说明实验过程更加严谨、准确。对比在 MFS 转子动力学平台测得的数据,轴承正常部分的信号比较分散,说明实验过程中存在一些不足。

通过实证验证,EMD-SVM 联合方法在轴承单分类故障诊断中展现出了卓越的性能,为加强设备健康管理和制定预防性维护策略提供了强有力的支持。与单独 SVM 轴承故障检测方法相比较,EMD-SVM 联合方法更具优势,在未来的工作中,将继续深入挖掘这种方法在更大规模工业生产中的应用潜力,以期推动轴承故障检测技术的持续发展和优化。

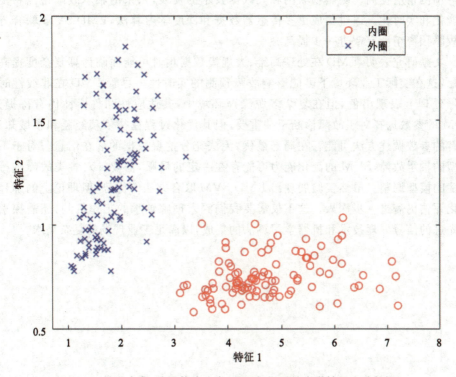

图 9-10　轴承内圈、外圈故障分类（美国凯斯西储大学轴承实验数据）

9.5　本章小结

　　本章针对轴承振动信号非线性、非平稳的特性,提出了一种以 IMF 分量为输入特征的基于 SVM 的组合预测模型,将 EMD 时频特征提取能力与 SVM 高精度分类性能相结合。首先对振动信号进行 EMD 分解,将分解之后的 IMF 分量按照其波动程度分解,然后选择 IMF 分量作为输入特征,采用 SVM 对信号进行预测,理论上这种组合预测方法能够提高预测的精度。实验证明,这种联合方法成功地克服了单一技术的局限性,提高了故障检测的准确性和鲁棒性。轴承实验数据分析表明,这种组合预测方法能够提高轴承振动信号预测的精度。通过实验发现,EMD 能够有效分离轴承振动信号中的内在模态,SVM 能精确捕捉这些模态间的故障模式。本章的研究为工业界提供了实用的工具,对于降低设备维护成本、提高生产效率和保障设备安全具有重要意义。通过采用 EMD-SVM 联合方法,设备故障检测的响应时间缩短,故障预测精度提高。随着物联网和大数据技术的发展,未来的轴承故障检测将更加智能化和实时化。通过集成更多传感器数据和深度学习算法,EMD-SVM 联合方法的故障预警精度有望进一步提高。

文献研究表明,EMD 在处理高维、大规模数据集时可能面临计算复杂度提高的问题,这在实际工业环境下可能影响故障预测的实时性。尽管 EMD 在非线性时变信号处理上表现出色,但在复杂多源噪声环境中,其适应性和鲁棒性仍有待提升。SVM 的参数选择对于故障诊断至关重要,但其优化过程往往依赖经验和领域知识。现有的参数调优方法可能存在局部最优,无法充分挖掘数据的潜在信息。对于不同类型的轴承故障,SVM 的泛化能力可能存在一定的局限,需要针对各类故障进行针对性的模型调整。虽然实验展现出 EMD-SVM 联合方法的优势,但理论上的解释和量化评估仍需进一步深入。这不仅需要我们深入理解轴承的工作机制,还需探索更为先进的信号处理技术和机器学习算法的集成,以满足工业现场的复杂需求。

10　基于经验模态分解和神经
网络方法的轴承故障预测

本章引入经验模态分解（EMD）与神经网络技术，构建一种新型的轴承故障预测模型。EMD 作为一种数据处理工具，能有效分离复杂信号中的内在模态，有助于提取故障特征，而神经网络，特别是深度学习模型，因具有极强的自适应能力和模式识别能力，可以有效克服传统方法的局限性。结合 EMD 的信号分解能力和神经网络的预测能力，构建一个更为精确且具有强鲁棒性的轴承故障预警系统，以期显著提高设备的运行安全性和维护效率，同时降低维护成本。随着现代工业设备的复杂性和精密性日益增强，作为关键组件，轴承的性能决定了设备运行的稳定性和效率。滚动轴承是故障率较高的零件之一，如何对其进行监测与早期故障诊断至关重要。然而，传统的故障预测方法往往存在精度受限、难以捕捉复杂故障模式等问题。为了解决这些问题，可以将 EMD 与神经网络结合，以提高轴承故障预测精度。EMD 作为一种时频分析工具，能够有效地对采集到的非平稳信号进行分解，将其转化为一系列 IMF，揭示信号的内在结构和故障特征。神经网络，尤其是深度学习模型，凭借其极强的特征学习能力和自适应性，能够在大量数据中提取复杂模式并做出精确预测。本章将 EMD 与神经网络巧妙结合，旨在构建一个更为精准的轴承故障预测模型，通过 EMD 的信号分解，捕获轴承振动信号中的关键信息，利用信息自身的特征对信号进行分析，然后利用神经网络进行高效的学习和预测。这种方法不仅能提高预测的准确性，还能提升早期识别故障的能力，从而预警潜在风险，避免设备突发故障带来的经济损失和安全隐患。本章通过引入 EMD-神经网络技术，提升轴承故障预测的科学性和实用性，为工业设备维护提供强有力的支持。

本章聚焦于电机转子所依赖的滑动轴承，旨在通过应用轴承故障模拟平台来仿真轴承的故障情况，进而开展实验性研究。实验过程中测出一组轴承故障数据和一组正常情况下的轴承数据，取.mat 格式用 MATLAB 进行处理，使用 EMD 方法进行分解，提取特征，用神经网络模型方法进行分类，最后建立 EMD-神经网络模型对轴承故障进行预测。本章详细探讨了所采用的 EMD 与神经网络相结合的故障预测策略。对每个 IMF 进行统计分析和特征提取，如平均值、方差、峭度等，以量化其故障相关性。本章利用 EMD 的有效信号分解和神经网络的强大预测能力，旨在构建一个既能有效提取故障特征，又能精确预测轴承健康状态的集成模型，从而提高轴承故障预测的精度和可靠性。

本章首先叙述了神经网络的基本原理及其在工程故障预测领域的应用实例。并且叙述了神经网络的基本算法,在对数据进行特征提取之后,用神经网络方法进行分类。接着结合 EMD 与神经网络构建轴承故障预测模型,其中包含几个关键步骤:①数据的采集和预处理;②特征提取;③EMD-神经网络模型的构建;④模型的评估与优化。通过结合 EMD 在信号处理方面的优势和神经网络的预测能力,构建出轴承故障预测模型,然后对模型进行优化,为提高设备运行安全和降低维护成本提供有力的支持。

通过这样的章节划分和内容安排,展现 EMD-神经网络方法在提高预测精度和可靠性方面的潜力。

10.1 轴承故障信号采集与分析

利用轴承故障模拟平台采集轴承故障振动信号。轻微的机械故障影响产品质量,严重的故障可能导致生产活动中断,对整个制造流程造成负面影响。因此,实施基于状态监测的预防性维护策略,在故障发生之前及时采取措施,显得尤为重要。这是确保机械顺畅运作和防止经济损失的关键。预防性维护技术的核心在于精确且高效地收集振动信号,随后对这些信号进行深入分析,以提取关键的振动特性,并建立这些特性与设备状态之间的关联。MFS 故障模拟平台数据与美国凯斯西储大学数据可参考 9.1.1 节与 9.1.2 节,轴承的详细参数见表 9-1。

由 MFS 故障模拟平台测得三组数据(一组正常 40Hz 数据,一组不平稳 40Hz 数据,一组外圈故障数据):MFS40Hz — 151030083400. txt、MFS unbalance 40Hz — 151030094149. txt、MFS 外圈故障—160509165814. txt。将这些数据导入 MATLAB 软件中,使用快速傅立叶变换(FFT)来分析信号的频谱。

用 FFT 来分析通过 MFS 故障模拟平台得出的数据(时域波形和频域波形分别参考图 8-2、图 8-3),可以发现信号是不平稳的,这样的信号无法直接使用,使用后会导致测试的准确性很低,所以引进 EMD。EMD 可以适应各种类型的信号变化,包括非线性和非平稳信号。

将通过 MFS 故障模拟平台获取的数据以.txt 形式储存起来,为后续使用 MATLAB 分析数据做好准备。

10.2　EMD 原理及其在轴承故障预测中的应用

利用 EMD 对信号进行分解,提取关键特征,对轴承故障数据进行处理。首先收集大量的轴承振动信号数据,确保数据具有多样性和代表性,对这些数据进行处理,以便于后续特征提取和神经网络方法的加入。利用神经网络方法对这些数据进行分类处理,利用 EMD-神经网络方法对轴承故障进行预测,提高轴承故障预测的准确率。EMD 因能够有效地解析非平稳信号的内在模态,在机械系统健康监测等多个工程领域表现出色。EMD 的独特优势在于其能够将复杂的振动信号分解为若干个 IMF,这些 IMF 与轴承的不同故障模式密切相关。近年来,随着物联网和大数据技术的发展,大量轴承运行数据得以实时采集,为 EMD 在轴承故障预测中的应用提供了丰富的数据资源。研究表明,EMD 可以准确地识别出轴承内部的故障特征,如滚子裂纹、磨损或偏斜等,从而实现早期预警和精确故障定位。

10.2.1　EMD 原理及算法

EMD 是一种比较先进的时频域信号分析技术,它依据信号本身固有的时间尺度特征进行自适应分解,不需要预先定义基函数。它能够将复杂的信号分解为多个 IMF,每个 IMF 都代表了信号在不同时间尺度上的动态特性。EMD 具有灵活性和适应性,尤其适用于处理非线性非平稳的信号,其在多个领域,如机械故障诊断、生物医学信号分析等,都显示出了独特的价值和潜力。EMD 的基本原理是将复杂的信号分解为一系列具有内在物理含义的 IMF。这些 IMF 代表了信号的不同频率成分,且有自适应性、无量纲性和局部平坦性等特性,这使得 EMD 在处理非平稳、非周期性信号时具有显著优势。基于 EMD 的时频分析主要有两个步骤:第一步,把时间序列分解成 IMF 组,即经验模态分解;第二步,对每个 IMF 进行希尔伯特变换(HT),再组成时频谱图进行分析。由此得到的谱图能够准确地反映出系统原有的特性。

EMD 方法的核心思想是通过迭代分解,逐步提取信号的固有频率成分。选取信号中的一个瞬时趋势作为参考函数,然后通过与原始信号的差分来寻找剩余信号的 IMF。这个过程反复进行,直至剩余信号变得平稳或无法再分解出新的 IMF。EMD 是一种将信号分解为一系列 IMF 的算法。该算法的步骤如下:

（1）从原始信号开始，通过一次差分操作得到第一个固有模态函数 K_1；

（2）从原始信号中减去 K_1 影响，形成新的残差信号，并从这个残差信号中提取下一个固有模态函数 K_2；

（3）重复上述过程，连续提取 IMF，直至剩余的残差信号不再满足 IMF 的定义，此时的残差信号被视为趋势项，分解过程结束。

EMD 算法的步骤如下：

（1）初始化阶段：设置计数器 $i=1$，准备开始分解。

（2）开始分解：对当前信号进行处理，就可以获得 i 个 IMF。

①初始化：准备信号并设置初始条件。

②识别信号的局部极大值点和极小值点。

③对这些极值点进行插值，构建信号的上下包络线。

④计算这两个包络线的平均值，得到一个暂定的 IMF 候选。

⑤更新信号：原始信号减去该 IMF 候选，作为新的待分解信号。

⑥判断：如果新信号的幅度小于预设阈值（例如 0.3），停止分解；否则，继续迭代，直到满足条件。

（3）重复步骤（2），直到信号不能再分解出新的 IMF。

（4）当信号中的所有 IMF 被提取完毕，剩余的残差信号即为分解过程的最终结果。

通过这一系列步骤，EMD 能够将非线性非平稳的信号分解为若干个具有不同时间尺度的 IMF，以及一个最终的趋势项，为信号的进一步分析打下基础。依据以上步骤可以得到如图 10-1 所示的流程图。

在这个 EMD 算法流程图中，$X(t)$ 为输入的随时间变化的信号，c 和 h 都为一维变量。在轴承故障预测中，EMD 的运用至关重要，因为它能够有效地分解轴承振动信号，揭示隐藏的故障特征，更准确地识别出不同故障阶段的振动模式，为早期预警和故障诊断提供有力支持。

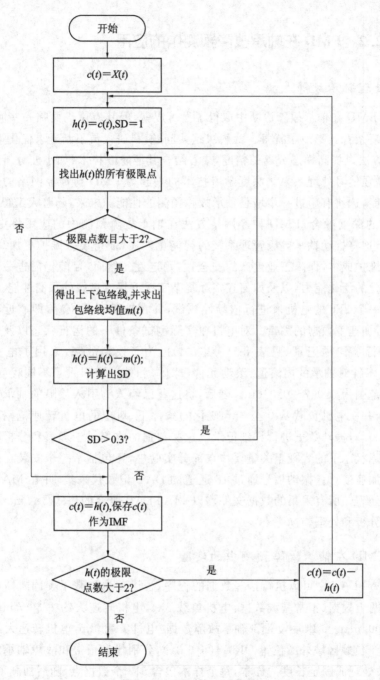

图 10-1 EMD 算法流程图

10.2.2　EMD 在轴承故障预测中的应用

1. 处理轴承故障数据

尽管 EMD 在轴承故障诊断中取得了显著成就,但其应用仍面临一些问题,如模态混叠和复杂背景噪声干扰等。为解决这些问题,科研人员不断寻求优化策略,如改进 EMD 算法以提高模态分离的精度,或者结合其他滤波技术(如小波分析或卡尔曼滤波)以增强信号处理效果。深度学习技术的兴起为 EMD 与神经网络的融合提供了新的可能,这将有望进一步增强轴承故障预测的性能。未来,随着人工智能和机器学习技术的深度融合,EMD-神经网络方法在轴承故障预测中的应用将更加广泛。可以预见,这将推动轴承健康管理系统的智能化发展,使得设备维护更加高效,从而显著降低维护成本,保障工业生产的安全性、稳定性。然而,目前仍需进一步研究如何提高模型的泛化能力,以及如何在实际复杂工况下保持良好的预测性能。

采用一个 2hp 的电机来进行依赖性测试,并在轴承不同位置,即靠近和远离轴承处,进行加速度数据的测量。对电机在实际测试条件下的运行状态以及轴承的故障情况进行了详尽记录(见表 8-1~表 8-4)。为了模拟故障,采用了电火花加工(EDM)技术针对轴承的内滚道、滚动元件(球体)和外滚道引入了不同程度的损伤,损伤直径范围为 0.007~0.040in。随后,将这些已经人为引入故障的轴承重新装配回电机中,并在电机负载从 0 至 3hp 变化的条件下(对应的电机转速范围为 1720~1797r/min),对振动数据进行详细记录。这些数据的收集对于理解和分析电机轴承在不同故障状态下的表现至关重要。在部分实验中,还包括了一个安装在电机支撑基板上的加速度计。振动信号通过 16 通道的 DAT 记录仪采集,并在 MATLAB 中进行后续处理。所有采集的数据文件均以 MATLAB 兼容的格式(＊.mat)保存,以便于后续分析和处理。

2. EMD 在轴承故障预测中的实验

在 MATLAB 中可以执行这些数据的程序,程序首先加载了美国凯斯西储大学实验室的两组数据(正常基线数据:电机负载 3hp,电机转速大约 1730r/min,正常基线数据.100.mat。12k 驱动端部轴承故障数据:电机负载 3hp,电机转速大约 1730r/min,相对于负载区域外圈位置 OR014@_6 3。),分别代表正常和故障轴承的振动信号,数据被处理成固定长度的样本,每个样本包含 512 个数据点,随后加载了 MFS 故障诊断平台测试的数据,包括外圈故障数据和正常数据。然后使用 EMD 对每个样本进行分解,得到若干个 IMF,从每个 IMF 中提取特征,这是通过计算每个 IMF 的最大值和最小值之差来实现的。随后进行特征选择,程序从提取的特征中选择了特定的特征组合,基于先前的分析认为这些特征对于分类最为重要。再构建两个数据集:训练集和测试集。训练集用于建立分类模型,测试集用于评估模型性能。最后进行分类模型训练,使用 K-近邻法(KNN)进行分类,使用 gscatter 函数将训练集中的样本按照其所属类别进行可视化,以便观察不同类别之间的分布情况。图 10-2 是可视化后的样本空间分布图。

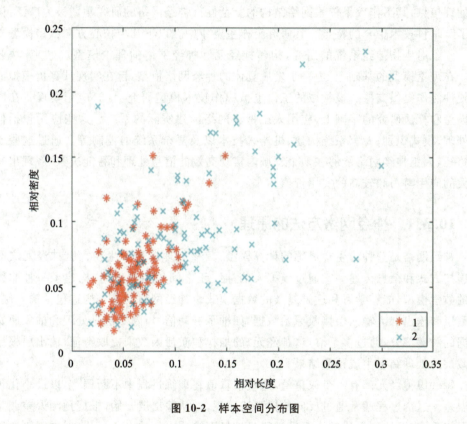

图 10-2 样本空间分布图

通过图 10-2,可以直观地看到两组数据的样本在特征空间中的分离度不高,所以通过 EMD 提取的特征可能有助于区分正常和故障轴承的振动信号。KNN 是一种简单的分类算法,它依赖距离度量来确定样本的类别,如果样本在特征空间分布重叠较多,KNN 对两组数据的分类效果并不明显。下面将应用更为复杂的神经网络分类方法,它通过学习数据的非线性表示来进行分类处理,将其与 EMD 联合使用,以提高轴承故障预测的准确性。

10.3　神经网络方法的原理及其在轴承故障预测的应用

人工神经网络也叫作神经网络,这类网络通过调整内部大量节点间的连接关系来处理信息,其工作效果依赖网络结构的复杂性。神经网络的研究领域极为广泛,体现了跨学科技术融合的特点。其研究工作主要集中在以下几个核心方向:(1)模型构建。基于对生物神经系统的研究,构建神经元和神经网络的理论模型。(2)算法开发。在理论模型的基础上,进一步发展具体的神经网络模型,旨在实现计算机模拟或为硬件制作提供支持。该领域的工作也被称作技术模型研究。(3)应用实现。在网络模型和算法研究的基础上,应用人工神经网络构建实际的系统。这些应用包括信号处理、模式识别、专家系统构建、机器人技术以及复杂系统的控制等。通过这些研究路径,人工神经网络能够在多个领域内实现高效的信息处理和智能决策,展现出其较大的应用潜力和较高的实用价值。

10.3.1　神经网络方法的原理

神经网络是一种仿生学灵感的计算模型,其核心理念源于生物大脑神经元之间的连接方式和信息传递。它通过模拟人脑神经元之间的相互作用,构建了一种非线性的数学模型,能够学习和理解复杂的数据模式。神经网络的基本构造包括输入层、隐藏层和输出层。输入层接收原始数据,如轴承振动信号;隐藏层是处理和抽象原始数据的关键部分,通过多个节点(神经元)的加权和激活函数来提取特征;输出层根据隐藏层的处理结果生成预测结果。

每一层神经元都有一个权重值,这些权重值在训练过程中不断调整,以最小化预测误差。这个过程通常通过反向传播算法实现,即从输出层开始,根据预测误差调整各层权重,直至达到最优解。深度学习是神经网络技术的进一步深化,增加网络的深度,使模型能够处理更深层次的特征表示,从而提高预测精度。神经网络的训练依赖大量标注数据,通过梯度下降等优化算法,能够在训练数据上找到最佳的权重配置。将神经网络应用于轴承故障预测中,有助于捕捉到轴承工作状态的细微变化,从而实现早期故障预警。近年来的许多研究表明,神经网络已经在工业设备故障预测中取得了显著成效,例如在风电叶片、电力设备等方面,通过集成深度学习和特征选择技术,能够实现故障的精准识别和预测。尽管神经网络具有强大的学习能力,但其对数据的质量和数量有较高的依赖性,过拟合或欠拟合等问题仍需谨慎处理。神经网络是本章的核心技术部分,对其原理和结构的理解对于构建基于 EMD 的轴承故障预测模型至关重要,它为数据驱动的故障预测提供了支撑。

误差反向传播(Error Back Propagation,BP)神经网络,是一种自动调整神经网络权重的方法,通过每个神经元的输出误差调整神经网络中的权重,以得到最佳的输出结果。相较于单层感知器,多层神经网络在学习能力上有了显著提升。为了有效地训练这些深层网络,需要依赖更为先进的学习算法。BP 算法以其卓越的性能在众多神经网络训练方法中脱颖而出,成为目前应用最广泛的算法之一。这是因为 BP 算法适用于多层前馈神经网络的训练,还能够扩展到包括递归神经网络在内的其他类型的神经网络训练中。这种网络结构具有强大的功能和广泛的适用性,在解决复杂问题时能展现出其独特的优势。BP 神经网络是一种误差反向传播的多层前馈神经网络,至少存在 3 层网络:输入层、隐藏层及输出层。其基本原理是,采用最速下降法进行计算,通过误差的反向传播逐步调整 BP 网络的权值和阈值,通过多层数值的正向传播与误差的反向传播,实现输入到输出的非线性映射关系。三层 BP 神经网络结构图如图 10-3 所示。

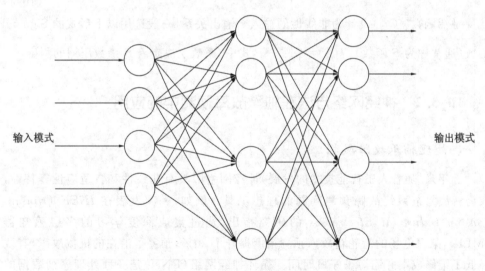

图 10-3　三层 BP 神经网络结构图

作为一种多层前馈神经网络,BP 网络结构由三个或更多层次组成,涵盖了输入层、至少一个隐藏层以及输出层。该网络采用非线性可微的激活函数对网络权值进行训练,确保了其在处理复杂数据时的灵活性和有效性。在 BP 网络中,相邻层的神经元通过权重相互连接,而同一层内的神经元之间则不存在直接连接。此外,隐藏层内的神经元普遍采用 Sigmoid 函数作为传递函数,以实现非线性映射,从而增强网络的数据处理能力。输入层由 n 个神经元组成,$x_i(i=1,2,\cdots,n)$ 表示输入层的输出;隐藏层由 q 个神经元组成,$z_k(k=1,2,\cdots,q)$ 表示隐藏层的输出;输出层由 m 个神经元组成,$y_i(i=1,2,\cdots,m)$ 表示输出层的输出;用 $v_{ki}(i=1,2,\cdots,n;k=1,2,\cdots,m)$ 表示从输入层到隐藏层的连接权;用 $w_{jk}(k=1,2,\cdots,q;j=1,2,\cdots,m)$ 表示从隐藏层到输出层的连接权。

隐藏层与输出层的神经元的操作特性表示为:

(1)隐藏层:输入(含阈值 θ_k)与输出分别为

$$S_k = \sum_{i=0}^{n} v_{ki}x_i - \theta_k \tag{10-1}$$

$$z_k = f(S_k) \tag{10-2}$$

(2)输出层:输入(含阈值 ϕ_j)与输出分别为

$$S_j = \sum_{k=0}^{q} w_{jk}z_k - \phi_j \tag{10-3}$$

$$y_j = f(S_j) \tag{10-4}$$

激活函数 $f(\cdot)$ 设计为非线性的输入—输出关系,一般选用以下形式的 Sigmoid 函数(通常称为 S 函数):$f(S)=\dfrac{1}{1+e^{-\gamma_S}}$,式中,系数 γ 决定着 S 函数压缩的程度。

10.3.2　神经网络方法在轴承故障预测中的应用

1.处理轴承故障数据

近年来,随着人工智能技术的发展,神经网络因具有非线性和自适应性等特性,成为解决复杂系统故障预测问题的理想工具。例如,一项发表在 *IEEE Transactions on Industrial Electronics* 的研究指出,通过集成深度学习的多层感知器(MLP),某风电场的齿轮箱故障预测精度提升了 20%,预警了潜在的机械故障,有效降低了维修成本并缩短了停机时间。循环神经网络(RNN)是一种处理序列数据的神经网络,其可将前一时刻的输出作为前时刻的输入。

在轴承故障预测中,神经网络展示了其卓越的性能。Smith 等人利用卷积神经网络(CNN)对轴承振动信号进行分析,准确识别出早期的滚动体裂纹和疲劳损伤特征。他们的研究表明,相比于传统的统计方法,神经网络模型在处理高维、非平稳的轴承故障信号时具有更高的精度和鲁棒性。例如 BP 神经网络,以其强大的映射能力和自学习能力,为解决许多负载的非线性问题提供了有效途径。

2.神经网络方法在轴承故障预测中的实验

首先使用简单的神经网络方法对两组数据（正常基线数据：电机负载 3hp，电机转速大约 1730r/min，正常基线数据 100. mat。12k 驱动端部轴承故障数据：电机负载 3hp，电机转速大约 1730r/min，相对于负载区域外圈位置 OR014@_6 3.)进行训练，用于分类正常轴承和故障轴承的数据。首先设置每个样本的长度、训练集中每组数据的样本个数、测试集中每组数据的样本个数，随后加载正常轴承数据和故障轴承数据。构建训练集，初始化训练组数据数组、标签数组，通过循环将正常轴承和故障轴承数据分别添加到训练数据数组中，并设置标签（正常数据标签为 1，故障数据标签为 2）。对训练数据进行标准化处理，使数据范围为 0 到 1。创建一个前馈神经网络，其中包含一个具有 10 个神经元的隐藏层。设置训练集占总数据的比例为 70%，设置验证集占总数据的比例为 15%，设置测试集占总数据的比例为 15%。训练神经网络并测试网络性能。图 10-4 是神经网络训练图。

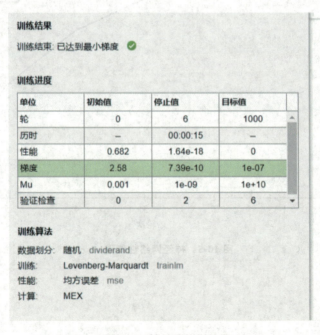

训练结果

训练结束: 已达到最小梯度 ✅

训练进度

单位	初始值	停止值	目标值
轮	0	6	1000
历时	—	00:00:15	—
性能	0.682	1.64e-18	0
梯度	2.58	7.39e-10	1e-07
Mu	0.001	1e-09	1e+10
验证检查	0	2	6

训练算法

数据划分: 随机 dividerand
训练: Levenberg-Marquardt trainlm
性能: 均方误差 mse
计算: MEX

图 10-4 神经网络训练图

图 10-5 为神经网络性能图,最佳验证性能在第 4 轮达到 0.052707。图 10-6 是采用神经网络方法对正常基线和驱动端轴承故障数据进行分析得到的回归图,验证值为 $R=0.67118$、测试值为 $R=0.94365$、全部 $R=0.96854$。在回归图中,这些 R 值越接近 1,表示模型的预测值和实际观测值之间的线性关系越强,即模型的性能越好。由这些数据可知,验证集上的预测值与实际值存在正相关性,但不是完美拟合,测试集的值显著大于验证集的值,模型在测试集上的表现非常好,但在验证集上的表现较差,表明模型对训练数据过度拟合,未能很好地泛化到新的数据上。如果测试集和验证集之间存在显著差异,可能需要对模型进行进一步的调整。最佳验证性能在第 4 轮达到 0.052707,表明此时模型在验证集上的表现最佳。

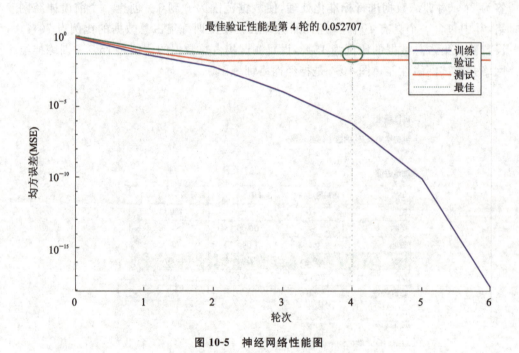

图 10-5 神经网络性能图

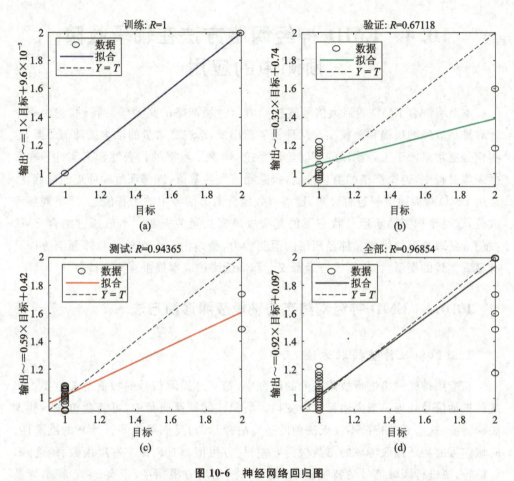

图 10-6 神经网络回归图

(a)训练值 $R=1$；(b)验证值 $R=0.67118$；(c)测试值 $R=0.94365$；(d)全部 $R=0.96854$

  神经网络方法通常将原始信号或经过简单预处理的信号作为输入，如果输入特征选择不当，神经网络可能过拟合训练数据，导致泛化能力降低，简单的神经网络可能在处理非线性和非平稳信号时的能力不足，而神经网络在这组轴承数据上的表现有待提高。本节介绍了神经网络原理和神经网络算法，用普通的神经网络算法在MATLAB 中处理给出的两组数据，结果并不理想，其中的回归图 R 值明显很低，与1 有一定差距，这表明模型的预测值和实际观测值之间的线性关系不是很强，即模型的性能不算好。所以单一的神经网络方法并不能很好地进行轴承故障预测。下节将EMD 与神经网络结合，以期提高轴承故障预测的准确性。

10.4 EMD-神经网络方法在轴承故障预测中的应用

本节将融合 EMD 的强大信号解析能力与神经网络的高效学习特性,构建一个针对轴承故障的精确预测模型。从理论层面出发,选取高质量的轴承振动信号源,这些信号通常来源于工业现场的实时监测系统,确保了数据的代表性和真实性。在数据采集过程中,遵循严格的质量控制,排除噪声和异常值,以保证后续处理的准确性。运用 EMD 对原始信号进行分解,能够有效地分离出信号中的固有模态,即不同频率成分,这对于识别轴承运行状态下的复杂故障模式至关重要。本节通过结合 EMD 在信号处理方面的优势和神经网络的预测能力,构建出一个在轴承故障预测方面具有显著优势的模型,为提高设备运行安全和降低维护成本提供有力支持。

10.4.1 EMD-神经网络方法轴承故障诊断方法

1. 故障特征传统提取方法

在应用神经网络进行故障预测的研究中,精准地提取信号的特征至关重要。传统的振动信号处理一般采用傅立叶变换。所关注的特征向量中,可能会包含一些无关特征,这些无关特征不仅无法辅助进行故障诊断,反而可能降低诊断的准确性。时域信号的特征提取考虑的参数包括方差、均方根值、均值、概率密度函数、峭度、峰峰值等;要进行频域信号的特征提取,则可以选用均方根频率、带宽、中心频率等参数。具体应用时究竟应该选择哪些特征进行提取,这需要根据实际的故障诊断需求以及实验条件的限制来判断。轴承故障的传统提取方法通常依赖对振动信号的时域和频域分析,这些方法包括但不限于以下几种:(1)振动分析。振动分析是一种常用的技术,通过测量轴承在运转过程中产生的振动信号,分析其时域特征参数,如峰峰值、均值、方根值等,来评估轴承的健康状态。(2)故障特征提取。从振动信号中提取故障特征参数,如频率、振幅和相位等,这些特征参数可以通过傅立叶变换等频域分析方法获得,用于识别轴承故障的类型和严重程度。(3)油液分析。通过对轴承润滑油进行化学分析,可以检测到金属颗粒等磨损产物,从而推断轴承的磨损状态。(4)EMD。EMD 方法能够将非线性非平稳的振动信号分解为一系列 IMF,每个 IMF 都代表了信号在不同时间尺度上的动态特性,有助于提取故障特征。(5)时频分析。

通过时频分析技术,如短时傅立叶变换(STFT)、小波变换,可以在时频域内对信号进行分析,以识别轴承故障的频率特征。浅层学习技术融合了信号处理与模式识别的方法论,以实现轴承故障检测。该技术首先对滚动轴承的振动信号进行预处理,通过一系列先进的信号处理技术,例如 STFT、EMD 以及 WT,来优化信号的分析与特征提取。这些方法不仅提高了信号处理的精确度,还为后续的模式识别工作奠定了坚实的基础。通过应用这些技术,可以有效地从复杂的振动信号中提取出关键特征,进而实现对轴承故障的准确识别。

2. 轴承故障诊断 EMD 特征提取

小波变换是于 20 世纪后期兴起的应用数学分支,它允许从宏观到微观对信号进行多层次的观察。小波变换之所以能够对信号进行有效分析,主要是因为其具备多尺度特性,这种特性显著体现在其对信号进行局部化分析的能力上。小波包分析技术是对小波分析的扩展,是一种更为细致和深入的信号处理手段。与传统小波分析相比,它不仅能够将信号分解成低频成分和高频成分,还能对这些成分进行进一步的分解。通过小波包分解,信号被分解成多个频带的信号,每个频带都包含信号在特定频率范围内的能量信息。这种分解方式使得信号的每个组成部分都可以被单独研究和分析,有助于深入理解信号的特性,尤其是在故障诊断、图像处理、数据压缩等领域,小波包分析技术展现出了其价值和潜力。研究表明,输出信号在不同频带的能量变化特征能够反映不同的故障类型。基于这一发现,通过将小波包应用于原始信号的二层分解,并对分解后的小波包系数进行重构,可以得到各个节点的能量,这些能量值可以作为神经网络的输入参数。利用这种方法,可以迅速判断设备是否存在故障以及故障的类型,并可通过 MFS 故障模拟平台的实验数据来验证这种方法的有效性。采用 EMD 来分解信号,将其分解为一系列 IMF,这些 IMF 代表了不同频率成分的振动模式。利用 EMD 可以分离出由轴承不同故障导致的特定频率特征,如滚动体与滚道的接触异常、润滑不良或磨损等。在 EMD 的基础上,进一步计算每个 IMF 的统计特征,如均值、方差、峭度和熵等,这些特征能反映轴承工作状态的细微变化。还要考虑时域和频域的组合特征,如 Hilbert 变换得到的瞬时频率和功率谱密度,以捕捉信号的动态行为。特征提取是将复杂而丰富的振动信号转化为简洁、具有代表性的故障指示特征的过程,它为后续的神经网络模型训练提供了关键输入,对于提高轴承故障预测的精度和鲁棒性至关重要。

10.4.2　轴承 EMD-神经网络算法结合轴承故障预测

正常基线条件下的轴承数据见表 9-2,12k 驱动端轴承故障数据见表 9-3。这些数据以 .mat 格式储存,要使用 MATLAB 数据分析软件加载.mat格式文件,这些极限数据对于开发预测性维护策略和故障诊断算法至关重要,因为它们提供了一个参考点,可用于评估轴承是否按照预期运行。12k 驱动端轴承故障数据包括故障直径(fault diameter)、电机负载(hp)、近似电机转速(r/min)、内圈(inner race)、滚珠(ball)、外圈位置(position of outer race relative to load zone),表 10-7 中每一行代表一个特定的测试或测量案例,例如:第一行显示了一个故障直径为 0.007in 的案例,电机负载为 0hp,电动机转速为 1797r/min,内圈和滚珠的代码分别为 IR007_0 和B007_0,外圈位置在 3:00、6:00 和 12:00 的值分别为 OR007@6_0、OR007@3_0 和OR007@12_0。接下来的行显示了不同的电机负载和转速条件下的类似数据。文档中还包含了一些星号(*),这通常表示数据不可用或缺失。分析这些数据时,可以考虑以下几个方面:(1)不同故障直径的轴承如何影响电机负载和转速。(2)轴承故障位置(相对于负荷区域)如何影响测量值。(3)对于数据不完整、缺失的情况可能需要特别注意,因为它们可能影响分析结果。

1. 实验测试

在实验测试中,使用了一组正常数据和故障数据 a(正常数据:电机负载 3hp,电机转速大约 1730r/min,正常基线数据 100.mat。轴承故障数据 a:电机负载 3hp,电机转速大约 1730r/min,相对于负载区域外圈位置 OR014@_6 3。),以及另一组故障数据 b 和故障数据 c(故障数据 b:故障直径 0.014in,电机负载 2hp,电机转速大约1750r/min,相对于负载区域外圈位置 IR014_2。故障数据 c:故障直径0.021in,电机负载 0hp,电机转速大约 1797r/min,相对于负载区域外圈位置 B021_0),这些数据均可以在表 9-2、表 9-3 中查找出来。图 10-7 是用 EMD-神经网络方法测得正常数据和故障数据 a 的训练图。

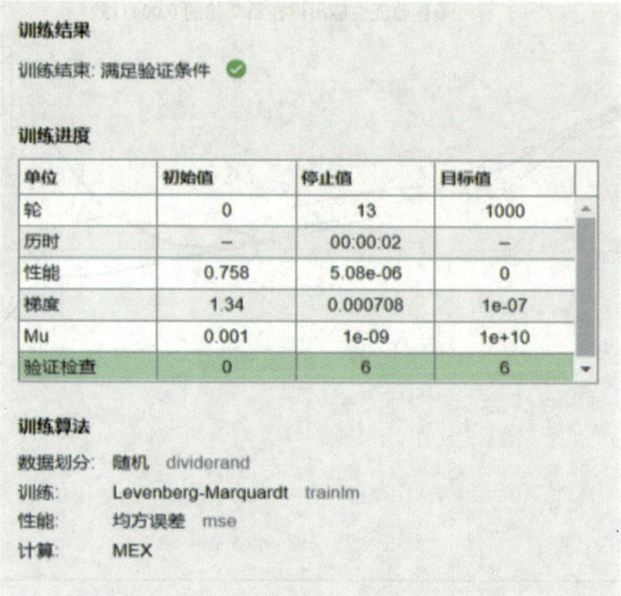

训练结果

训练结束: 满足验证条件

训练进度

单位	初始值	停止值	目标值
轮	0	13	1000
历时	–	00:00:02	–
性能	0.758	5.08e-06	0
梯度	1.34	0.000708	1e-07
Mu	0.001	1e-09	1e+10
验证检查	0	6	6

训练算法

数据划分: 随机 dividerand

训练: Levenberg-Marquardt trainlm

性能: 均方误差 mse

计算: MEX

图 10-7 EMD-神经网络方法的正常与故障训练图

2. 实验分析

由图 10-8 得出，最佳验证性能出现在第 7 轮的 0.0041132。由图 10-9 可以得出，用 EMD-神经网络方法对正常和驱动端轴承故障数据 a 进行分析，得到验证值 $R=0.99274$、测试值 $R=0.98648$、全部 $R=0.99091$。图 10-10 是 EMD-神经网络方法对轴承故障数据 b 与轴承故障数据 c 的测试图。由图 10-11 得出，最佳验证性能出现在第 5 轮的 0.063815。由图 10-12 得出，用 EMD-神经网络方法对故障与故障数据进行分析，得到验证值 $R=0.87425$，测试值 $R=0.87329$，全部 $R=0.83704$。EMD-神经网络方法中验证集、测试集和全部数据的 R 值显著高于仅有神经网络的，而且这些 R 值都接近 1，显示出更强的数据拟合能力和更高的预测准确性，并且 EMD 预处理的神经网络模型在拟合数据方面表现更好。EMD-神经网络的测试集上的 R 值非常接近验证集和全部数据上的 R 值，这表明模型在训练数据和未见数据上都有较好的一致性。并且 EMD-神经网络的 Mu 值明显小于仅有神经网络的，表明采用 EMD-神经网络方法是较合适的优化策略。并且可以看出，故障数据的神经网络回归结果明显不如正常数据和故障数据结合处理后的情况。

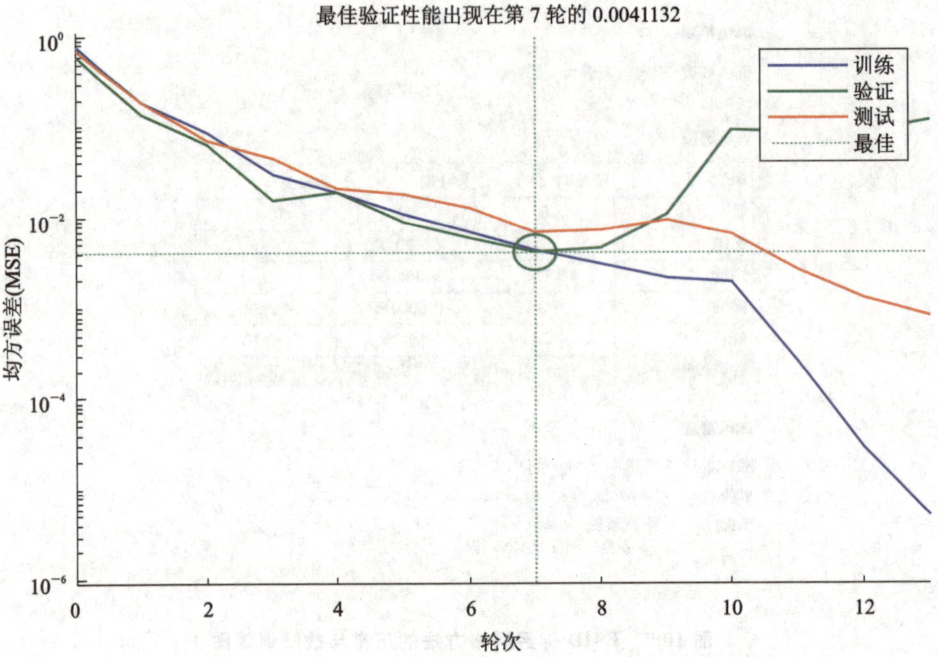

图 10-8　EMD-神经网络正常与故障性能图

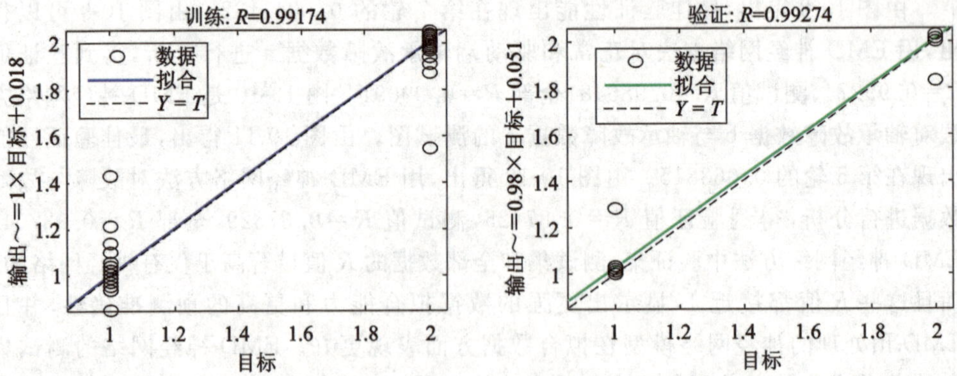

(a)　(b)

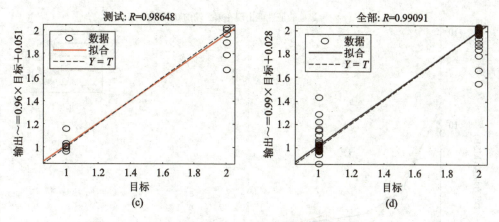

图 **10-9**　**EMD-神经网络方法的数据回归图**

（a）训练值 $R=0.99174$；（b）验证值 $R=0.99274$；（c）测试值 $R=0.98648$；（d）全部 $R=0.99091$

训练结果

训练结束：满足验证条件 ✔

训练进度

单位	初始值	停止值	目标值
轮	0	11	1000
历时	—	00:00:03	—
性能	1.57	0.0652	0
梯度	3.45	0.0274	1e-07
Mu	0.001	0.0001	1e+10
验证检查	0	6	6

训练算法

数据划分：	随机	dividerand
训练：	Levenberg-Marquardt	trainlm
性能：	均方误差	mse
计算：	MEX	

图 **10-10**　**EMD-神经网络方法的故障与故障数据训练图**

　　总之，结合 EMD 的神经网络模型在轴承故障预测方面的表现显著优于单一的神经网络模型，EMD 预处理步骤有效地提高了特征的质量，神经网络能够更加准确地学习和预测。此外，第二组的收敛速度可能慢于第一组，但最终获得了更高的预测准确性和更强的泛化能力。因此，对于轴承故障预测，采用 EMD-神经网络方法是一个更为有效和可靠的策略。

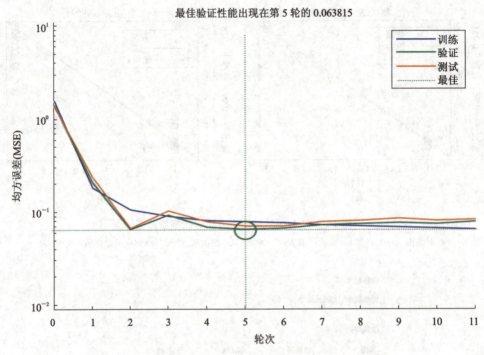

图 10-11　EMD-神经网络方法的故障与故障数据性能图

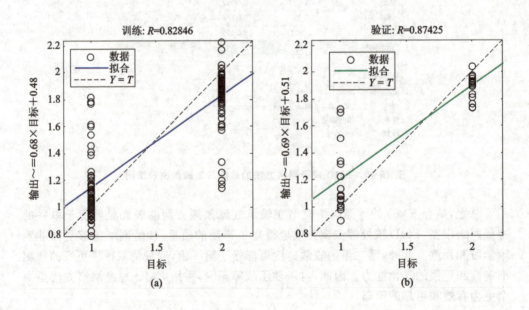

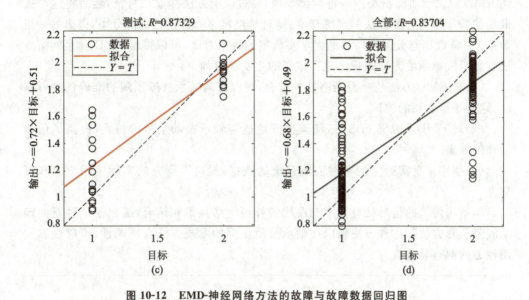

图 10-12 EMD-神经网络方法的故障与故障数据回归图
(a)训练值 $R=0.82846$；(b)验证值 $R=0.87425$；(c)测试值 $R=0.87329$；(d)全部 $R=0.83704$

10.5 本章小结

 轴承在机械设备运行中扮演着十分关键的角色,轴承是否健康直接决定了机械设备能否正常运行,所以轴承故障预测就显得十分重要。尤其是在当前的大环境下,针对传统方法的局限性,必须探索出更加高效和合适的方法来进行轴承故障预测。所以本章提出了 EMD 和神经网络相结合的方法来进行轴承故障预测,以提升轴承故障预测的准确性和可靠性。除了 EMD 分解,还可以利用小波包分解来解决一些频谱分析问题。神经网络能够应用于数据压缩、智能网管理、信息测量、模式识别、矢量编码、图像处理、通信网优化,以及自适应信号处理等方面。神经网络模仿了生物神经系统的架构和功能,构建了一个分布式并行处理的数学模型。该模型具备强大的并行处理能力、分布式存储功能、灵活的拓扑结构、高度的冗余性以及非线性计算能力。通过模拟动物神经网络及其行为特征,神经网络能够高效地处理大量数据,实现复杂信息的快速处理和存储。这种模型不仅提高了数据处理的效率,还增强了系统的稳定性和适应性。
 本章从轴承的振动信号入手,使用 MFS 故障模拟平台,得出一组数据 1,随后使用 EMD 对轴承故障振动信号进行预处理,通过以上方法提取出特征,然后将这个提取出的特征作为分类算法的训练样本,通过神经网络算法进行训练分类,得出另一组数据 2。将数据与美国凯斯西储大学实验室的数据对比,可以得出 EMD-神经网络方法在轴承故障预测方面表现出色。本章的主要结论如下:

(1)将 EMD 方法与神经网络技术结合,可以提高轴承故障预测的准确性和可靠性,这是一个新颖的尝试。

(2)对 EMD 方法进行改进,使其更好地适应轴承振动信号的特性,提高了信号处理的效果。

(3)使用来自实验室的实时监测系统的数据,提高了研究的实际应用价值和可靠性。

本章将传统的信号处理技术与现代的神经网络技术相结合,提出了一种新的轴承故障预测方法。这种方法较以往轴承故障预测的常规方法在准确性、可靠性和实用性方面都有显著提升。

11 基于正交小波变换和 DBSCAN 的轴承故障诊断

　　轴承作为机器设备中使用频率最高的部件,对机械设备生产起着至关重要的作用,它的运行状态往往会影响整体设备的各种性能。轴承发生破坏(失效),尤其是滚动轴承失效,会导致机械设备不能正常工作。一旦轴承在运行中出现故障,将会导致轴承出现不同程度的损伤,从而增加振动噪声和旋转阻力,导致整个系统出现运行故障。本章以振动信号的频谱为研究对象,对轴承故障进行在线诊断,通过实验室的机械故障综合模拟实验台和 MATLAB 软件,设计了一个在线诊断轴承故障的方法。

　　本章介绍了所用软件的使用方法和操作规程,重点学习 MATLAB 的小波工具箱与 MFS 故障模拟平台的使用。

　　在 MATLAB 中使用工具箱对采集到的信号进行相应的处理,并与在线检测系统的结果进行对比分析。

11.1　轴承故障信号采集方法与步骤

　　轴承是机器构造中的重要部件,根据工作性质,一般把轴承分为滑动轴承和滚动轴承两个大类。滚动摩擦小于滑动摩擦,而在日常生活与生产中,滚动轴承应用比较广泛,接下来的实验研究和分析仅面向滚动轴承。

　　滚动轴承是标准件,由内圈、外圈、滚动体与保持架四个零件部分固定构成。把内圈和轴颈进行装配,外圈和轴承座进行装配,当内圈和外圈发生相对转动时,滚动体会滚动。同时,保持架保证滚动体分布均匀。由于滚动轴承在工作时会遭受较大的冲击和载荷,所以它在运行一定时间后就会失效(失效形式主要有点蚀、塑性变形、磨损等),不能正常工作,从而导致机器不能正常运行,造成严重的经济损失,甚至会造成重大的安全事故。

11.1.1　轴承故障信号采集方法

　　首先,一定要保证在机械设备运行的情况下对轴承进行检测。轴承的作用就是支持机械正常运转,减小运转工作中的摩擦系数,只要任意一个运动部件出现故障,机械将会运转不平稳,并产生刺耳的噪声。利用振动信号可以分析机器设备状况,所以笔者将检测的重点放在机械的振动信号上。通过实验室的机械故障预测综合模拟实验台,采集机械运转中的一些参数,并对机械构件上某一点的位移、速度、频率等参数进行详细测量。机械设备上存在多个振动源,如轴承处、齿轮啮合处等,因此,在测量时,传感器安装方式不同会导致不同程度的偏差。在这次实验中,选择将传感器安装在联轴器处,然后对此处的信号进行采集和分析,就可以得到传感器所采集到的信号数据。将得到的数据导入 MATLAB 软件中后，使用小波工具箱（因为通过小波工具箱可以直观地判断出故障的类型）对数据进行分析处理，根据最后的结果判断机械设备的运行状况或者故障类型。

11.1.2　轴承故障信号采集步骤

在学习了实验室有关设备的操作规程和安全注意事项之后，就要正式开始做实验。所有步骤严格按照规定执行，不能擅自更改实验步骤，以确保人身安全，同时保证实验数据的精确性。由于实验设备贵重，所以在使用设备时必须报备，记录在案，然后登录特定的账号。在计算机桌面上找到 VibraQuest Pro 软件（图 11-1）并且双击进入，然后新建一个实验文件，将其设立在 root 根目录下，再在弹出界面上将文件命名为轴承实验，随后对其连接的传感器进行参数设置（图 11-2），最后确认参数设置是否准确。

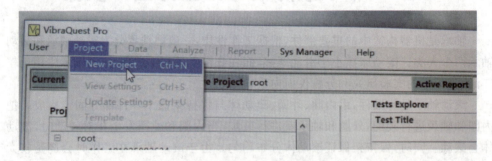

图 11-1　VibraQuest Pro 软件

参数设置完成后，开始对实验台进行调整，调整完成后，可以开始实验。首先安装正常滚动轴承和负载（大质量转子），安装传感器并连接到采集设备，然后运行实验台，点击软件界面后进入信号采集界面，先不要点击采集界面的任何按钮。先按电机控制器（图 11-3）上的红色按钮，然后按绿色启动按钮，电机开始工作，转速逐渐加快，等待显示转速稳定在 40r/s 左右时，点击软件界面左下角方框，并勾选，开始采集信号，出现等待进度条，当进度加载完成时，自动弹出保存文件按钮，选择合适的位置保存采集到的文件，点击操作板上红色按钮关闭电机，完成信号的采集。观察采集到的信号波形，判断是否存在故障特征频率（比如此刻 BPFO 频率应该是 $800\mathrm{Hz}\times3.048=2438\mathrm{Hz}$），正常轴承应该不会出现该特征频率，或者特征频率非常小而被淹没在噪声信号中。提高实验台转速至 1780r/min 和 3600r/min 并采集信号，观察在更高转速下轴承的信号表现。观察后停机，更换已知故障的各种轴承，启动实验台直至达到相同转速并采集信号，然后多次重复进行该项实验，选取最优数据。

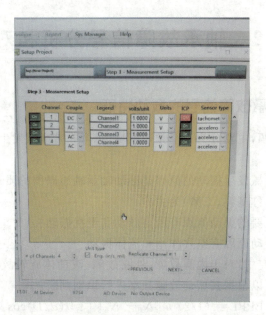

图 11-2 参数设置

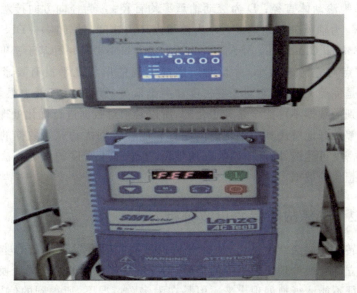

图 11-3 电机控制器

11.2　轴承故障信号分析和对比

11.2.1　轴承故障信号的振动特征

机械振动的振幅,主要分为三个频带区域,每个频带区域发生异常振动的原因不同,特征也不一样。

在低频区域,机械发生振动的原因是滚动轴承轴心周围的质量分布不均,振动频率一般以一倍频(又称基频、工频)为主。

在中频区域,主要的振动原因有压力脉动和干扰振动。

在高频区域,振动原因有空穴作用和流体振动。

在本次实验研究中,对于内圈故障、外圈故障、滚动体旋转故障这三种不同部件故障的滚动轴承,可以根据其振动故障频率进行识别判断。

内圈故障频率:$BPFI = (1/2) n |N_i - N_o| [1+(d/D)\cos\varphi]$

外圈故障频率:$BPFO = (1/2) n |N_o - N_i| [1-(d/D)\cos\varphi]$

滚动体旋转故障频率:$BSF = (1/2)(D/d) |N_o - N_i| [1-(d/D)\cos\varphi]$

式中,d 为滚动体直径;D 为滚动轴承平均直径;φ 为径向方向接触角;n 为滚动体数目;N_o 为轴承外环角速度;N_i 为轴承内环角速度(轴转速)。DBSCAN(Density-Based Spatial Clustering of Applicaitons with Noise)是一种基于密度的算法,数据中的噪声点对它影响很小,并且对所形成的簇的形状几乎没有要求,然而 DBSCAN 并不是完美无缺的,它对于变密度和高维聚类(簇)的处理能力很差。我们在实验中所得到的数据不可能全是理想化的,所以必须对数据进行优化处理,此时利用小波变换能够较好地解决其中出现的问题。它能够在不扰动原始数据的情况下,重新定义核心密度可达链,降低原始数据的维度,并对基于密度的聚类算法加以改进,从而得到理想化的数据。

11.2.2　轴承故障信号小波分析

机械运转时往往会产生冲击,故在分析机械故障时会发现大量的非平稳信号。通常应用傅立叶变换处理比较平稳的信号,傅立叶变换采用的是全局变换,信号的时域和频域特征不能清晰地展现出来。但是在大多数情况下,所得到的信号往往都是非平稳信号,小波变换正好能够较好地对非平稳信号进行分析,能在时域和频域对信号进行分析处理,很好地满足实践要求。

滚动轴承是机械设备的主要部件,一般内圈会与转动轴直接连接,工作时会随着转动轴一起旋转。在滚动轴承运行中,受轴承本身的构造特点和外界因素的影响,轴承会产生点蚀等故障。在上述故障的影响下,当承受一定的负载时,滚动轴承高速旋转就会产生振动。这些故障振动信号,绝大多数是非平稳信号,而且这些故障信号振幅比较大,会覆盖滚动轴承的固有频率,若不进行特征变换则很难从频率谱中观察到。小波分析能分析非平稳信号,能够同时分析信号在时域和频域中的特性,并对故障信号进行分解重构,有助于判断故障的类型。

在得到了轴承的数据相关后,就要开始进行处理,首先是利用 MATLAB 中的小波工具箱(滤波前后信号波形显示和频谱分析的一个工具箱)对数据进行处理。其中小波工具箱可以通过改变参数,使得小波基的尺度和时间发生变化,同时小波分析的频率中心也会随之改变,能够满足快变信号的时间分辨率要高、慢变信号的频率分辨率要高的要求。利用 MATLAB 提供的小波工具箱,将小波变换与频域段的能量熵用于特征值提取。由于数据量较大,所以只选取了正常和内圈故障两种情况进行分析研究。另外,本章的研究主要面向 DBSCAN,该算法有一个显著的优点,那就是噪声对实验结果几乎没有影响,所以就不用对初始数据进行降噪处理了。

在做实验的时候,对每种故障情况都进行了数据采集,总共采集了四组数据,每组数据都有 5 个通道,每个通道都有 131072 个数据。在此次研究分析中,选取了正常和内圈故障两种情况下的第四通道部分数据,运用能量熵方式提取特征值。能量熵方式就是观察信号在不同频域中的能量分布。特征提取后的数据见图 11-4、图 11-5(部分)。

	1	2	3	4
1	78.6600	8.4800		
2	40.0800	13.4500		
3	65.1100	13.1800		
4	60.0900	15.9700		
5	67.2200	11.6700		
6	64.0600	14.8200		
7	39.0100	12.5300		
8	78.4900	8.7800		
9	66.0200	11.2500		
10	65.6400	10.3700		
11	56.9900	12.9100		
12	60.9600	12.7300		
13	61.2700	10.4600		
14	41.0300	14.6700		
15	46.7300	13.6000		
16	56.9300	9.7500		
17	61.9700	16.2300		
18	66.6400	12.1000		
19	44.6600	13.4100		
20	59.0300	16.6000		
21	52.1500	18.3800		
22	65.8000	14.1400		
23	49.1100	13.8600		
24	73.5500	11.1700		
25	57.9200	10.1400		

	1	2	3	4
1	84.2800	4.3600		
2	91.3000	2.2000		
3	79.2200	5.0200		
4	83.7600	4.2700		
5	88.0300	3.4100		
6	90.2900	2.7100		
7	88.1700	3.2500		
8	83.2100	4.8400		
9	82.8400	4.0800		
10	85.6700	4.1000		
11	86.7200	3.6200		
12	84.6200	4.0900		
13	80.5100	5.5400		
14	83.2000	4.7400		
15	88.0500	3.4400		
16	87.5000	3.5200		
17	85.9600	3.9200		
18	82.7300	4.6500		
19	82.4800	5.3300		
20	84.1300	4.2500		
21	88.3000	3.0100		
22	81.6700	5.0500		
23	84.1500	4.5300		
24	84.2800	4.8000		
25	78.2800	5.8200		

图 11-4　内圈故障数据　　　图 11-5　正常情况数据

227

11.3 DBSCAN 算法分析

11.3.1 DBSCAN 算法原理

DBSCAN 算法是基于密度的聚类算法,其中密度通过特定点的 Eps(给定的半径)半径之内的点数(包括本身)进行估计,基于此,可以将区域中的点分为三类,分别是核心点、边界点、噪声点。

核心点:在 Eps 半径之内含有的点数超过 MinPts。所有点均在簇内。

边界点:在 Eps 半径之内含有的点数小于 MinPts。

噪声点:不是核心点或边界点的点。

密度直达:在给定集合中,如果 a 在 b(核心对象)的 Eps 邻域内,则认为对象 a 是从对象 b 处出发可直接到达的。

密度可达:假如存在一个对象链 $S_1, S_2, \cdots, S_n, S_1 = D, S_2 = S_1, \cdots, S_n = S_{n-1}$,而且是关于 Eps 和 MinPts 直接密度可达的,则认为对象 S_n 是从对象 D 处出发关于 Eps 和 MinPts 密度可达的。

密度相连:在一个集合中存在一个核心对象 B,而对象 m 和对象 n 都是从对象 B 处出发关于 Eps 和 MinPts 密度可达的,就可以得到对象 m 和对象 n 是关于 Eps 和 MinPts 密度相连的。

DBSCAN 算法的聚类过程:在一个集合中,随机找一个核心对象 A(核心对象是随机找到的,并没有特殊要求)。以 A 为核心建立一个簇,这个簇中用箭头标记相连的点,这些点是可以直接密度可达的。DBSCAN 通过检查数据中每一个点的 Eps 邻域来寻找簇,如果该点的 Eps 邻域包含的点数超过 MinPts,就会形成一个新的簇。然后对集合中直接密度可达的对象进行考察,会发现点 B 也是一个核心对象,点 B 的直接密度可达对象能够延拓到箭头标记相连的点,这时就能得到两个簇。DBSCAN 迭代聚集所有可以从核心对象直接密度可达的对象,在这个过程中有时会有一些密度可达簇发生交并。如果在这两个簇中能够找到密度相连的对象,那么就可以将两个簇合并形成一个聚类,依次循环该过程,直到没有新的点添加到簇中,该过程结束。最后会形成两个阴影区域聚类。

11.3.2 DBSCAN 算法的 MATLAB 实践分析

在 DBSCAN 的 MATLAB 函数实现过程中调用了三个子函数,即 dbscan. m、

CalDistance、Epsilon.m。dbscan.m(图 11-6、图 11-7)是核心代码,这个代码的作用是完成聚类功能;CalDistance(图 11-8)是用来计算集合中任意两个点之间的长度,在代码中所用的距离并不是广义上的距离,而是欧氏距离;Epsilon.m(图 11-9)主要是用来确定参数 Eps(每次拓展区域的半径)。

```
[m,n] = size(data);        %得到数据的大小
x=[(1:m)',data];
[m,n] = size(x);           %重新计算数据集的大小
types = zeros(1,m);        %用于区分核心点1、边界点0和噪声点-1
dealed = zeros(m,1);%用于判断该点是否处理过, 0表示未通过
dis = calDistance(x(:,2:n));
number = 1;                %用于标记类
%对每一个点进行处理
for i = 1:m
    %找到未处理的点
    if dealed(i) == 0
        xTemp = x(i,:);
        D = dis(i,:);
        %取得第i个点到其他所有点的距离
        ind = find(D <= Eps);%找到半径Eps内的所有点
        %区分点的类型
        %边界点
        if length(ind) > 1 && length(ind) < MinPts + 1
            types(i) = 0;
            class(i) = 0;
        end
        % 噪声点
        if length(ind) == 1  %和自己的距离
```

图 11-6　dbscan.m(部分)1

　　首先根据这三个子函数,对西安交通大学公开数据进行 DBSCAN 的 MATLAB 实践,与采集到的数据进行对比,结果如图 11-10～图 11-12 所示。

　　如图 11-10 所示,真实结果与预期几乎一致,两类数据被很好地区分开来。

　　如图 11-11 所示,由于 MinPts 较大,真实结果无法达到预期,两类数据不能被区分开。

　　如图 11-12 所示,数据被分成了四个类别,真实结果与预期不相符。

　　在对采集到的原始数据(轴承正常和轴承内圈故障数据)进行小波变换后,可以提取各个尺度上的局部细节信号,然后用小波分解局部细节信号,随着分解层数的增多,非平稳信号转化为平稳信号,信号的周期性增强,有效信号丢失减少。

```
%最后处理所有未分类的点为噪声点
ind_2= find(class == 0);
class(ind_2) = -1;
types(ind_2) = -1;
%画出最终的聚类图
%原始类别图
figure('Position', [20 20 600 300]);
subplot(121);
scatter(data(1:200, 1), data(1:200, 2), 15, 'ro', 'filled')
hold on
scatter(data(201:end, 1), data(201:end, 2), 15, 'bo', 'filled')
title('真实的聚类结果');
subplot(122);
hold on
for i = 1:m
    if class(i) == -1
        plot(data(i, 1), data(i, 2), '.r');
    elseif class(i) == 1
        if types(i) == 1
            plot(data(i, 1), data(i, 2), '+b');
        else
            plot(data(i, 1), data(i, 2), '.b');
        end
    elseif class(i) == 2
        if types(i) == 1
            plot(data(i, 1), data(i, 2), '+g');
```

图 11-7 dbscan. m(部分)2

将数据导入 MATLAB 后,运行主程序,然后调用三个子函数,得到 DBSCAN 算法聚类。

图 11-13 中红色点代表噪声,蓝色圆点是边界点,蓝色和绿色的图形分别表示两个类,由于 DBSCAN 是随机聚集形成聚类的,所以出现了一点误差,但是仍然可以看出数据最后还是被成功分成了两类,基本上完成了实验目标。

当 MinPts = 8 时,从图 11-14 中可以观测到,DBSCAN 算法并没有把这两类数据分开。

当 MinPts = 2 时,从图 11-15 中可以观测到,这时出现了 4 个类别,和实际严重不符。

```
%% 计算矩阵中点与点之间的距离
function [ dis ] = calDistance( x )
    [m,n] = size(x);
    dis = zeros(m,m);

    for i = 1:m
        for j = i:m
            %计算点i和点j之间的欧式距离
            tmp =0;
            for k = 1:n
                tmp = tmp+(x(i,k)-x(j,k)).^2;
            end
            dis(i,j) = sqrt(tmp);
            dis(j,i) = dis(i,j);
        end
    end
end
```

图 11-8　CalDistance

```
function [Eps] = epsilon(x,k)
%根据数据计算DBSCAN算法的邻域半径
%输入:
%x-data matrix (m,n);m-objects,n-variables
%k-number of objects in a neighborhood of an object
%输出:
%  radius calculate by given MinPts and datase
[m,n] = size(x);
Eps = ((prod(max(x)-min(x))*k*gamma(.5*n+1))/(m*sqrt(pi.^n))).^(1/n);
```

图 11-9　Epsilon. m

　　由上述实验结果可知,DBSCAN 算法对于参数 MinPts 的选取很敏感。如果选择的 MinPts 不合适,就不能将两类数据区分开来,DBSCAB 算法失效,不能实现聚类。

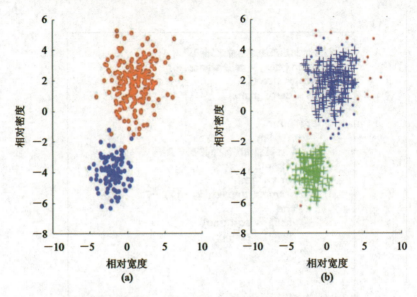

图 11-10 DBSCAN(MinPts = 4)预测与真实结果对比(一)

(a)真实的聚类结果;(b)DBSCAN 算法(MinPts = 4)

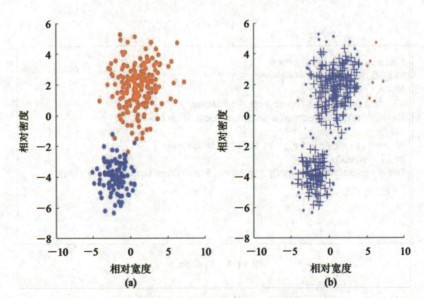

图 11-11 DBSCAN(MinPts = 8)预测与真实结果对比(一)

(a)真实的聚类结果;(b)DBSCAN 算法(MinPts = 8)

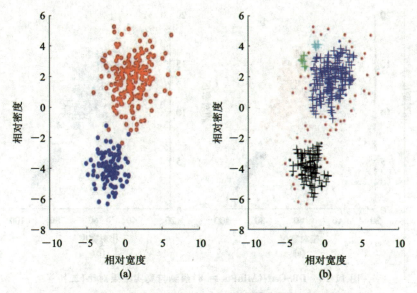

图 11-12   DBSCAN(MinPts = 2)预测与真实结果对比(一)

(a)真实的聚类结果;(b)DBSCAN 算法(MinPts = 2)

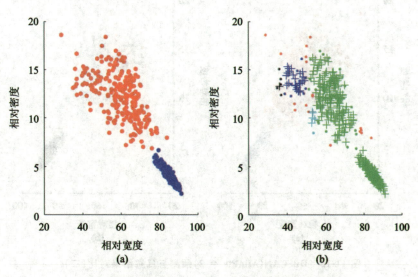

图 11-13   DBSCAN(MinPts = 4)预测与真实结果对比(二)

(a)真实的聚类结果;(b)DBSCAN 算法(MinPts = 4)

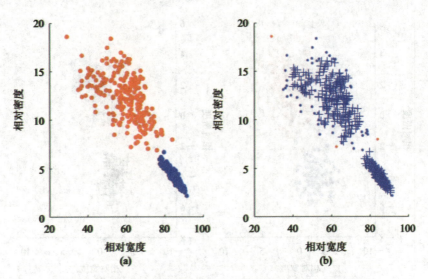

图 11-14　DBSCAN(MinPts = 8)预测与真实结果对比(二)

(a)真实的聚类结果；(b)DBSCAN 算法(MinPts = 8)

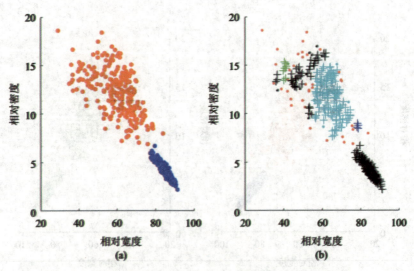

图 11-15　DBSCAN(MinPts = 2)预测与真实结果对比(二)

(a)真实的聚类结果；(b)DBSCAN 算法(MinPts = 2)

11.3.3　DBSCAN 算法的优缺点

DBSCAN 算法是基于密度的聚类算法,它所形成的聚类空间中一定区域内包含的对象数目大于或等于一个给定阈值。该算法是直接针对整个数据库,既有许多优点,也有比较明显的缺点。

优点如下:

(1)DBSCAN 算法聚类速度快。

(2)DBSCAN 算法相比于 K-means 算法(形成的聚类结果更加倾向于球类),能够形成任意形态的空间聚类。

(3)DBSCAN 算法是基于密度的聚类算法,而噪声点一般都是异常点,因此它对噪声数据不敏感。所以在聚类过程中,噪声点会被排除在簇外,即该算法能够非常有效地处理噪声点。而对于其他基于距离的算法,噪声点会在聚类形成过程中产生干扰,从而导致聚类效果不理想,偏离应达到的效果。

(4)DBSCAN 算法相较于 K-means 算法,不需要专门输入要划分的聚类个数。

(5)DBSCAN 算法在输入时,可以过滤噪声中的参数。

(6)类簇的形状没有偏向性,是完全随机形成的。

缺点如下:

(1)需要处理的数据量偏多时,计算密度单元的计算复杂度大。

(2)当空间聚类分布密度集中或聚类间距很大时,该算法形成的聚类的质量会很差。Eps 值是确定的,然而簇内距离是不确定的,一些簇内距离较近,一些簇内距离较远。如果 Eps 值偏小,距离比较远的点有可能被误认为是边界点。

11.3.4　DBSCAN 算法改进的可能性

由于西安交通大学公开数据量较少,所以 DBSCAN 能够很好地实现聚类,达到预期。而笔者所在的课题组在机械故障预测综合模拟实验台采集的数据量比较多,因此 DBSCAN 不能满足实际要求。针对这种情况,笔者所在的课题组提出了几种 DBSCAN 算法改进的可能性。

1. DBSCAN 算法并行

根据 DBSCAN 算法的缺点,可以选择并行算法,即把数据集合划分为均匀分布的网格,对每个单独划分的数据进行单独处理,并将其分配到多个处理机器中进行聚类。这样不仅能摆脱各种变量的影响,提高聚类质量,还能降低 DBSCAN 对配置的要求,提高聚类效率。

2. DBSCAN 算法与 K-means 算法的结合

首先,采用 K-means 算法基于遗传方式的聚类方法。在使用基于遗传的算法后,可以获得较好的初始聚类中心。然后据此来划分数据的集合。对于处理划分好的数据集合,应该分别计算每个数据集的参数 MinPts,再使用 DBSCAN 算法对各个部分进行空间聚类,最后把每一个数据集合的聚类结果进行汇总。

由于每个数据集合的参数是分别选取的,所以该方法对密度分散或聚类间距大的空间聚类适应性较强,产生的聚类质量更好。

11.4　本章小结

本章研究了正交小波变换-DBSCAN 的轴承故障诊断,在实验分析中,通过使用 MFS 故障模拟平台采集大量数据,将采集到的数据使用正交小波变换-DBSCAN 模型进行分析,实现了轴承故障诊断。利用基于正交小波变换-DBSCAN 的轴承故障诊断模型,成功对数据进行分类,解决了故障诊断的问题,圆满完成了数据采集和故障诊断工作,并将采集得到的数据构成数据库,便于以后对故障进行诊断。

本章在运用 DBSCAN 算法进行研究分析时发现,该算法对于配置内存和处理器的要求较高,而且聚类形成的过程中具有很强的随机性,基于此,笔者所在的课题组通过讨论发现,把 K-means 算法和 DBSCAN 算法结合起来可以在很大程度上解决这些问题,得到一个比较理想的结果。

12　基于小波包集成学习方法（AdaBoost）的轴承故障诊断

　　针对不同诊断模型,首先需要确定特征维度,也就是特征参数,在开始特征提取前,往往需要对信号做一些预处理,如滤波、去均值、去异常等。然后综合分析各种信号特征对设备状态的影响,确定故障位置和故障类型。

　　随着人工智能时代的到来和工业的不断发展,越来越多的企业致力于开展不同工业领域及不同设备使用场景下的机械故障特征提取算法的研究和应用。集成学习方法是当前机器学习中一个应用较为广泛的算法,有着广阔的发展前景。

　　集成学习诊断技术与科学技术融合是轴承故障诊断技术未来发展的方向。随着计算机领域研究的不断深入和人工智能的飞速发展,机械设备必然朝着精密化、自动化、智能化方向发展,而机械故障诊断技术为了更好地被应用于工作实践,就要顺应机械设备发展的趋势。比如:与信号处理的最新方法相结合,技术的发展使传统信号分析技术实现突破。在故障诊断中,可以使用不同的传感器对装置进行全方位监控,并通过适当的方式对信息进行处理,例如使用神经网络。将诊断技术与智能方法结合,后者包括了神经网络、专家系统、模糊逻辑等。在自动化技术快速发展的同时,工业生产的安全性问题以及设备运行的稳定性问题逐渐得到了相关从业人员的重视。设计并制造针对机械设备检测和诊断的专门仪器,用以代替过去落后的技术设备,也是机械故障诊断领域发展的重要趋势。

12.1　集成学习方法的理论分析与研究

　　集成学习(Ensemble Learning)是机器学习领域和数据挖掘领域使用相当广泛的算法,其基本原理是基于原始数据分布,构建分类器。随着传感器、数据采集器等技术不断发展,基于集成学习的轴承故障诊断技术已经比较成熟和完善。

12.1.1　集成学习算法理论推导

　　图 12-1 为集成学习算法的分类器之间的关系,数学推导的大致过程如下,首先,需要一个训练数据集:

$$T = \{(\boldsymbol{X}_1, Y_1), (\boldsymbol{X}_2, Y_2), \cdots, (\boldsymbol{X}_N, Y_N)\} \tag{12-1}$$

　　未开始训练前,训练数据的权值为分布样本的倒数:

$$D_{1(i)} = \frac{1}{N}, \quad i = 1, 2, \cdots, N \tag{12-2}$$

　　应用集成学习算法对 $G_m(x)$ 进行一系列计算得出它的系数,也就是每个弱分类器的权重:

$$\alpha_m = \frac{1}{2}\ln\frac{1-e_m}{e_m} \tag{12-3}$$

式中，α_m 为权重系数，用于在训练过程中调整样本权重反映分类误差，并作为规范化因子的一部分来确保权值分布的合理性；e_m 为分类误差率，可以由下式表示：

$$e_m = \sum_{i=1}^{N} w_{mi} I(G_m(\boldsymbol{x}_i) \neq y_i) \tag{12-4}$$

更新训练数据集的权值分布，计算如下：

$$\begin{cases} D_{m+1} = (w_{m+1,1}, w_{m+1,2}, \cdots, w_{m+1,i}, \cdots, w_{m+1,N}) \\ w_{m+1,i} = \frac{w_{mi}}{Z_m}\exp(-\alpha_m y_i G_m(\boldsymbol{x}_i)), \quad i=1,2,\cdots,N \end{cases} \tag{12-5}$$

式中，Z_m 为规范化因子，其表达式为

$$Z_m = \sum_{i=1}^{N} w_{mi}\exp(-\alpha_m y_i G_m(\boldsymbol{x}_i)) \tag{12-6}$$

它使 D_{m+1} 成为一个概率分布。构建基本分类器的线性组合为：

$$F(\boldsymbol{x}) = \sum_{m=1}^{M} \alpha_m G_m(\boldsymbol{x}) \tag{12-7}$$

得到最终分类器：

$$G(\boldsymbol{x}) = \mathrm{sgn}(F(\boldsymbol{x})) = \mathrm{sgn}\Big(\sum_{m=1}^{M} \alpha_m G_m(\boldsymbol{x})\Big) \tag{12-8}$$

这大致就是 AdaBoost 算法的理论推导过程。

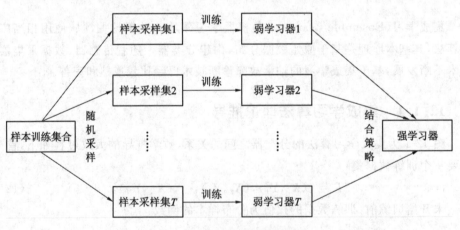

图 12-1 分类器之间的关系

12.1.2 AdaBoost 算法的实现步骤

AdaBoost 迭代算法的步骤如下：

首先,对训练数据进行权重分配。在没有开始训练之前,每个数据都被赋予一样的权值。

$$D_{1(i)} = \frac{1}{N}, \quad i = 1, 2, \cdots, S$$

接着,进行 m 次迭代,用 $G(x)$ 表示当前 m 次迭代的分类器。分类器之间的关系见图 12-1。E_m 表示当前的分类误差,α_m 表示加和系数。

具体求加和系数的步骤如下:

首先,将初始分配具有同样权值分布的 D_m 训练数据集代入训练模型学习,取得基础分类器:

$$G_m(\boldsymbol{x}): \chi \to \{-1, +1\}$$

然后利用基本分类器进行分类,统计其中分类错误的样本,计算 $G_m(\boldsymbol{x})$,并在训练数据集上将其带入下式的分类错误比率:

$$e_m = \sum_{i=1}^{N} w_{mi} I(G_m(\boldsymbol{x}_i) \neq y_i)$$

计算 $G_m(\boldsymbol{x})$ 所得到的系数,在这里 α_m 表示为

$$\alpha_m = \frac{1}{2} \ln \frac{1 - e_m}{e_m}$$

经过上述的计算,可知 $e_m \leqslant 1/2, \alpha_m \geqslant 0$ 时,α_m 自身的大小与训练模型的准确率密切相关。其伴随着 e_m 的变小而变大,两者成反比,也就是说,集成算法中分类误差率越小的弱分类器在最终分类器中所占的比重越大,它的作用也就越大。在第一次迭代结束后将新得到的权重分布代入下一次的迭代当中计算出新的准确率。下一轮迭代的式子如下:

$$\begin{cases} D_{m+1} = (w_{m+1,1}, w_{m+1,2}, \cdots, w_{m+1,i}, \cdots, w_{m+1,N}) \\ w_{m+1,i} = \frac{w_{mi}}{Z_m} \exp(-\alpha_m y_i G_m(\boldsymbol{x}_i)), \quad i = 1, 2, \cdots, N \end{cases}$$

其中:

$$Z_m = \sum_{i=1}^{N} w_{mi} \exp(-\alpha_m y_i G_m(\boldsymbol{x}_i))$$

随着 AdaBoost 算法不断迭代,同时弱分类器 $G_m(\boldsymbol{x})$ 分类错误的样本的权值增大,被分错的样本的权重将越来越大。组合各个弱分类器为:

$$F(\boldsymbol{x}) = \sum_{m=1}^{M} \alpha_m G_m(\boldsymbol{x})$$

其最终分类器为：

$$G(x) = \mathrm{sgn}(F(x)) = \mathrm{sgn}\left(\sum_{m=1}^{M} \alpha_m G_m(x)\right)$$

12.1.3 几种经典的集成学习方法

几种经典的集成学习方法如下：

(1)Bagging 方法。Bagging 算法是集成学习算法中运用较多的算法，其可与其他分类、回归算法结合，在提高准确率、稳定性的同时，通过减小结果的方差，避免过拟合的发生。它的训练数据集的选取方法与其他几种集成学习算法不同。它的训练数据集是有放回地选择训练样本，每个样本之间互不干预。它们的选取是均匀的，机会是相等的。

(2)Boosting 方法。Boosting 方法是一种迭代的集成学习方法，它的弱分类器之间的关系是相互依赖的，也就是说，每一个分类器都在上一个分类器的基础上不断优化，每一次迭代后都需要调整训练数据的权重分布，在达到设定的迭代次数之后，将分类效果较差的模型合并，从而使分类效果接近强分类模型。

Bagging 方法，就是数学中有放回的取样，每个样本被选中的概率是不变的，也就是说，在训练中样本自身所占的权重是一致的，并且它的弱训练器可以同时生成，共同对数据集进行训练。相比于 Bagging 方法，Boosting 方法是无放回取样。虽然它的数据集是不变的，但随着一次次的分类，被分错的样本所占权重越来越大，而被分对的样本所占权重越来越小。除此之外，Boosting 方法的分类器都是基于上一次的迭代而不断更新变化的。

现有方法诊断能力较弱，并且需要满足一定的条件，要实现诊断目标就需要结合不同的方法，实现优势互补。集成学习方法在这方面具有相当大的优势，且不需要构建比较复杂的模型。因此，集成学习方法在轴承故障检测诊断中有相当广阔的应用前景。

12.2 轴承振动故障数据提取系统

在传动系统中滚动轴承是十分重要的部件，它决定着设备的使用寿命。轴承的工作环境往往十分恶劣，对其性能要求比较高，因此要保证轴承具备可靠、平稳、耐磨等良好的性能。轴承的转速越高，预期的寿命越短。当轴承的转子承受不平衡、不对中、松动等其他动载荷时，轴承的实际寿命可能更短。因此研究轴承故障诊断技术十分必要。

主要的实验设备是机械故障综合模拟实验台，操作简单、方便智能，有助于学习和了解机械故障诊断技术方面的相关知识,可以模拟轴承常见的故障并采集相应的故障参数。图 12-2 为 MFS-MG 机械故障综合模拟实验平台,图 12-3 为机械故障综合模拟实验平台的结构示意图。

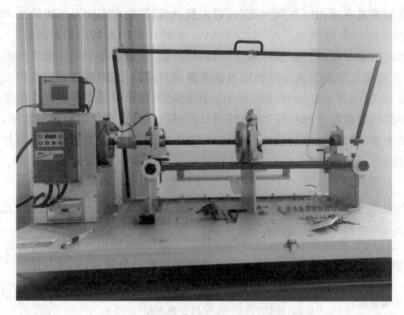

图 12-2　实验平台实物图

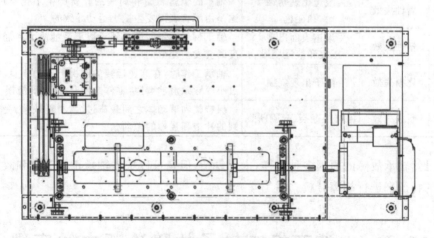

图 12-3　机械故障综合模拟实验平台结构示意图

随着现代科技的发展,在轴承诊断领域,传统的依靠一线专家自身的经验来诊断轴承故障这一模式已经无法满足当前社会的发展需求,现如今对轴承的故障诊断更多的是依据先进的检测技术和信号分析技术以及结合计算机和人工智能的诊断技术。效率和准确率相比以往大大提高,它主要是依靠轴承自身的振动特点来进行故障分析。

轴承由四部分组成。轴承外圈主要是承受支撑滚动体的作用;轴承内圈与轴相互配合,在轴承工作时为滚动体提供滚动支撑;保持架是用来固定和引导滚动体运动的重要部件;滚动体主要起传动的作用。因此对于轴承来说,每一个部件都不可或缺,十分重要,其中一个部件发生损坏会引起连锁反应,从而引起轴承的故障,缩短轴承的使用寿命。因此轴承的故障分析主要是基于这几个部件。轴承常见失效形式如表 12-1 所示。

表 12-1 轴承常见失效形式

序号	失效形式	失效现象	原因分析
1	疲劳失效	滚道和滚动体表面出现剥落	在长时间的工作运转中滚动体和滚道接触的局部不断受到应力,产生接触疲劳
2	磨损失效	滚道表面出现划伤和凹坑	相互摩擦的两个表面有微小的突起,在润滑条件不足时出现磨损
3	腐蚀失效	滚道出现锈蚀和变色	轴承的金属表面和周围的介质产生了化学反应,这是由配合表面发生微小运动导致的
4	塑性失效	滚道表面出现压痕和滚道变形	轴承材料在不能满足轴承所承受的应力和屈服强度时会发生变形
5	烧损失效	滚子出现烧损	轴承工作时,在高速运转的情况下润滑不良、游隙过小等导致滑动摩擦,零件急剧升温,出现烧损
6	断裂失效	保持架断裂、套圈断裂	保持架和滚动体之间载荷过大,材料缺陷,受到过载的冲击和强烈的振动

虽然轴承故障的原因多种多样,十分复杂,但是可以根据轴承正常工作和故障时振动的特征来进行故障分析。

12.3 小波变换在轴承故障诊断中的应用

为解决传统分析方法识别轴承早期故障存在的难题,现代信号分析方法被开发出来,主要包括小波分析、数学形态分析、非线性时间序列分析等方法。利用这些方法,可以实现对轴承早期故障的识别、分类、预测等。其他分析信号的工具,例如傅立叶变换,不能确定信号是在哪个时间段发生变化的,只能够分析周期性变化的信号对,难以分析突变的信号。而利用小波包和小波变换这两种分析方法可以将信号分解到时间-频率域,非常适用于非平稳信号分析,弥补了傅立叶分析的不足。

小波包分解是对小波变换的进一步优化,它在对原始信号进行分解时,既对低频信号进行分解,也对高频信号进行分解。而小波分析是只对低频信号进行分解,不再对高频信号进行分解。图 12-4 为小波包分解的基本步骤。

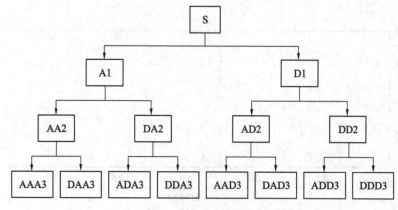

图 12-4　小波包分解基本步骤

图 12-4 的递推关系可以用下式表述:

$$
\begin{cases}
\mu_{2n}^{L-1}(t) = \sum_k h_k \mu_n^L(t-k), & \mu_n^L(t-k) = \mu_n^{L-1}(2t-k) \\
\mu_{2n+1}^{L-1}(t) = \sum_k g_k \mu_n^L(t-k), & \mu_n^L(t-k) = \mu_n^{L-1}(2t-k)
\end{cases}
\tag{12-9}
$$

即:

$$
\begin{cases}
\mu_{2n}^L(t) = \sum_k h_k \mu_n^{L-1}(2t-k) \\
\mu_{2n+1}^L(t) = \sum_k g_k \mu_n^{L-1}(2t-k)
\end{cases}
$$

其中,h_k,g_k 的定义同小波变换,即为小波包。

12.3.1　小波包中几种常用的小波函数

运用小波包和小波变换进行轴承故障诊断时,选取合适的小波基函数十分必要。当选择完小波基函数后,可以调整小波分解的层数和相关的参数,如小波伸缩和平移的参数。通过不断调优选择参数,最终可以得到一个较满意的结果。

常用的几类小波函数包括:

(1)Haar 小波。

Haar 一般音译为"哈尔"。Haar 函数是小波分析中最常用的小波函数,也是最简单的小波函数,它主要是对图片中的相关数据进行分析,它是支撑域在 $x \in [0,1]$ 范围内的单个矩形波。但是 Haar 小波对非平稳的离散信号的分解效果不佳,它不能捕捉时变信号的局部信号,因此作为基本小波性能不是特别好,它的时频图如图 12-5 所示。

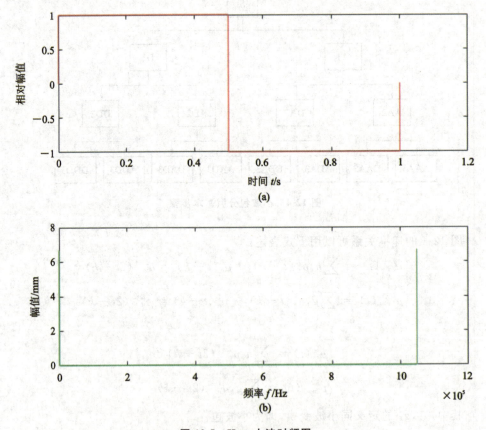

图 12-5 Harr 小波时频图

(a)Haar 小波函数时域波形;(b)Haar 小波函数频域波形

其定义如下:

$$\psi(x) = \begin{cases} 1, & 0 \leqslant x < 1/2 \\ -1, & 1/2 \leqslant x < 1 \\ 0, & 其他 \end{cases}$$

(2)Morlet 小波。

基于 Morlet 小波的时频分析,是将观测信号与一种具有一定特征的特殊函数进行卷积运算。函数可以有多种基本形式,但在 Morlet 小波情况下是基于复正弦-高斯函数的,其时频图如图 12-6 所示。

时域:

$$\varphi(t) = \mathrm{e}^{-t^2/2} \mathrm{e}^{\mathrm{j}\omega_0 t}, \quad \omega_0 \geqslant 5$$

频域:

$$\psi(\omega) = \sqrt{2\pi} \mathrm{e}^{-\frac{(\omega - \omega_0)^2}{2}}$$

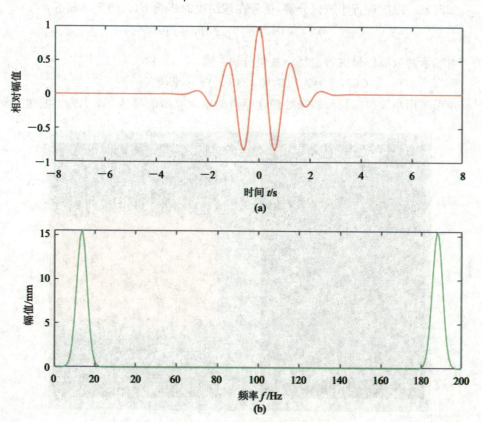

图 12-6 Morlet 小波时频图

(a)Morlet 小波函数时域波形;(b)Morlet 小波函数频域波形

12.3.2 基于小波包能量特征向量对轴承故障数据信号的特征提取

首先需要对轴承故障数据进行预处理,因为轴承故障数据中需要分析的数据往往都含有大量噪声,很难从高频的噪声中分析出原始信号中所蕴含的故障信息。其次,当利用小波包来提取并构造小波包频带能量特征时,直接应用小波包分解对轴承进行故障分析是十分困难的,最后提取出来的数据往往不够理想,不能反映出所需要的特征从而影响下一步的特征参数提取。因此需要对数据进行预处理,如去噪归一化等,避免选取无效的数据。最后应用小波包分解对其不断细化,将藏在信号中的信息提取出来,利用小波包分解提取的频率段的能量称为小波包能量谱或能量特征向量。小波包能量特征向量的提取步骤如下:

归一化的特征向量为:

$$T = [E(J,0)/E, E(J,1)/E, \cdots, E(J,2^j-1)/E]$$

如对某一层次进行小波包分解,信号在该层次的能量 $E(j,n)$ 定义如下:

$$E(j,n) = \sum_{k \in z} [p_s(n,j,k)]^2$$

对轴承的故障信号进行三层小波包分解:

$$C(3,s) = [E(3,0), E(3,1), \cdots, E(3,2^{j-1})]$$

本书采用小波包三层分解来处理含噪声的轴承故障信号,图 12-7 为小波包分解

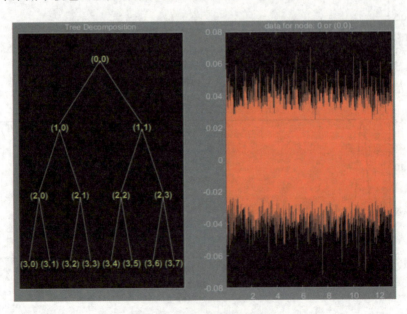

图 12-7　小波包分解树状图

的树状图。树中节点的命名规则如下:从(1,0)开始,(1,0)为 1 号,(1,1)是 2 号,依次类推,(3,0)是 7 号,(3,7)是 14 号。每个节点都有对应的小波包系数,此系数决定了频率的大小,即频域信息,节点的顺序决定了时域信息,即频率变化的顺序。图 12-8 的小波包树中左边的节点是对上一节点的低通滤波,右边的节点是对上一节点的高通滤波。

从根节点开始,每个节点的信号通过低通滤波和高通滤波之后都需要再向下采样,即间隔几个点采样一次,此过程是一个降低采样率的过程,只保留偶数序号的元素。

在这里将小波包树的第二行的四个节点收起来,目的是让第二行的节点变为树的最底层节点。通过将小波包树的第二层作为最底层,四个节点的系数重组到第三层小波包树中得到图 12-8。

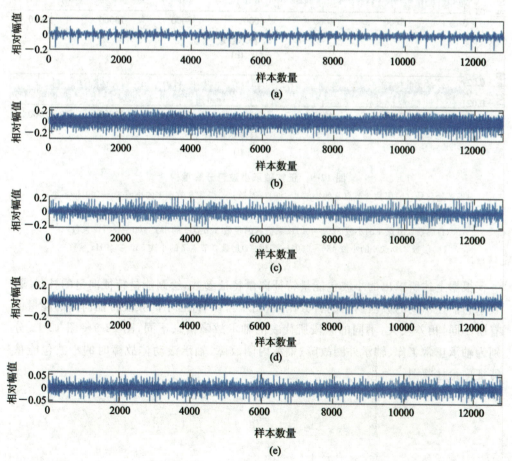

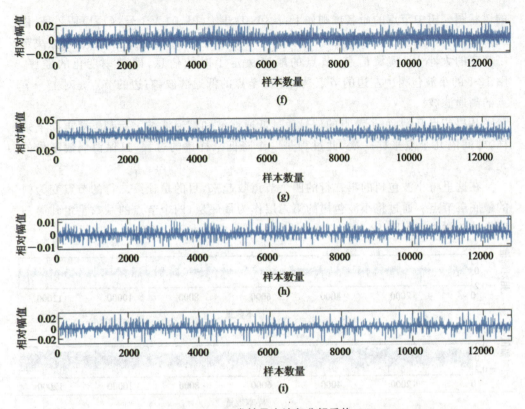

图 12-8　正常轴承小波包分解重构

(a)原始信号；(b)层数 3 节点 0 的小波 0～80Hz 系数；(c)层数 3 节点 1 的小波 80～160Hz 系数；

(d)层数 3 节点 2 的小波 160～240Hz 系数；(e)层数 3 节点 3 的小波 240～320Hz 系数；

(f)层数 3 节点 4 的小波 320～400Hz 系数；(g)层数 3 节点 5 的小波 400～480Hz 系数；

(h)层数 3 节点 6 的小波 480～560Hz 系数；(i)层数 3 节点 7 的小波 560～640Hz 系数

　　根据上述所求出的小波包能量特征向量特征参数，绘制能量特征向量的柱状图，表示它们在不同的频段所占的百分比，从图中可以看出，不同频段特征向量的能量值有所不同，相差较大；不同的频段所代表的轴承故障信息不同，图 12-9～图 12-12 分别为轴承正常工作、轴承外圈故障、轴承内圈故障、轴承滚动体故障时的小波包能量特征向量柱状图。

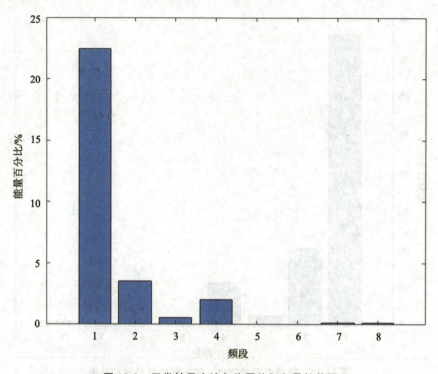

图 12-9　正常轴承小波包能量特征向量柱状图

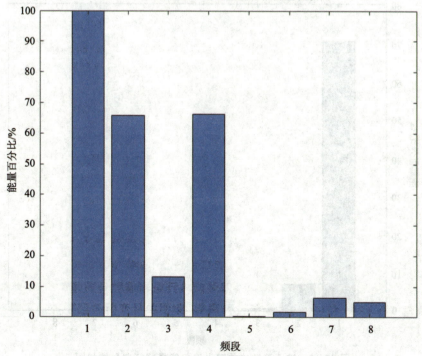

图 12-10　轴承外圈故障小波包能量特征向量柱状图

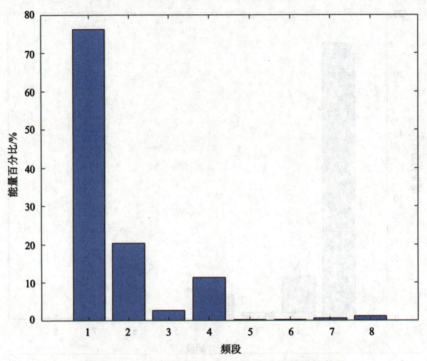

图 12-11　轴承内圈故障小波包能量特征向量柱状图

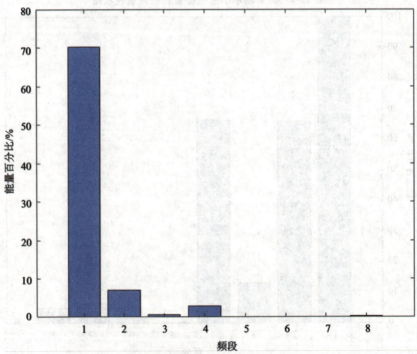

图 12-12　轴承滚动体故障小波包能量特征向量柱状图

从图 12-9 可以看出正常状态下的轴承,它的 2、3、4 频段和图 12-10 轴承外圈故障状态下的小波包能量特征向量分布存在十分明显的区别,轴承正常工作状态下的小波包能量特征值较大的出现在 1 频段,2、3、4 频段能量很少,5、6、7、8 频段几乎没有能量。图 12-10 轴承外圈故障状态和图 12-11 轴承内圈故障状态的能量分布在 2、3、4、5、6、7、8 频段,存在明显的差异,轴承外圈故障的小波包能量分布在 2、3、4、6、7、8 频段,明显高于轴承内圈故障时的能量分布。轴承故障状态下的小波包能量特征向量的分布也有所不同,轴承外圈故障和轴承内圈故障以及轴承滚动体故障都存在较大的差别。轴承滚动体故障时的小波包能量分布只在 1 频段有较大的占比,而在其他频段几乎没有能量。

12.3.3 基于小波分解的峰峰值特征提取在轴承故障诊断中的应用

本小节主要通过 MFS 故障模拟平台来模拟轴承故障,如外圈故障、内圈故障、滚动体故障及转子不对中和油膜涡动故障。传感器上有四个接口,采集轴承在不同转速及径向横向、轴向、径向纵向的数据,系统采样频率为 12800 Hz,这里主要采集轴承在轴向的振动信号,对故障数据进行分析并进行轴承的故障诊断。

一般来说,轴承正常工作和故障工作时的信号是由多个波形叠加在一起的,其中的振动信息复杂多样,很多被其他高频无用的噪声信号掩盖,在这里并不能直接对轴承的故障数据进行分类和检测。因此需要从轴承的故障数据中提取相应的特征值。采用正交小波变换来对原始信号进行五层小波分解,小波分解的原理是借助一个高通滤波器和一个低通滤波器,在每一级信号分解时,对低频子带进行进一步分解,不断分解出轴承高频和低频的部分。

这里主要借助正交小波变换来对轴承的故障数据进行进一步的处理,小波变换自身具备"显微镜"的特点,有助于对数据进行分析,从信号中提取特征数据,用于故障分类。小波分解主要借助一个高通滤波器和一个低通滤波器对信号数据不断细分,从分解的小波图中可以更好地了解轴承故障信号局部的信息。小波变换可以被看作一个"显微"的过程,当对数据不断进行细分时,信号的高频细节特征就显现出来了。对于基于小波变换分解出的小波信号,可以对其进行进一步的处理,比如提取它的峰峰值、峭度等特征参数,以此作为分类的特征数据。

基于 MFS 所测的轴承正常和故障时的振动信号,首先对轴承的振动信号进行正交小波变换,选择 db10 小波基函数,对其进行五层分解,最终得到小波分解图。随着分解层级的增加,局部信号的正则性增强,从低层到高层的信号周期性增强,从高层到低层信号的不规则性增强。各层能表现非平稳信号在各个尺度上的局部信息,将非平稳时间序列分解为多层近似意义上的平稳序列。

本节基于小波包能量特征向量和基于小波分解的峰峰值特征对轴承故障数据进行特征参数的提取,首先对滚动轴承三种工况的轴向振动进行小波包变换,然后采用能量谱、能量矩的特征提取方法对得到的 16 个频段的重构信号进行特征提取,选取正常和故障的特征信息辨识度高的频段特征,组成特征向量,并进行识别。通过对提取到的特征进行分析,得到滚动轴承在故障状态下某些频段的信号特征会发挥出不同程度的抑制或增强作用。因此可以看出,借助小波包可以准确地分析出轴承的故障特征。小波分解则借助一个高通滤波器和一个低通滤波器将信号数据不断细分,从中可以更好地了解局部的信息。然后对每一层都进行峰峰值的特征参数提取。

12.4　集成学习方法(AdaBoost)在轴承故障诊断中的应用

本节主要通过集成学习方法对轴承的故障数据进行分类。集成学习方法是一种二分类方法,它相当于盖房子时的地基,在此之上可以构建各种各样的分类器,分类器的构建十分简单,不用作特征选择,在这个地基之上可以搭建各种各样的“房子”以达到分类的目的,可以选择不同的“建筑材料”,也就是构建不同的弱分类模型。

12.4.1　特征提取

本节将采用两种数据提取方法对不同工况的轴承分别进行特征提取并对其进行诊断预测。第一种是基于小波包能量特征向量的特征提取方法,第二种是基于小波变换的峰峰值特征提取方法。从图 12-13 中可以看出,轴承正常工作时的特征参数和轴承外圈故障时的特征参数,两者之间泾渭分明,从图 12-14 中则可以看出,最后提取出的两种特征参数之间的分类并不明显。以下是基于这两种方法在轴承正常、外圈故障、内圈故障、滚动体故障时所提取出的部分特征参数,在此只列出 5 个特征参数,如表 12-2 和表 12-3 所示。

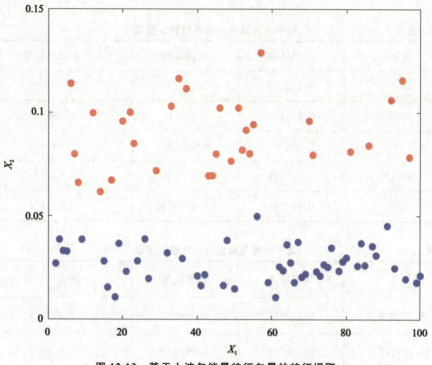

图 12-13　基于小波包能量特征向量的特征提取

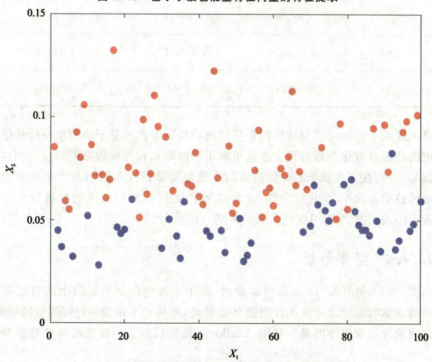

图 12-14　基于小波变换的峰峰值特征提取

表 12-2   基于小波变换的峰峰值特征提取

正常	外圈故障	内圈故障	滚动体故障
0.036037	0.132212	0.055498	0.051865
0.082714	0.071599	0.069641	0.039193
0.03304	0.064259	0.071523	0.045447
0.030145	0.057669	0.07647	0.042354
0.057747	0.047982	0.080315	0.042343

表 12-3   基于小波包能量特征向量的提取

正常	外圈故障	内圈故障	滚动体故障
0.326399	0.353645	0.084897	0.021971
0.027107	0.099714	0.069438	0.028046
0.038711	0.010865	0.079907	0.035504
0.033182	0.038876	0.076507	0.019599
0.032904	0.084897	0.12884	0.02483

将上述基于小波包能量特征向量提取出的特征参数和基于小波变换峰峰值特征提取出的特征参数作为数据集。在这里取正常的轴承和外圈故障的轴承在轴向上的振动信号,分别在正常轴承和外圈故障的小波包能量特征系数和基于小波变换提取出的峰峰值中各取 50 个进行分类,正常的标签设为 1,外圈故障的标签设为 -1,图中用蓝色○表示类别 1,用红色○表示类别 -1。

12.4.2 结果分析

由图 12-13 和图 12-14 可以明显看出,基于小波包能量所提取出的特征向量在轴承外圈故障时和轴承正常工作时的分类明显,而基于小波变换的峰峰值特征提取,两者之间的分类效果不明显。利用 AdaBoost 算法对基于小波变换的峰峰值特征值的正常轴承和轴承外圈故障进行二分类。首先根据基于小波变换的峰峰值特征提取方法,将提取出的轴承外圈故障时和正常工作时的特征参数作为数据集,然后将轴承正常工作时的标签设为 1,轴承外圈故障工作时的标签设为 −1,然后基于 AdaBoost 算法,采用平行和垂直于坐标轴的直线的方法来构建弱分类器。在这里预先构建了三个弱分类器。

即:

$$h_1 = \begin{cases} 1, & X_2 < 0.05 \\ -1, & X_2 > 0.05 \end{cases}, \quad h_2 = \begin{cases} 1, & X_1 < 70 \\ -1, & X_1 > 70 \end{cases}, \quad h_3 = \begin{cases} 1, & X_1 > 0.07 \\ -1, & X_1 < 0.07 \end{cases}$$

具体的过程如下:

首先对训练数据进行权重分配。先取 100 个训练样本数据作为训练集,在开始训练之前,每个数据都被赋予一样的权值:1/100。这就是初始的权值分布。在第一次迭代时,每个数据的权值皆为 0.01。基于此,选择分类误差率最小的 h_1 作为基本的分类器。进行迭代,得到的分类结果如图 12-15 所示。

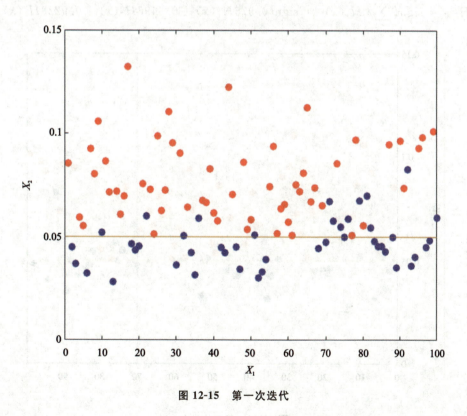

图 12-15 第一次迭代

此时分类器的分类误差率 $e_1 = 0.14$。

则分类器在最终分类器中所占的权重为：

$$\alpha_1 = \frac{1}{2}\ln f_0\left(\frac{1-e_1}{e_1}\right) = \frac{1}{2}\ln f_0\left(\frac{1-0.14}{0.14}\right) = 0.976$$

然后更新权值分布，将其用于下一轮的迭代，被正确分类的样本的权值更新为：

$$D_2 = \frac{D_1}{2(1-\varepsilon_1)} = \frac{1}{172}$$

错误的样本的权值更新为：

$$D_2(i) = \frac{D_1(i)}{2e_1} = \frac{1}{28}$$

这样就完成了一次迭代。其他的两次迭代过程与第一次迭代类似，进行两次迭代得到的分类结果如图 12-16、图 12-17 所示。

强分类器：

$$H_{\text{final}} = \text{sign}\left(\sum_{t=1}^{T}\alpha_t H_t(\boldsymbol{x})\right) = \text{sign}(0.976H_1(\boldsymbol{x}) + 0.6496H_2(\boldsymbol{x}) + 0.9229H_3(\boldsymbol{x}))$$

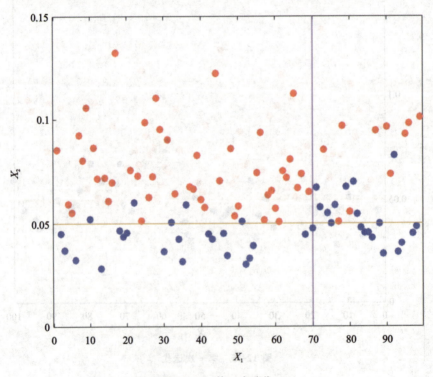

图 12-16　第二次迭代

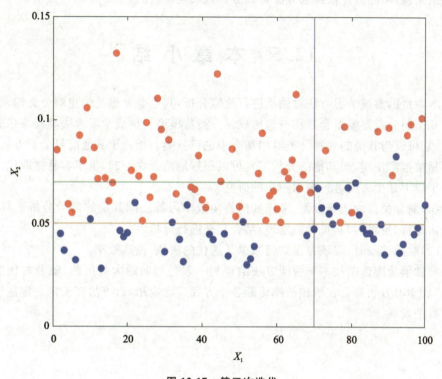

图 12-17　第三次迭代

从图 12-15 可以看出,即使采用这些简单的分类器,最终也可以通过多个弱分类器的结合来得到一个很低的分类误差率。这两种基于集成学习 AdaBoost 轴承故障特征提取方法所得出的分类结果,其正确率见表 12-4。

表 12-4　　　　　　　　　　**基于小波变换的峰峰值特征提取集成分类**

类别	强分类器	最好弱分类器
准确率	92％	86％

用基于小波变换的峰峰值特征提取方法得到的特征参数采用 AdaBoost 算法进行分析,最终得到一个准确率较高的强分类器模型,其分类效果得到了较好的验证。这说明集成学习 AdaBoost 的分类方法是切实可行的,除此之外,从两种不同的特征提取方法中也可以看出最终的分类效果稍有不同,从图 12-13 和图 12-14 可以看出基于小波包能量特征向量比基于小波变换提取峰峰值特征参数的效果更好。对于同一

组数据来说,不同的特征提取方法对其分类效果是不同的。

12.5　本　章　小　结

本章借助集成学习方法对轴承进行故障分析,其主要思想是构建弱分类器,然后将这几个弱分类器模型合并在一起构成强分类器模型。集成学习方法具有很强的兼容性,它可以与其他的各种分类器相结合来进行分类。相比于其他信号分析方法,其更容易被推广使用,与其他的分析工具可以很好地结合在一起,也不容易被取代。本章基于以下几个方面进行更深一步的研究:

(1)弱分类器的选择方面,考虑如何将集成学习算法同其他的信号分析工具(如支持向量机、逻辑回归、贝叶斯定理)结合起来进行分析。

(2)故障诊断时,应该考虑如何减少其迭代的次数,提高效率。

将轴承故障诊断技术与智能方法结合到一起是当前的大势所趋,随着时代的发展,集成学习方法将会在机械故障诊断各个方面广泛应用,该方法在未来一定能够取得更好的发展。

13　基于经验模态分解和逻辑回归方法的轴承故障预测

国内外有很多轴承故障诊断方法和资料,其中广泛使用的诊断方法是针对轴承转动时产生的振动信号进行分析。轴承在转动过程中会产生振动,通过加速度传感器或者位移传感器可以收集这些振动信号。这些信号既有轴承故障产生的振动,也有受轴承本身回转精度影响产生的振动,还有受外界因素影响产生的振动。因此轴承的振动信号是较为复杂的,要对这些振动信号进行预处理。预处理完成后,可以通过传统的人工诊断来判断故障情况,也可借助计算机来完成智能故障诊断。

本章中的逻辑回归算法是机器学习学科中的一种多元统计方法,该方法主要适用于表述一组自变量与具有二分性质的响应变量之间的一种最佳映射。机器学习中的监督学习主要分为两类问题,即分类问题和回归问题。分类问题用来解决预测结果不连续的问题,回归问题用来解决预测结果连续的问题。逻辑回归算法是在线性回归的基础上与 Sigmoid 函数结合,可以将连续输出的数据,转换为典型的二分类结果。逻辑回归算法也是业界当前常用的机器学习方法,该方法用于估计某个事件的可能性。本章将机械故障诊断与机器学习结合,对轴承故障进行预测、判别。

本章以支撑电机转子的滑动轴承为研究对象,使用旋转机械转子及轴承故障模拟平台模拟轴承故障。实验过程中分别测出滑动轴承正常无油膜涡动状态振动信号、滑动杆轴承故障有油膜涡动状态振动信号、转子转动对中和转子故障不对中振动信号。利用 EMD 算法对四组实验信号进行分解,并配合 FFT 算法提取故障频段部分信号。再使用 min-max 标准化数据处理方法,对特征数据进行量纲统一标准化处理。将处理好的带有结果的数据,导入使用 MATLAB 软件脚本编辑器编写的 Logistic 回归算法进行训练,得到 Logistic 回归模型参数,并将验证的数据样本导入训练好的模型。将得到的预测结果与实际结果对比,得到算法准确率相关的性能评估指数,对机械故障状态进行评估。

使用逻辑回归算法对电机转子旋转机械中转子不对中故障以及滑动轴承油膜涡动故障进行诊断与预测,旋转机械故障诊断属于机械故障诊断领域分支,逻辑回归算法属于机器学习算法内容,本章的重点主要与机械故障诊断和机器学习内容相关。机械故障诊断的目的是及时、准确地对各种异常状态和故障状态作出诊断,避免或消除故障对设备运行的影响,提高设备运行的可靠性、安全性和有效性,把故障损失降到最低水平。精准的机械故障诊断可以保证设备发挥最强的设计能力,有助于企业制定合理的检测维修制度,在允许的条件下充分挖掘设备潜力,延长设备服役期限和使用寿命,降低设备全寿命周期费用。

本章借助计算机处理数据准确、迅速等优势,将提取出的特征值导入计算机,借助机器学习算法处理大批量故障轴承数据和正常轴承数据,建立机器学习逻辑回归算法模型,对未知状态轴承零部件进行诊断预测,实现智能故障诊断。

本章将机器学习算法应用到旋转机械故障诊断中。总体来讲主要分为三大块内容:收集机械故障信号,对信号进行预处理;将处理后的数据分为训练样本和测试样本;将训练样本导入机器学习算法模型以求解模型系数,并将测试样本和真实样本导入模型测试模型准确度。

本章介绍了滑动轴承常见失效形式、两种机械产生故障时域及频域特征、常用的数值统计特征;讲解了如何调节 MFS 故障模拟平台上的零部件,来模拟电机转动过程中滑动轴承产生的油膜涡动故障和转子不对中故障,并论述了与 MFS 故障模拟平台配套分析采集故障信号软件 VibraQuest Pro 的使用方法;采集到的原始数据是不能直接导入算法模型使用的,因为原始数据包含很多无用频段信号,本章研究的故障特征信息出现在低频部分,因此对原始数据使用 EMD 加 FFT 方法对分解出来的信号各部分 IMF 进行频域分析,找出与故障频率相关层 IMF 分量,并完成样本集的划分和时域特征提取;介绍了逻辑回归算法的原理和逻辑回归算法需要求解的核心内容,并使用 MATLAB 脚本编辑器中梯度下降法实现逻辑回归最佳系数查找;使用 MATLAB 完成逻辑回归模型训练,使用 13.4 节划分出的训练集查找逻辑回归模型最佳系数,再使用 13.4 节中划分出的验证集评估逻辑回归模型预测准确率,同时为预测模型设定预测阈值,实现逻辑回归模型的分类,并使用分类精度评价指标完成对模型分类功能的精度评价。

13.1　轴承故障特征

13.1.1　滑动轴承常见失效形式

滑动轴承主要由轴瓦和轴承座组成,通过与轴颈接触支撑轴以及轴上零部件,减小轴旋转过程中与支撑件间的摩擦力,同时保证回转精度。根据滑动轴承工作的表面,可将滑动轴承分为有液体摩擦类轴承和无液体摩擦类轴承。无液体摩擦滑动轴承工作时,轴颈与轴承之间的油膜不能完全包覆,主要失效形式为烧瓦、磨损、胶合。有液体摩擦滑动轴承工作时,轴颈与轴承之间的油膜完全包裹了轴颈,轴颈转速加快会带动外接供入润滑油持续进入轴颈与轴瓦之间,形成压力油膜。因此润滑油覆盖充足的轴承的失效形式为油膜涡动和油膜振动。

13.1.2　转子系统故障的振动信号特征指标

转动机械在转动过程中一定会产生振动,通过速度传感器和加速度传感器收集振动信号,对原始振动信号进行时域分析和频域分析。基频,又称工频,是转子转动时的频率,在频谱分析中基频的幅值过大常表示转子动不平衡,轴承、支撑座出现问题。

1/2 倍工频:滑动轴承产生油膜涡动或油膜振动时,在振动信号频谱图中可观察到 1/2 倍左右工频对应振幅比较大。

2 倍工频:联轴器的安装误差、轴系载荷过大等导致转子和滑动轴承的轴线与电机的轴线不对中,在电机带动转子转动过程中,对滑动轴承收集的振动信号进行频谱分析,其 2 倍工频对应振幅增大,同时 4 倍工频也出现幅值的异常变化。上述故障均为低频区域发生的故障。中频区域振幅变大,往往出现压力脉动和干扰振动等故障。高频区域通常发生空穴故障和流体振动故障。实验中的常见故障均发生在低频区域到中频区域,详情见表 13-1。

在转子系统中油膜涡动和油膜振动故障是直接发生在滑动轴承上的,对滑动轴承直接产生影响。转子不对中故障是电机转动轴心与转子转动轴心不共线引起的。转子在转动过程中依靠转轴两端的滑动轴承作为支撑,保持旋转精度。不对中旋转会造成轴颈对滑动轴承内部轴瓦压力不同,长期的转子不对中旋转不仅会对联轴器产生影响,还会对滑动轴承产生影响。

表 13-1 常见故障振动信号的特征

频带区域	主要异常振动原因	异常振动的特征
低频	不平衡	旋转体轴心周围的质量分布不均,振动频率一般以 1 倍为主
	不对中	两根旋转轴与联轴节连接有偏移,振动频率一般以 2 倍为主,有时伴有 4 倍
	轴弯曲	旋转轴弯曲变形引起的振动,振动频率一般以 1 倍为主,伴有转频高次谐波
	松动	基础螺栓松动或轴承磨损,一般发生在旋转频率的高次谐波或分数谐波
	油膜振动	在滑动轴承作强制润滑的旋转体中产生,振动频率为旋转频率的 1/2 倍左右

续表

频带区域	主要异常 振动原因	异常振动的特征
中频	压力脉动	发生在水泵、风机的压力发生机构和叶轮中,每当流体通过涡旋转壳体时发生压力变动,如压力发生机构产生异常,则压力脉动发生变化
	干扰振动	多发生在轴流式或离心式压缩机上;涡轮运行时,在动静叶片间因叶轮和扩散器、喷嘴等干扰而发生的振动
高频	空穴作用	在流体机械中,由局部压力下降而产生气泡,到达高压部分时气泡破裂,通常会产生随机高频振动和噪声
	流体振动	在流体机械中,由压力发生机构和密封件的异常产生的一种涡流,也会产生随机的高频振动和噪声

13.1.3 常用的数值统计特征

转子系统的振动信号特征指标是通过公式推理或长期故障维修经验得到的,通常作为频域分析的人工判断指标。实验中收集的数据点有很多且离散,如果直接分析 1/2 倍工频和 2 倍工频的峰值是不准确的,这是因为采样频率和采样点影响了频率步长,所以对信号频域进行分析时可能因频域步长过大而越过 1/2 倍频和 2 倍工频的幅值表示。所以对于大量的数据,通常使用统计学的指标来反映时域或频域信号大量离散数据的特征。

数值统计特征可应用于信号的时间域分析,也可以用于信号的频率域分析,甚至可以应用于时间和频率结合分析。这些统计特征有的表示数据的离散程度,有的表示波形宽窄程度,有的反映了波形与正态分布的符合状况等。现实中的连续信号需要转换为离散数值信号才能被计算器处理。常规的数字统计特征公式都是针对连续数值的,因此需要将连续公式改为离散型公式,时域和频域常见数值统计特征提取公式见表 13-2 和表 13-3。表 13-2 中 $a(i)$ 表示信号第 i 个点处的幅值,n 表示截取离散数据信号的点数。

表 13-2   时域常见数值统计特征提取公式

时域特征指标	公式	时域特征指标	公式
均值	$M_{m} = \dfrac{\sum\limits_{i=1}^{n} a(i)}{n}$	脉冲因子	$M_{if} = \dfrac{n \cdot M_{p}}{\sum\limits_{i=1}^{n} \lvert a(i) \rvert}$
标准差	$M_{std} = \sqrt{\dfrac{\sum\limits_{i=1}^{n} [a(i) - M_{m}]}{n}}$	峭度	$M_{k} = \dfrac{\sum\limits_{i=1}^{n} a(i)^{4}}{n}$
均方根	$M_{rms} = \sqrt{\dfrac{1}{n} \sum\limits_{i=1}^{n} a(i)^{2}}$	裕度指标	$M_{clf} = \dfrac{M_{p}}{\left(\dfrac{1}{n} \sum\limits_{i=1}^{n} \sqrt{\lvert a(i) \rvert} \right)^{2}}$
偏度	$M_{s} = \dfrac{1}{n} \sum\limits_{i=1}^{n} \dfrac{[a(i) - M_{m}]^{3}}{M_{std}}$	峰值	$M_{p} = \max \lvert a(i) \rvert$
波形指标	$M_{sf} = \dfrac{n \cdot M_{rms}}{\sum\limits_{i=1}^{n} \lvert a(i) \rvert}$	峰值因子	$M_{cf} = \dfrac{M_{p}}{M_{rms}}$
时域能量熵	$M_{e} = \sum\limits_{i=1}^{n} A_{\bar{\omega}}(i)^{2}$	峭度指标	$M_{kf} = \dfrac{M_{k}}{M_{rms}^{4}}$

表 13-3   频域常见数值统计特征提取公式

频域特征指标	公式	频域特征指标	公式
重心频率	$W_{cf} = \dfrac{\sum\limits_{i=1}^{n} \omega_{i} A_{\bar{\omega}}(i)}{\sum\limits_{i=1}^{n} A_{\bar{\omega}}(i)}$	频率均值	$W_{mf} = \dfrac{\sum\limits_{i=1}^{n} A_{\bar{\omega}}(i)}{n}$
均方根频率	$W_{rms} = \sqrt{\dfrac{\sum\limits_{i=1}^{n} \omega_{i}^{2} A_{\bar{\omega}}(i)}{\sum\limits_{i=1}^{n} A_{\bar{\omega}}(i)}}$	频率标准差	$W_{rvf} = \sqrt{\dfrac{\sum\limits_{i=1}^{n} (\omega_{i} - W_{cf}) \cdot A_{\bar{\omega}}(i)}{\sum\limits_{i=1}^{n} A_{\bar{\omega}}(i)}}$

注:四组特征指标中,ω_{i} 表示功率谱图像中的频率,$A_{\bar{\omega}}(i)$ 表示 ω_{i} 处功率谱对应的幅值。

13.2　实验信号的产生与采集

13.2.1　实验收集信号种类

对于该实验收集的模拟故障平台产生的振动信号,油膜涡动故障类信号与滑动轴承故障直接相关,转子不对中类信号与滑动轴承故障间接相关,实验过程中收集的信号种类见图7-4。

美国SQI公司开发的MFS故障模拟平台,是一个功能丰富、具有创新性的实验平台。该平台可以模拟机械设备中常见的故障,依靠内部合理的装配布局,可以模拟单种故障信号或多种故障信号组合输出。在故障模拟过程中,不会产生其他附加振动,保证了数据的准确性,以及控制变量实验时变量的单一性。

该实验台主要由MFS故障模拟平台和上位机两部分构成。实验台通过改变实验台调节旋钮、改变油泵润滑油的注入等来模拟现实电机转子转动过程中的故障,模拟过程中产生的故障振动信号通过实验台转轴左侧的传感器来收集。

传感器收集的信号通过信号采集卡输送到上位机软件VibraQuest Pro中,利用VibraQuest Pro软件分析故障采样效果,将生成的采样数据保存为Excel格式,方便用户使用MATLAB等其他数据分析软件处理。

13.2.2　信号采集

1. MFS故障模拟平台

(1)MFS平台启动。

启动平台前需要检查实验台油泵电源、电脑主机电源、转子电机和信号采集卡电源是否接入插排,检查信号采集卡端子接触是否良好。各部分检查无误后,找到实验台西侧墙壁的电闸,打开保护壳,向上推动拉杆启动电闸。检查插排无故障后按动插排,启动电脑。

(2)VibraQuest Pro上位机软件配置。

VibraQuest Pro软件主要负责信号的采集与分析。打开电脑主机后,双击桌面VibraQuest Pro快捷方式进入该软件的登录界面。为了保证数据的安全性,该软件设置了密钥登录,见图13-1。勾选下方的Login as Adminsistrator复选框,之后在PASSWORD中输入登录密码,进入VibraQuest Pro软件操作界面。

图 13-1　软件密钥登录界面

　　软件操作界面左侧为实验数据保存区，实验产生的数据都会保存在该区域内。点击软件上方 Project 选项对话框中的 New Project 子对话框，创建一个项目工程，见图 13-2。

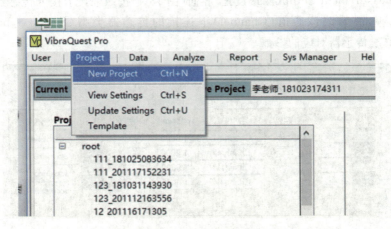

图 13-2　创建项目工程

　　在弹出的 Setup Project 界面（图 13-3）中的 Project Name 中根据实验内容为收集数据工程文件命名，之后点击 NEXT（下一步）。

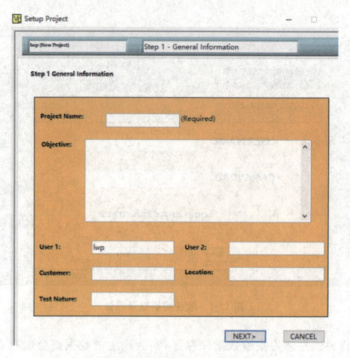

图 13-3　Setup Project 界面

在 Measurement Setup(测量设置)界面(图 13-4)按照采集卡接入传感器信号进行通道选择,并修改该通道(Channel)下连接的传感器类型(Sensor type),按照表 13-4 修改传感器对应的参数。

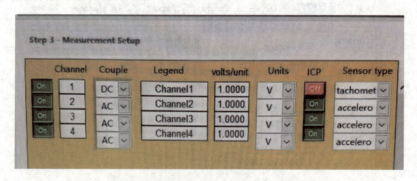

图 13-4　Measurement Setup 设置界面

表 13-4   **Measurement Setup 设置内容**

传感器类型	参数设置			
电涡流传感器	acceler	DC	min	off
加速度传感器	proximity	AC	g	on
速度传感器	tachomet	DC	V	off

设置完各个通道参数后,就进入 Steady State Data Acquisition 数据采集管理界面。在采集数据之前,需要对一些参数进行调整,具体调整见表 13-5,数据采集管理参数设置见图 13-5。

表 13-5   **数据采集管理界面调整参数**

设置内容	设置属性值
♯ Block	默认设置
Spectral Lines	800
Frequency Limit	645
Trigger Type	Free Run

完成上述设置后,勾选右上角 log data to file 选项,这样 VibraQuest Pro 采集的数据会以 Excel 的格式保存到创建的工程内。上述就是 VibraQuest Pro 的设置过程,软件设置完并不能直接采集信号,还需要按照实验台产生故障信号条件调整实验台,再点击软件操作界面右上方的绿色三角按钮开始采集信号。

(3)实验台各部分部件名称示意图。

使用实验台模拟故障信号前,首先要了解实验台各部分部件的名称,如图 7-1 所示,其中 11 号的两组不对中码盘可以通过调节实验台的平移位置,来人为产生不对中故障,或恢复实验台为对中状态。图 7-1 中 9 号轴中心定位装置可以用来产生滑动轴承的油膜涡动故障,也可以恢复滑动轴承为正常状态。图中的 5 和 6 部分用来收集电机转动时轴承产生的振动信号,并将振动信号传输给信号采集卡,经过信号采集卡处理后的信号再传输给计算机,借助计算机的上位机软件对信号进行进一步分析处理。

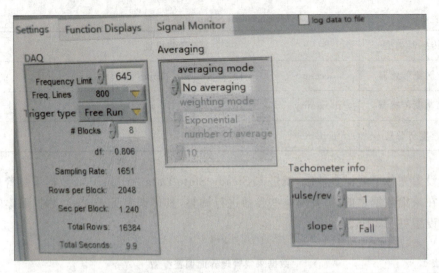

图 13-5　数据采集管理参数设置界面

2. 油膜涡动实验及信号采集

油膜涡动现象是动压液体摩擦类型的滑动轴承常见的故障形式之一。当转子轴径在动压轴承转动时,轴径和轴瓦之间存在油膜,动压轴承内油膜对轴径产生的合力与静载荷的平衡因受到外界的扰动而被打破,此时油膜的合力与静载荷不再平衡,在抵消静载荷的同时会产生一个切向的分力,迫使转子产生绕滑动轴承中心转动的趋势。

该实验使用到轴中心定位装置,该定位装置如图 13-6 所示。

油膜涡动实验需要实验台转轴和电机以及联轴器保持对中位置。因此,在实验开始前,先打开实验台保护罩,将实验台的 6 个固定螺栓拧开,将两个定位销分别插入实验台对角位置的两个定位孔内,观察定位销能否从定位孔穿出。如果定位销能从定位孔穿出(图 13-7),说明实验台处于对中位置,就可拧紧 6 个固定螺栓继续实验。否则,需要微调两组对中码盘,直到两个定位销能从定位孔穿出,再拧紧固定螺栓。之后检查油路循环系统各部分是否漏油,确保油箱有油压示数,油泵处于有油状态。完成上述操作后,首先开展轴承无油膜涡动实验,实验台的轴中心定位装置已经调好,无须调节。合上实验台保护罩,锁上保护罩锁。在电机变频控制器面板上先点击红色 STOP 按钮,清除电机信息,之后按绿色 START 按钮,启动电机。电机转动前期处于提速过程,观察控制器的转速面板,当转速约达到 40r/s(图 13-8)时,表明电机已经转动平稳,此时可以通过 VibraQuest Pro 采集滑动轴承无油膜状态信号。

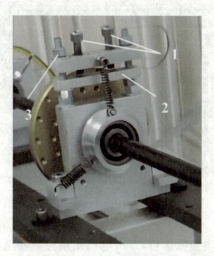

1—提升调节螺钉×2;2—夹紧螺母×2;3—支撑板

图 13-6 轴中心定位装置

打开设置好的 VibraQuest Pro 软件,勾选 log data to file 选项(图 13-9),点击绿色开始按钮,开始采集正常无油膜实验数据。软件采样数达到 10240 组后会自动将数据保存到工程文件夹内。

图 13-7 定位销穿过定位孔

图 13-8 电机转速约 40r/s

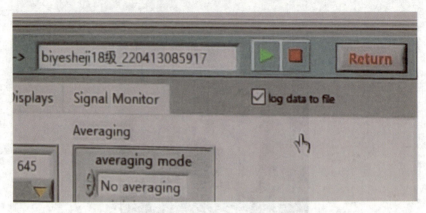

图 13-9　VibraQuest Pro 采集数据操作

采集完无油膜涡动实验数据后,点击电机变频控制器上的 STOP 按钮使电机停止转动。待电机停止转动后,打开实验台保护锁和保护罩。使用扳手将轴中心定位装置的两个夹紧螺母(见图 13-6 中的 2 部分)拧开,之后使用内六方扳手顺时针拧动两个提升调节螺钉(见图 13-6 中的 1 部分),拧动时注意保持两个螺钉拧动圈数一致。此时轴中心定位装置沿竖直方向移动,打破了原来静载荷与油膜合力的平衡,产生油膜涡动现象。调节完毕,关闭保护罩和保护锁,重复无油膜涡动实验步骤收集油膜涡动故障数据。

3. 转子不对中实验及信号采集

转子不对中故障主要发生在通过多个联轴器连接的转子机组中。联轴器的制造误差,以及联轴器安装误差,或者工作环境温度不均匀等因素,会造成通过联轴器连接的轴系中各转子的轴线不共线。当电机转动时,转子不对中会导致转子组工作过程中产生剧烈振动和噪声,日积月累不仅会增加额外功耗,还会使轴承、联轴器及密封圈等轴系零部件严重损坏。

该实验主要用到了实验台中的两组不对中调节码盘(图 13-10),通过调节不对中码盘的刻度,使由转子和滑动轴承组成的轴系和电机的输出轴产生不对中故障效果,再使用滑动轴承上的传感器收集故障信号。

本实验先收集对中实验数据。在实验开始前使用定位销配合不对中调节码盘调节实验台到对中位置。在前文"油膜涡动实验及信号采集"中使用到的轴中心定位装置上的提升调节螺钉,逆时针旋转至螺钉不与支撑板接触后拧紧夹紧螺母,保证轴中心定位装置恢复稳定位置。之后像在"油膜涡动实验及信号采集"中收集无油膜信号操作步骤一样收集转子对中信号。转子对中实验完成后,点击电机变频控制器上的

STOP 按钮使电机停止转动,打开保护罩,拔出定位销,将实验台上的 6 个固定螺栓松开,将码盘外的 0 刻度对准码盘的指示线,分别调节两组不对中调节码盘,调节过程中注意实验台后方码盘先往外退,面向自己的码盘再往里拧进,两组码盘拧一圈半即可。调节完毕,拧紧固定螺钉,重复上述对中实验步骤完成不对中实验,并使用 VibraQuest Pro 采集不对中实验数据。

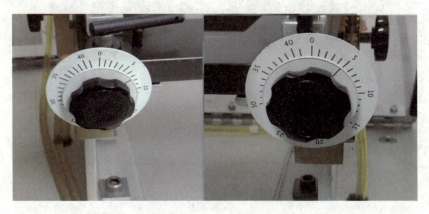

图 13-10　不对中调节码盘

13.2.3　采集数据汇总

需要反复实验以采集数据,通过对数据分析对比选出合适的四组数据集。其中两组数据集为滑动轴承油膜涡动和无油膜涡动故障数据集,另外两组数据集为转子对中和不对中数据集。采样频率为 1651Hz,四个通道各采样 10240 个点,实验过程中主轴转速为 2400r/min。反复实验多次后选取效果较好的信号作为后期机器学习处理训练样本。实验采集的各类型数据属性见表 13-6,各类型数据时域波形图见图 13-11 和图 13-12。

表 13-6　　　　　　　　　　　　**实验采集的四种数据属性**

数据类型	采样频率/Hz	主轴转速/(r/min)	每个通道采样点数
油膜涡动	1651	2400	10240
无油膜涡动	1651	2400	10240
转子对中	1651	2400	10240
转子不对中	1651	2400	10240

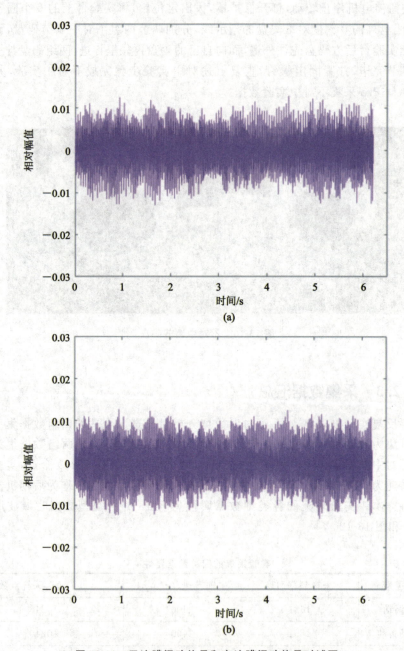

图 13-11　无油膜涡动信号和有油膜涡动信号时域图

(a)无油膜涡动信号时域图；(b)有油膜涡动信号时域图

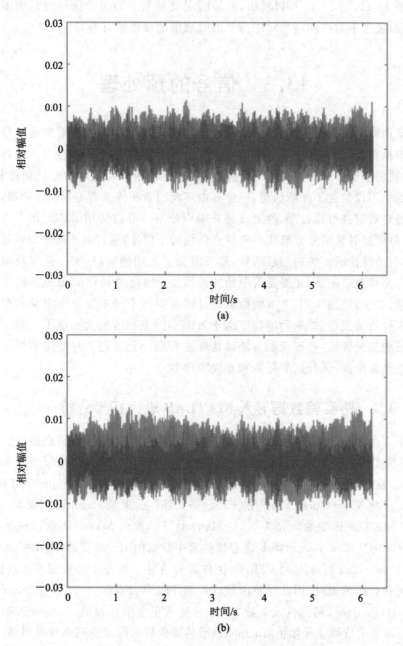

图 13-12 转子对中信号和不对中信号时域图

(a)转子对中信号时域图;(b)转子不对中信号时域图

由图 13-11、图 13-12 可以看出,有油膜涡动和无油膜涡动信号的时域图振幅对比不明显,转子不对中和转子对中信号的时域图的波形稍有差异。

13.3　信号的预处理

收集到的振动数据不能直接导入机器学习算法模型,因为收集到的信号是大量的离散数据点,例如本章中不对中信号就有上万个数据点,如果直接导入机器学习算法模型,就相当于一个样本有上万个特征,显然这种做法和实际情况是相违背的,这些数据点中不仅包含了故障信息,也含有由环境因素和传感器因素引起的噪声信号。因此需要对数据进行预处理,除去或避开噪声信号。可以使用 EMD、正交小波分解等方法,将原始时域信号分解成由高频到低频的子信号,通过对不同频段信号进行分析,找到与故障诊断相关的频段信号,避开对分析无用的频段,缩小信号故障检测范围。确定完检测范围后,还需要将原始的长信号分解出的 IMF 截取成多段作为多个样本信号。之后使用 13.2.3 节的数值统计特征对每个样本信号中大量的数据点进行数值统计特征提取,提取后的特征由于量纲不同表示值的大小也不一致。为了让不同特征的数量级统一,还需要对统计特征进行归一化处理。对处理后的不同特征使用方差值来衡量,区分故障样本和非故障样本。

13.3.1　将实验数据导入 MATLAB 进行初步分析

由于 VibraQuest Pro 生成的 Excel 工作表存在版本兼容问题,直接将数据导入 MATLAB 工作区会出现文件格式无法识别的现象,因此需要用电脑上的 Excel 软件打开表格,在"文件"选项卡中选择"导出",选择"更改文件类型",点击"工作簿"选择"另存为"。将 VibraQuest Pro 中的 Excel 格式保存为电脑 Excel 识别版本。保存完毕后,在 MATLAB 中输入指令:$A = \text{xlsread}('F:\backslash My\_Make\_Data\backslash Logitic\backslash$ 对中 $.xlsx','C17:C10256')$,表示将 F 盘存储的对中数据的 Excel 文件(图 13-13)的 C 列 17 行到 C 列 10256 行导入 MATLAB 工作区的 A 中。由于上述步骤需要重复进行,增加了阅读代码的难度,因此封装函数:$[A,B,Fa,Fb,Point] = \text{FUN\_SignalFX}(A1, Aname, B1, Bname)$,通过传入参数 A1 表示传入正常信号幅值,Aname 表示正常信号名称,B1 表示故障信号幅值,Bname 表示故障信号名称。得到函数返回值,A 为正常信号时域,B 为故障信号时域,Fa 为正常信号频域,Fb 为故障信号频域,Point 为采样点数。通过该函数实现 4 种数据的时频域对比,同时返回时频域信息界面并将其保存到 MATLAB 工作区。

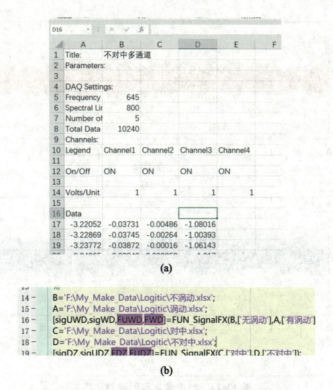

(a)

(b)

图 13-13 MATLAB 数据导入和自建批量绘图函数

(a)实验导出的对中数据 Excel 文件;(b) 批量绘图函数 FUN_SignalFX

图 13-13(a)中数据有 4 列,其中 C 列数据为实验分析数据。实验中采样点 N 为 10240 个,采样频率 F_s 为 1651Hz,表示单位时间内采集到的点数,采样周期为 6.2s。由这些信息可以确定 t 时间分辨率(采样时间间隔)为 $1/F_s$,频率步长 Δf 为 F_s/N。

得到时间分辨率和频率步长便可以确定时域图像的时间轴和频域图像的频率轴,也就可以在 MATLAB 中绘制四种信号的时域图像和频域图像。图 13-14 和图 13-15 分别为对中类信号和涡动类信号的时域对比图,两类信号中正常信号的时域和故障信号的时域差异性不大。图 13-16 和图 13-17 分别为两类信号经过傅立叶变换后的频域图像,在特定的频率位置正常信号和故障信号存在明显的幅值差异。

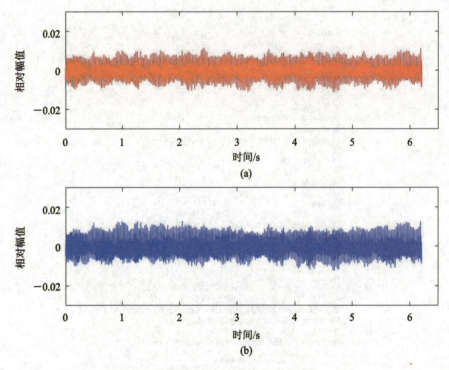

图 13-14 对中类信号时域对比图

(a)正常对中信号时域图;(b)故障不对中信号时域图

　　转子对中与不对中信号以及滑动轴承有无油膜涡动信号的时域图中对比差异不太明显,但这四种信号的频域图形在 0~200Hz 内的差异尤为明显。使用 MATLAB 图形窗口的游标显示工具观察对中和不对中信号 80Hz 附近(2 倍基频段)和 160Hz 附近(4 倍基频段)幅值可看到,两组信号的幅值有明显的差异,转子不对中时这两处频段位置的幅值要比转子对中时的幅值高很多,这与 13.3.3 节转子不对中时振动频域故障特征是相符的。观察油膜涡动和无油膜涡动频域图像,有油膜涡动时 20Hz (1/2 倍工频)处幅值明显要比无油膜涡动状态高很多,在基频 40Hz 左右油膜涡动的幅值要比无油膜涡动低。在 100Hz 左右和 400Hz 左右有油膜涡动故障幅值也比无油膜涡动高。

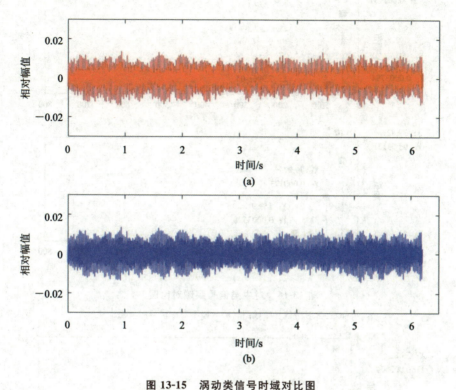

图 13-15 涡动类信号时域对比图
(a)正常无涡动信号时域图;(b)故障有涡动信号时域图

通过上述四组图像的对比分析可知,对原始数据使用频域分析所得到的结果比时域分析要更直观,从频域图像中可以看出两组信号存在明显的差异,不同频率区间内幅值成分是有差异的。但由于原始信号为非稳态信号,不同时间段内信号的频域分布是不同的,因此对信号整体使用 FFT 变换只能分析出信号整体包含哪些频率成分。上述频域图像表示该时间段内信号整体频率分布。要想得到更精确的结果,需要对原始信号进行特殊的处理,将具有故障特征的信号段保留下来,去除无故障的信号段,通过对故障频带分析实现"对症下药",这样做可以提高算法预测的准确率。因此在 13.3.2 节中使用 EMD 方法将原始信号分解为不同频带信号,再使用 FFT 对每个频带信号进行频域分析。

机器学习轴承故障诊断及性能退化预警研究

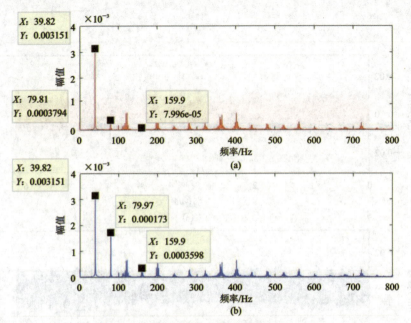

图 13-16　对中类信号频域对比图

（a）正常对中信号频域图；（b）故障不对中信号频域图

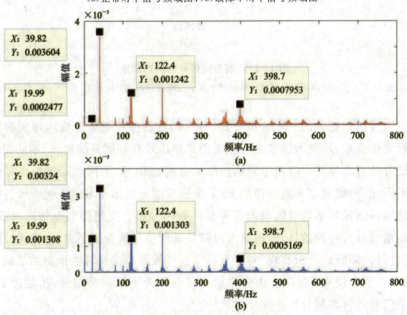

图 13-17　涡动类信号频域对比图

（a）正常无涡动信号频域图；（b）故障有涡动信号频域图

282

13.3.2　EMD 工具箱配合 FFT 对信号进行频域分析

1. EMD 工具箱安装使用步骤

MATLAB2018a 中引入了 EMD 工具箱,用户调用工具箱中的 EMD 函数可快速实现对原始信号的多层 IMF 分解。同时官方也提供 EMD 工具箱压缩包,供使用 MATLAB2018a 以前版本的用户手动安装 EMD 工具箱,为低版本用户提供了便利。本书使用的 MATLAB 版本为 2016a 版本,安装时不带 EMD 工具箱,因此需要导入官方下载工具箱,完成信号 EMD 分解操作。

EMD 工具箱导入步骤:

(1)通过官方下载 MATLAB-EMD 工具箱压缩包。解压压缩包后出现 EMD 工具箱和时频域图像显示工具箱压缩包,之后将时频域图像显示工具 tftb-0.2.tar.gz 压缩包解压。

(2)将解压后的两个文件复制到 MATLAB 官方工具箱安装路径下,本书工具箱路径为 D:\matlab2016a\toolbox,具体位置根据个人电脑 MATLAB 安装位置而定,但官方工具箱均在 toolbox 文件夹内。

(3)完成上述两步操作后,打开 MATLAB2016a,在主页选项卡的设置路径选项中,点击选项"添加并包含子文件夹",在弹出路径选择界面选择 D:\matlab2016a\toolbox\package_emd,之后再次点击选项"添加并包含子文件夹",在弹出路径选择界面选择 D:\matlab2016a\toolbox\tftb-0.2。

(4)完成工具箱导入后,在 MATLAB 命令窗中输入 help emd 指令来验证导入工具箱是否成功,当命令窗口弹出 emd 函数的使用方式和介绍时表明 EMD 工具箱导入成功,如图 13-18 所示。

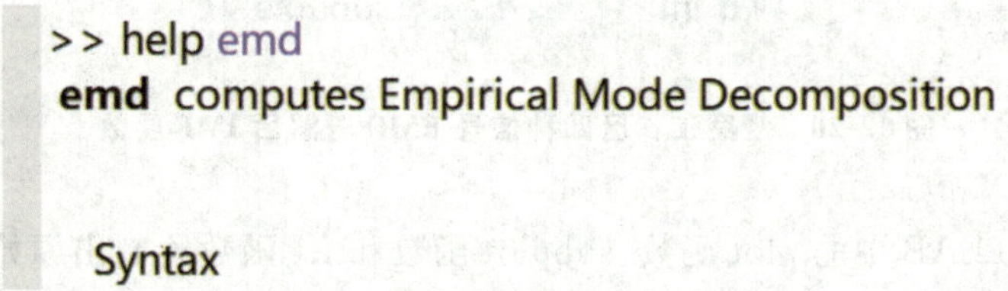

```
>> help emd
emd computes Empirical Mode Decomposition


    Syntax
```

图 13-18　EMD 工具箱导入成功

2. EMD 配合 FFT 对采集信号进行处理分析

完成上述操作后,对导入 MATLAB 中的四种信号使用 EMD 分解,具体使用格式为 IMF＝emd(signal,'T',t),其中 signal 为传入 EMD 分解的原始信号,'T'为固定格式,t 表示传入时间刻度,经过 EMD 分解的原始信号就会生成一个由 n 层 IMF 行向量组成的 IMF 分解向量矩阵。矩阵中每行代表了原始信号被分解为不同频段时间域的信号,并且对分解出来的各层 IMF 分量使用 FFT 变换显示各 IMF 分量对应的频段。

图 13-19 中 sigUWD 表示导入的非涡动信号,sigDZ 表示导入的对中信号,四种信号经过 EMD 分解后会将不同层的 IMF 行向量返回给 Tuwd_imf、Twd_imf、Tdz_imf、Tudz_imf 这四个矩阵变量。通过 MATLAB 工作区变量查看器查看变量的行数,行数代表了不同信号被 EMD 函数分解后的 IMF 层数(图 13-21)。

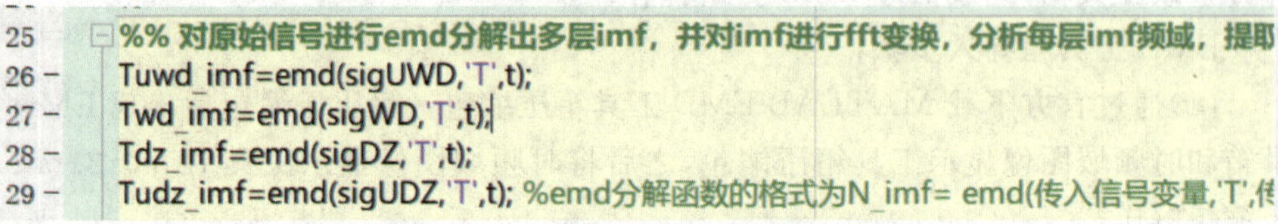

```
25   %% 对原始信号进行emd分解出多层imf,并对imf进行fft变换,分析每层imf频域,提取
26 - Tuwd_imf=emd(sigUWD,'T',t);
27 - Twd_imf=emd(sigWD,'T',t);
28 - Tdz_imf=emd(sigDZ,'T',t);
29 - Tudz_imf=emd(sigUDZ,'T',t); %emd分解函数的格式为N_imf= emd(传入信号变量,'T',传
```

图 13-19   对四组原始信号进行 EMD 分解

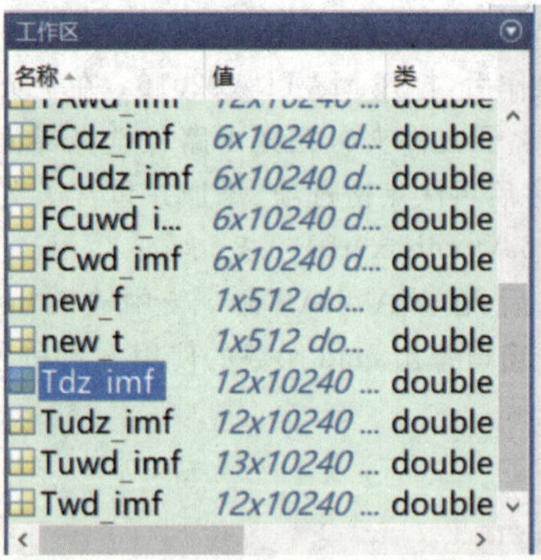

图 13-20   观察工作区四种信号 EMD 分解后 IMF 层数

使用 MATLAB 中的 plot 函数、subplot 函数和 fft 函数绘制出原始信号经过分解后各层 IMF 的时域图像和频域图像。对中信号的各层 IMF 分解时域图像以及频域图像可参考图 7-5、图 7-6,图 13-21 和图 13-22 表示不对中信号各层 IMF 分解时域图像及频域图像,图 13-23 和图 13-24 表示无油膜涡动信号 IMF 分解时域图像及频域图像,图 13-25 和图 13-26 表示有油膜涡动 IMF 分解时域图像及频域图像。

观察四种信号各 IMF 分量的时域波形可知,随着信号分解后 IMF 层数的增加,

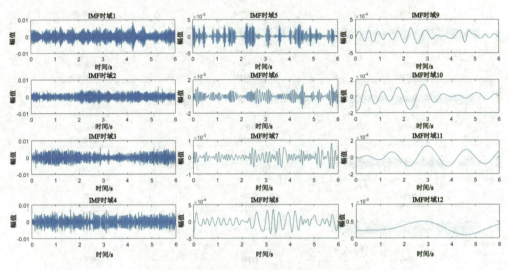

图 13-21   不对中信号各层 IMF 分解时域信号

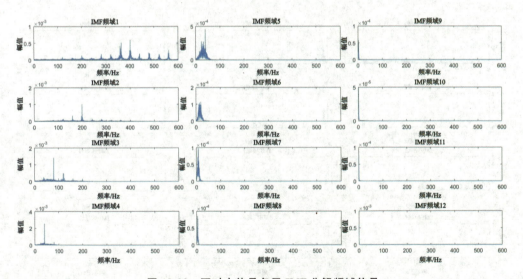

图 13-22   不对中信号各层 IMF 分解频域信号

四种信号的时域波形数逐渐减少,时域图像对应的极大值点和极小值点变少,这表明波形的频率逐渐降低,其中最后一层 IMF 几乎变为单调函数,频率近似为 0。这也印证了 EMD 分解能将原始信号分解为多组从高频到低频组成的 IMF 信号。

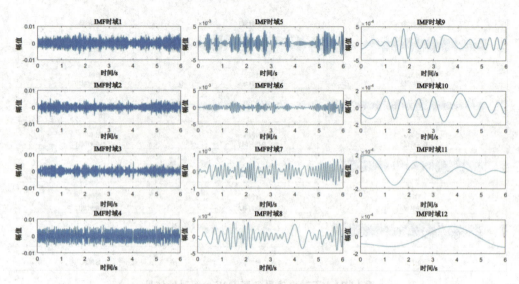

图 13-23　无油膜涡动信号 IMF 分解时域图

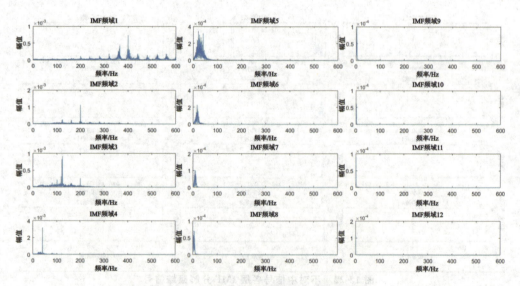

图 13-24　无油膜涡动信号 IMF 分解频域图

　　再观察四种信号 IMF 分量的频率波形。其中四种信号的第一层 IMF 频率主峰主要集中在 360Hz 以上。360Hz 以下的频率峰值很少存在噪声情况。查看 IMF2

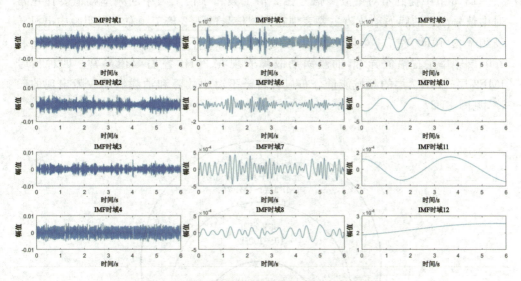

图 13-25　有油膜涡动 12 层 IMF 分解时域图

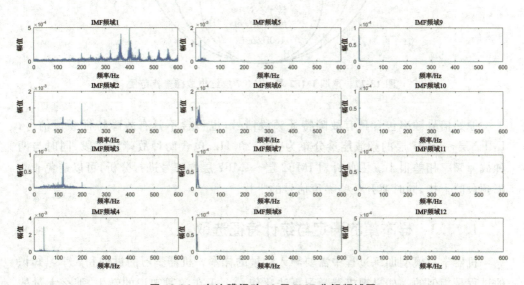

图 13-26　有油膜涡动 12 层 IMF 分解频域图

到 IMF7 频率图像,频率能量主要集中在 $10 \sim 200\mathrm{Hz}$。IMF 分量第 8 层到最后一层的频率能量主要集中在 $10\mathrm{Hz}$ 以下。

13.3 节中提到不对中故障信号在 2 倍工频和 4 倍工频中的频率幅值要比正常对中信号高。油膜涡动故障主要表现在频域信号的 1/2 倍工频左右。实验中电机转动频率为 40Hz 左右，对应工频也是 40Hz 左右。不对中故障就表现在 80Hz 和 160Hz 频率左右幅值异常，油膜涡动故障表现在 20Hz 左右幅值异常。四种信号 IMF2 层～IMF7 层的频域能量分布包含转子不对中故障和油膜涡动故障出现的频率，见图 13-27。

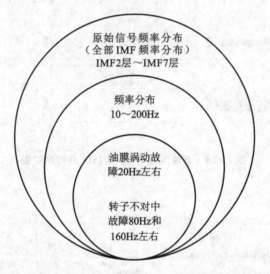

原始信号频率分布
（全部 IMF 频率分布）
IMF2 层～IMF7 层

频率分布
10～200Hz

油膜涡动故
障20Hz左右

转子不对中
故障80Hz和
160Hz左右

图 13-27　选取 IMF2 层～IMF7 层缩小故障查找范围

原始信号频率包含具有故障特征频段信号，也包含不具有故障特征频段信号。IMF2 层～IMF7 层的频域能量分布为 10～200Hz，包含两种故障频率段，同时与两种故障频率相差很小。因此针对 IMF2 层～IMF7 层的信号进行分析，可以避免非故障频段的干扰，同时避开一些噪声信号的干扰。

13.3.3　样本集的确定与统计特征选取

机器学习模型训练过程中需要导入大量的样本。机器学习的过程和人学习知识的过程是相似的。如果把机器学习算法比作一个正在学习知识的学生，那么大量的样本可类比为学生获取知识的书籍和纠正学习错误的练习册。样本是机器学习算法获得信息的唯一来源。因此在逻辑回归算法模型建立之前需要将四种故障信号转换为样本集，以支撑逻辑回归模型的训练和预测。

样本集是由各种属性值和标签构成的。标签相当于样本的结果，例如本书将故障信号样本标签设为 1,非故障信号样本标签设为 0。通过观察标签列数值可以知道样本的质量。样本的属性值又称为样本的特征值,通过样本的特征值可以找到样本相似的地方和不同的地方。例如把一群人比作一个样本集合,那么人的肤色、语言、五官等都可以作为样本的特征。通过样本集属性的比对可以找到它们相似的部分,也可以通过属性值的差异来区分它们。

在 13.3.2 节中提到四组信号分解后的 IMF2 层~IMF7 层包含判断故障的频段信息。将每组信号 IMF 分量 2~7 层分为 20 份,每份作为一个样本,每个样本包含 6 层 IMF 分量,每组分量包含 512 个采样点。以有油膜涡动故障信号和无油膜涡动故障信号为例,使用 MATLAB 对涡动组信号进行划分操作后得到两个 6 行 20 列的元胞,它们分别是 CFwd_imf(图 13-28)和 CFuwd_imf(图 13-29),每个元胞元素中包含了一个 1 行 512 列数字的矩阵。元胞的行数代表了 6 层 IMF 分量作为样本的属性,元胞的列数代表划分 20 个样本的个数。

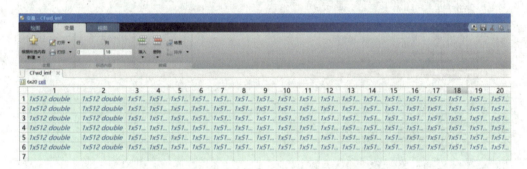

图 13-28　划分后的样本元胞 CFwd_imf(有油膜涡动)

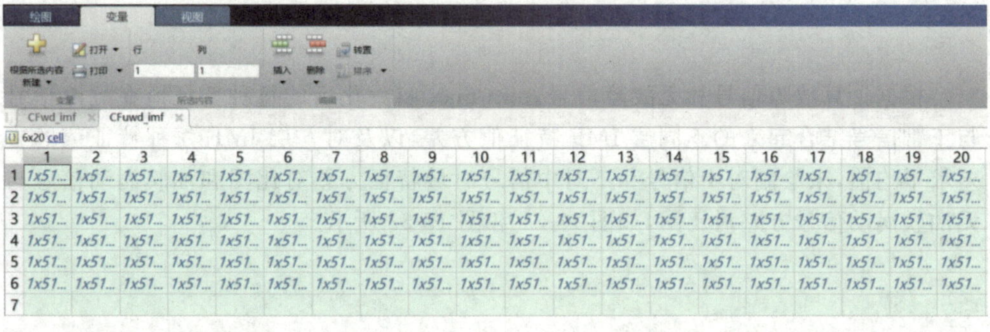

图 13-29　划分后的样本元胞 CFuwd_imf(无油膜涡动)

如果直接将分段后的 IMF 分量作为样本的属性，每种属性中仍然有 512 个数据点，因此需要使用 13.3.2 节中的数值统计特征来衡量每个表格中的 512 个离散数据点，将每个元胞中 512 个数据点转换为一个数值统计特征指标。但 13.3.2 节中有众多特征指标，有的指标反映了信号波形，有的指标反映了数据点的离散程度。如何从众多特征指标中选取合适的指标作为样本的特征值呢？这个特征值要满足在同一类样本中，不同标签下样本点差异性要大。简单来讲，选取的特征指标要在故障信号和正常信号中特征值差别较大。可以使用方差来表示特征指标差别，方差越大说明同一种特征在正常信号和故障信号中表现出的差异越大。通过 FUN_SignalTZ 函数（图 13-30）分别使用时域信号的均值、峰值、标准差、峰值因子、峰峰值、峭度、偏度等特征指标对数据进行特征提取，并将提取后的特征保存在结构体中。

```
1    function JieGuo=FUN_SignalTZ(signal)
2    %分析时域峰值、均值、标准差、峰值因子、能量熵 并返回结构体为结果
3    H_L=size(signal);
4    Name=[inputname(1),'的属性:'];
5    if isa(signal,'cell')
6        D=length(signal{1,1});
7        for i=1:H_L(1)
8            for j=1:H_L(2)
9                MEAN(i,j)=mean(signal{i,j}); %均值
10               MP(i,j)=max(signal{i,j}); %峰值
11               MRMS(i,j)=rms(signal{i,j});%均方根
12               MCF(i,j)=MP(i,j)/MRMS(i,j); %峰值因子
13               U=0;
14               tem=(signal{i,j}).^2;
15               for n=1:D
16                   U=U+tem(D);
17               end
18               ME(i,j)=U;    %时域能量熵(均方值)
19               MPP(i,j)=max(signal{i,j})-min(signal{i,j});%峰峰值
20               MK(i,j)=kurtosis(signal{i,j}); %峭度或峰度
21               MS(i,j)=skewness(signal{i,j}); %偏度
22           end
23       end
24   else
25       error('请输入元胞')
26   end
27   Shuoming='该表求于均值MEAN、峰值MP、标准差MRMS、峰值因子MCF、时域能量熵ME';
28   JieGuo=struct('Name',Name,'Shuoming',Shuoming,[inputname(1),'MEAN'],MEAN,[inputname(1),'MP'],MP,[inputname(1),'MRMS'],MRMS,[inputname(1),'MCF'],MCF,[inputna
29   (1),'MK'],MK,[inputname(1),'MS'],MS);
30   end
```

图 13-30　FUN_SignalTZ 多种时域特征提取函数

　　根据计算故障信号和无故障信号，min-max 归一化后的每种特征值在故障信号与正常信号结合起来的不同层 IMF 特征值方差，以及对 6 层 IMF 每种特征值的方差求平均值，来绘制对中信号和不对中信号时域特征方差对比图和油膜涡动信号与无油膜涡动信号方差对比图，如图 13-31 和图 13-32 所示。

　　观察图 13-31 对中与不对中样本方差图,若选取峰峰值(图中青色部分)为样本的特征值类型,故障信号与正常信号各层 IMF 特征值整体方差很大,同时 6 层 IMF 以峰峰值为特征值的方差均值(图中每类方差均值青色部分)也是最大的。这就表明使用峰峰值作为对中信号和不对中信号的特征时,可以明显地将对中信号和不对中信号区分开来。同理观察图 13-32 所示油膜涡动信号和无油膜涡动信号特征值方差对比图,可知以峰峰值作为特征指标,正常信号和故障信号各层 IMF 的方差值都很高,同时峰峰值类的方差均值也很高。这也说明以峰峰值作为有油膜涡动信号和无油膜涡动信号的特征可以很好地区分这两种信号。因此四种信号的样本属性值均可以用峰峰值来代替,同时为四种信号划分样本的最后一层打上标签,正常样本标签值为 0,故障样本标签值为 1,并将样本转置,在 MATLAB 中可表示为图 13-33。

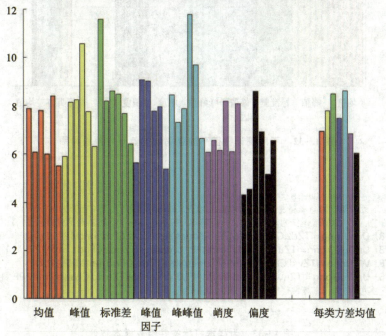

图 13-31　不同统计特征下对中类信号方差差异图

　　经过处理后得到以峰峰值作为属性值,具有样本标签的四种样本集 YBJ_DuiZhong、YBJ_UnDuiZhong、YBJ_UnWoDong、YBJ_WoDong。它们均是 20 行 7 列的矩阵,矩阵的 20 行表示 20 个样本,矩阵前 6 列表示样本 6 个不同 IMF 层数的峰峰值,矩阵的最后一列表示样本标签。无油膜涡动样本集变量 YBJ_UnWoDong 见图 13-34。

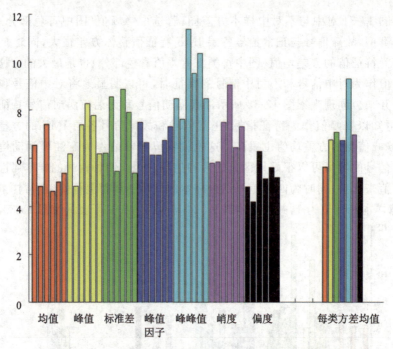

图 13-32 不同统计特征下油膜涡动类信号方差差异图

```
93      %对中与个对中组使用标准差为样本的特征。
94    □ %%% 标准差作为样本属性，且为样本打上标签。故障标签为1，正常标签为0
95      %---------以标准差作为样本特征，提取样本，并为样本打上标签。规定故障标签为1，正常标
96 -    YBJ_DuiZhong=[TZdz.CFdz_imfMPP.',0*ones(size(TZdz.CFdz_imfMPP.',1),1)];
97 -    YBJ_UnDuiZhong=[TZudz.CFudz_imfMPP.',ones(size(TZudz.CFudz_imfMPP.',1),1)];
98 -    YBJ_WoDong=[TZwd.CFwd_imfMPP.',ones(size(TZwd.CFwd_imfMPP.',1),1)];
99 -    YBJ_UnWoDong=[TZuwd.CFuwd_imfMPP.',0*ones(size(TZuwd.CFuwd_imfMPP.',1),1)];
100     %上述两步为样本属性打标签，并将故障与不故障同类样本构成一个样本集
101
```

图 13-33 为样本打标签并组成样本集

    确定完样本集后还需要将样本集划分为训练集和测试集。训练集负责训练机器学习算法以找到合适的参数拟合训练的样本。测试集不参与算法模型的训练，只用来评估算法模型的预测或作为分类时的准确指标。如果把测试集比作学生的期末考试，那么训练集就相当于学生学习过程中做的练习题集。训练集和测试集常见的划分比例为 5∶5。上述 YBJ_DuiZhong、YBJ_UnDuiZhong 包含对中实验结果好坏，YBJ_UnWoDong、YBJ_WoDong 包含油膜涡动实验的好坏，通过 MATLAB 自建函数 FUN_YBJ_huafen（图 13-35），将对中与不对中样本集组合按 5∶5 比例划分出训

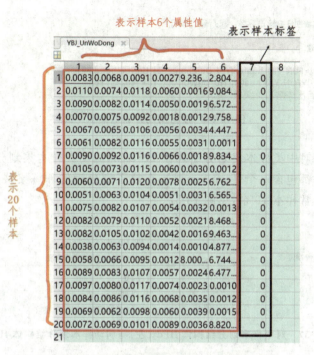

图 13-34　无油膜涡动样本集变量 YBJ_UnWoDong

练集和测试集（图 13-36），再对油膜涡动与无油膜涡动样本集组合重复上述操作。

图 13-35　FUN_YBJ_huafen 样本集划分函数

293

```
102  □%% 样本集划分按照 训练集: 测试集= 【5:5】
103    %--------设置训练集,测试集比例
104 -  BILI=[5 5];
105
106 -  [HFdz,~]=FUN_YBJ_huafen(YBJ_DuiZhong,YBJ_UnDuiZhong,BILI);
107 -  [HFwd,~]=FUN_YBJ_huafen(YBJ_UnWoDong,YBJ_WoDong,BILI);
108    %-------划分训练集,验证集,测试集
```

图 13-36　按比例划分训练集和测试集

　　最后得到对中类样本集划分结构体 HFdz 和涡动类样本集划分结构体 HFwd,两个结构体中都包含一个 TrainSum 域,存放了划分后的训练集共 20 个样本,故障样本 10 个、正常样本 10 个,见图 13-37。

HFdz ×		HFwd ×	
1x1 struct 包含 2 个字段		1x1 struct 包含 2 个字段	
字段▲	值	字段▲	值
⊞TrainSum	*20x7 double*	⊞TrainSum	*20x7 double*
⊞TestSum	*20x7 double*	⊞TestSum	*20x7 double*

图 13-37　对中样本划分结构体 HFdz(左)与涡动样本划分结构体 HFwd(右)

13.4　机器学习逻辑回归算法

13.4.1　逻辑回归算法简介

　　逻辑回归算法(Logisstic Regression)属于机器学习里常用的经典算法,该算法常用来描述和推断二分类问题。所谓的二分类问题就是结果只有两种,即"是"和"否","好"和"坏","成功"和"失败",等等,推断的结果常用事件发生的概率来表示。例如,某医院使用训练好的逻辑回归模型来预测某患者的某病症复发的可能性,某商户使用逻辑回归模型预测某日业绩达到期望值的可能性等。逻辑回归算法虽然带有"回归"二字,但它本身是一种分类预测模型。

13.4.2　机器学习方法的组成

　　机器学习方法是基于数据构建概率统计模型对数据进行预测与分析。机器学习

方法通常由三方面组成:学习算法模型的选择、学习的策略和策略的算法优化。

使用机器学习方法解决问题首先要考虑解决该问题需要哪种算法模型,本章使用的训练样本是连续的,且样本都带有标签(训练样本的结果),根据预测的结果判断轴承是否发生故障。要解决机器学习算法问题,需要寻找监督学习里能解决二分类问题的算法。逻辑回归算法能满足上述要求。

确定完机器学习的算法就要决定学习的策略,学习的策略是判断算法模型好坏的依据,通过寻找输入数据与拟合模型之间的数学关系,将算法模型的学习问题转换成一个优化问题。使用逻辑回归算法对训练样本进行拟合后,样本与模型之间必然存在误差,这个误差对应的数学函数表达式被称为损失函数,在逻辑回归算法中使用交叉熵损失函数来表示输入数据和拟合模型之间的数学关系。

获得了表示数据和模型之间误差关系的损失函数就相当于确立好了学习策略,逻辑回归算法使用极大似然法函数作为学习策略,该损失函数对应的函数值越小,表明该模型预测效果越好,因此使用一种策略优化算法,寻找损失函数的最小值是必要的。对于极大似然法函数选择最小值,本章使用了梯度下降法来寻找值。由此可以发现机器学习的三个组成方面是环环相扣的。

13.4.3　逻辑回归实现的流程

逻辑回归模型是一个可以输入连续量,并将输出的结果映射到$(0,1)$区间的算法模型。它是基于线性模型的,并将线性模型的输出量作为 Sigmoid 的输入量,依据 Sigmoid 函数可以将结果映射到$(0,1)$区间,即输入数据的区间为$[-\infty,+\infty]$,输出结果映射到$(0,1)$的特性实现了逻辑回归算法的分类预测功能。同时逻辑回归模型是一种误差函数,符合伯努利分布(Bernoulli Distribution),连接函数(Link)为 logit 函数的一种广义的线性模型,这也为后面使用 MATLAB 实现逻辑回归算法提供了另一条途径。

逻辑回归让线性回归模型与 Sigmoid 函数相结合,通过梯度下降算法找出损失函数的最小值来建立算法模型。

1. 线性回归模型

在机器学习中一个样本S_1都有j个样本的属性,那么可以使用行向量来表示该样本,即$S_1=[s_{11},s_{12},\cdots,s_{1j}]$。$S_1$中的每个元素数值大小表示该样本的属性值,如果使用线性条件来表示样本结果与样本属性之间的关系,那么每个样本属性将有一个控制该样本属性的系数q。样本有j个属性,那么就有j个不同的系数q。使用行向量表示:$Q=[q_1,q_2,\cdots,q_j]$。因此一个样本的线性输出关系可以表示为:$V_1=S_1Q^{\mathrm{T}}$。

但实际机器学习中往往会收集很多样本,因此使用 M 来表示 $S_1, S_2, \cdots, S_i$ 的 i 个样本的样本集

$$M = \begin{bmatrix} \boldsymbol{S}_1 \\ \vdots \\ \boldsymbol{S}_i \end{bmatrix} = \begin{bmatrix} s_{11} & \cdots & s_{1j} \\ \vdots & \vdots & \vdots \\ s_{i1} & \cdots & s_{ij} \end{bmatrix} \tag{13-1}$$

式中,s_{ij} 为第 i 样本的第 j 个属性值;S_i 为第 i 个样本;M 为包含 i 个样本的样本集。则 i 个样本对应的线性回归输出结果可以用下式来表示

$$\boldsymbol{V} = \boldsymbol{MQ}^{\mathrm{T}}, \text{其中} \boldsymbol{V} = \begin{bmatrix} V_1 \\ \vdots \\ V_i \end{bmatrix} \tag{13-2}$$

式中,Q 表示包含 j 个不同线性系数 q 的行向量;V 表示对样本线性回归拟合向量。

2. Sigmoid 函数及逻辑回归预测函数

逻辑回归是用来解决二分类问题的,它产生的预测结果满足二项分布,见表 13-7。

表 13-7 二项分布

事件发生结果 K	事件发生的概率 P
0	$1-P$
1	P

表 13-7 中表示事件发生的概率为 P,事件未发生的概率为 $1-P$。那么事件发生的概率可以用下式表示:

$$P = \frac{\text{发生的概率}}{\text{总概率}} = \frac{P}{1} \tag{13-3}$$

这里引入一种比率 odds 表示发生的概率/未发生的概率,代入表 13-7 中数据可表示为:

$$\text{odds} = \frac{\text{发生的概率}}{\text{未发生的概率}} = \frac{P}{1-P} \tag{13-4}$$

P 的取值范围为 $[0,1]$,上述 odds 的取值范围就变为了 $[0,+\infty)$。线性模型的输入范围是 $(-\infty,+\infty)$,且输出也满足 $(-\infty,+\infty)$,因此将 odds 取自然对数,即 $\ln(\text{odds})$ 的取值范围就变为 $(-\infty,+\infty)$。

$$y = \ln(\text{odds}) = \ln \frac{P}{1-P} \tag{13-5}$$

上式经过变换得到式(13-6)，其表示 Sigmoid 函数。

$$g(y) = P = \frac{1}{1 + e^{-y}} \tag{13-6}$$

式中，y 的取值为$(-\infty, +\infty)$，P 表示事件发生的概率，其取值范围为$(0,1)$。线性回归模型的输出范围$(-\infty, +\infty)$作为 Sigmoid 的输入值，可以将结果映射到$(0,1)$区间。

使用 MATLAB 中的符号变量创建 Sigmoid 函数，并使用 fplot 符号图像绘制函数，得到 Sigmoid 函数图像（图 13-38）。由图 13-38 可知 Sigmoid 函数是连续函数，严格单调且平滑。并且函数以横坐标为 0，纵轴标为 0.5 的点中心对称，是具有良好性能的阈值函数。

因此逻辑回归在实现二分类的过程中，通常在 Sigmoid 函数值为 0.5 处设定阈值，将 Sigmoid 函数预测值大于 0.5 的样本划分为一种类型，通常设定预测标签为 1，将 Sigmoid 函数预测值小于 0.5 的样本划分为另一种类型，通常设定预测标签为 0。

将式(13-6)中的线性模型的输出结果作为 Sigmoid 函数的输入结果，输入结果的范围从$(-\infty, +\infty)$映射到输出结果为$(0,1)$，便可得到逻辑回归算法的预测函数表达式：

$$g(\boldsymbol{V}) = g(\boldsymbol{MQ}^{\mathrm{T}}) = \frac{1}{1 + e^{-\boldsymbol{MQ}^{\mathrm{T}}}} \tag{13-7}$$

3. 逻辑回归损失函数

由式(13-7)逻辑回归表达式可知，欲求逻辑回归预测函数需要确定系数向量 $\boldsymbol{Q}$ 的值。逻辑回归预测结果可以表示事件发生的概率且满足二项分布，因此可以使用伯努利分布来表示该预测函数式：

$$\begin{cases} P(\boldsymbol{K} = 0 \mid \boldsymbol{MQ}^{\mathrm{T}}) = 1 - g(\boldsymbol{MQ}^{\mathrm{T}}) \\ P(\boldsymbol{K} = 1 \mid \boldsymbol{MQ}^{\mathrm{T}}) = g(\boldsymbol{MQ}^{\mathrm{T}}) \end{cases} \tag{13-8}$$

$$P(\boldsymbol{K} \mid \boldsymbol{MQ}^{\mathrm{T}}) = (g(\boldsymbol{MQ}^{\mathrm{T}})^{\boldsymbol{K}})(1 - g(\boldsymbol{MQ}^{\mathrm{T}}))^{1-\boldsymbol{K}} \tag{13-9}$$

$\boldsymbol{K} = [k_1, \cdots, k_i]$是一个包含 i 个样本标签值的向量，样本的标签在逻辑回归中故障为"1"，不故障为"0"，$P(\boldsymbol{K}, \boldsymbol{MQ}^{\mathrm{T}})$表示每个样本符合标签值时的概率。在逻辑回归模型训练过程中，每个训练样本符合标签的概率越高，就表示训练模型效果越好。因此引入最大似然估计来找到一个最符合样本概率分布的逻辑回归模型。将每个样本的概率相乘，求得的值越大，表示模型对样本标签预测整体概率越高。对似然函数取

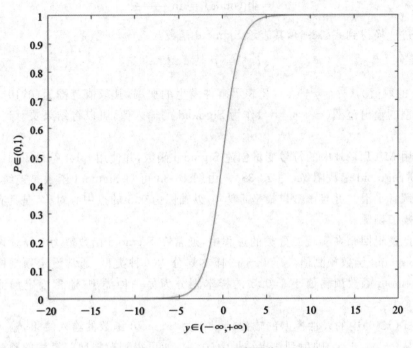

图 13-38　Sigmoid 函数图像

对数后连续相乘变为累加,同时指数幂变为系数方便使用矩阵表示和计算,取对数后的表达式为:

$$u(\boldsymbol{Q}^{\mathrm{T}}) = \sum_{i=1}^{n} \left[k_i \log g(\boldsymbol{V}_i) + (1 - k_i) \log(1 - g(\boldsymbol{V}_i)) \right] \tag{13-10}$$

式(13-10)的取值范围为$(-\infty, 0)$,值越大,逻辑回归模型对训练样本概率分布越好,同时也能确定合适的系数 $\boldsymbol{Q} = [q_1, q_2, \cdots, q_j]$。对取对数形式的似然函数取相反值就引入了损失函数的概念:

$$\mathrm{Cost}(\boldsymbol{Q}^{\mathrm{T}}) = -\sum_{i=1}^{n} \left[k_i \log g(\boldsymbol{S}_i \boldsymbol{Q}^{\mathrm{T}}) + (1 - k_i) \log(1 - g(\boldsymbol{S}_i \boldsymbol{Q}^{\mathrm{T}})) \right] \tag{13-11}$$

损失函数 Cost 的值越小,似然函数的值就越大,模型的效果就越好,这也符合机器学习方法中损失函数的理念。同时找到了损失函数的最小值,逻辑回归模型系数向量 $\boldsymbol{Q}$ 就确定了,这也表示逻辑回归预测模型已经建立好了。

建立逻辑回归模型的核心是寻找一系列与逻辑回归有关的系数,系数向量 $\boldsymbol{Q}$ 的合适取值又和损失函数 $\nabla(\mathrm{Cost}(\boldsymbol{Q}^{\mathrm{T}}))$ 的最小值有关。使用到梯度下降法寻找损失函数的最小值,给定一个初始点,初始点沿着梯度方向变化最快,因此对于凸函数可以通过迭代的方式寻找函数的最小值。以一元二次函数为例,图 13-39 中在函数任意位置选取一个初始点,通过设定合适的学习率,初始点会自动沿着梯度方向快速下降找到函数的最小值。使用梯度下降法寻找最佳逻辑回归模型预测系数可见式(13-12),β 控制下降的步长,β 越小,每次下降得越平滑,也越容易找到最小值点,β 越大,下降的步长越大,迭代过程中越容易错过最小值点,仅找到最小值邻近点。$\nabla (\mathrm{Cost}(\boldsymbol{Q}^{\mathrm{T}}))$ 表示损失函数的梯度,对于一元函数,梯度表示为该函数的导数,对于多元函数,梯度可以表示为函数对每个自变量偏导组成的一组向量。

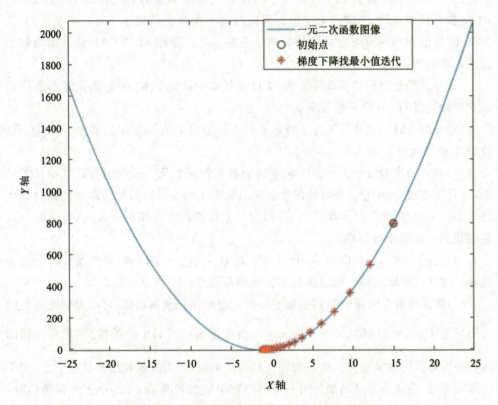

图 13-39　利用梯度下降法找一元二次函数最小值

$$\boldsymbol{Q}^{\mathrm{T}} := \boldsymbol{Q}^{\mathrm{T}} - \beta \nabla (\mathrm{Cost}(\boldsymbol{Q}^{\mathrm{T}})) \tag{13-12}$$

式中,β 表示学习率;$\nabla (\mathrm{Cost}(\boldsymbol{Q}^{\mathrm{T}}))$ 表示求逻辑回归算法的损失函数的梯度。

式(13-12)中损失函数的梯度计算化简后得:

$$Q^{\mathrm{T}} := Q^{\mathrm{T}} - \beta \sum_{i=1}^{n} (g(\boldsymbol{V}_i) - k_i) \boldsymbol{S}_i \tag{13-13}$$

使用误差 $\boldsymbol{\Phi}$ 表示式(13-13),化简为矩阵相乘的形式得:

$$\boldsymbol{\Phi} = g(\boldsymbol{V}) - \boldsymbol{K} = [\boldsymbol{\phi}_1, \cdots, \boldsymbol{\phi}_j]^{\mathrm{T}} \tag{13-14}$$

$$Q^{\mathrm{T}} := Q^{\mathrm{T}} - \beta \boldsymbol{M}^{\mathrm{T}} \boldsymbol{\Phi} \tag{13-15}$$

给定一行初始向量 Q_0,确定一个学习率 β,将预处理过的训练样本点代入式(13-15)中,由于梯度下降法迭代过程中,上一次的结果和下一次的结果差值会越来越小,因此使用一个很小的数值 ε 作为梯度下降法迭代的终止条件,使用 MATLAB 中的 while 循环反复迭代,当满足上次损失函数减去下次损失函数小于 ε 这一条件时,迭代终止,即能找到一组较为合适的行向量系数 Q_{best}。因此 MATLAB 建立逻辑回归模型的步骤为:

(1)导入预处理后的训练样本集 $\boldsymbol{M}$ 以及样本对应标签 $\boldsymbol{K}$,确定迭代终止条件 ε,设立初始向量 Q_0,并确定学习率 β。

(2)使用 MATLAB 计算每个样本点符合标签时的概率 $g(\boldsymbol{V})$,其中 $\boldsymbol{V} = \boldsymbol{S} Q^{\mathrm{T}}$,计算误差 $\boldsymbol{\Phi}$ 见式(13-14)。

(3)执行一次 $Q^{\mathrm{T}} := Q^{\mathrm{T}} - \beta \boldsymbol{M}^{\mathrm{T}} \boldsymbol{\Phi}$,求得更新后的系数代入损失函数 $\nabla(\text{Cost}(Q^{\mathrm{T}}))$ 中,并计算本次 $\text{Cost}(Q^{\mathrm{T}})$ 与初始向量损失函数 $\nabla(\text{Cost}(Q^{\mathrm{T}}))$ 的差。两者之差比迭代终止条件 ε 小,直接执行步骤(5)。若两者之差比迭代终止条件 ε 大,执行步骤(4)。直到找到一组最佳系数 Q_{best}。

(4)使用 MATLAB 中的 while 循环更新 $Q^{\mathrm{T}} := Q^{\mathrm{T}} - \beta \boldsymbol{M}^{\mathrm{T}} \boldsymbol{\Phi}$,直到循环符合终止条件。这样就可以找到一组合适的逻辑回归系数 Q_{best}。

(5)将这组最佳的逻辑回归系数 Q_{best} 代入逻辑回归预测函数,可以得到逻辑回归预测模型 $P_{\text{logical}} = g(\boldsymbol{M} Q_{\text{best}}^{\mathrm{T}}) = \dfrac{1}{1 + e^{-\boldsymbol{M} Q_{\text{best}}^{\mathrm{T}}}}$,由于逻辑回归属于分类模型,建立完预测函数还需要设定决策边界。决策边界又称为决策阈值,当逻辑模型预测值 P_{logical} 大于决策阈值时,将该预测结果划分为一类。当逻辑模型预测值 P_{logical} 小于决策阈值时,将对应预测结果划分为另一类。由于前面故障信号设定标签为1,非故障信号设定标签为0,因此导入的测试集算法预测值比决策边界大的话,认为预测结果属于故障类。当预测值小于决策边界时,认为预测结果属于正常非故障类。

上述 MATLAB 建立逻辑回归模型的前四步,可以通过逻辑回归预测系数函数 FUN_findnumQ 实现,图 13-40 中函数需要传入不带标签的训练样本,使用变量 yangben 来表示;传入一组初始系数向量,使用 q_0 表示;传入学习率为 a;传入样本的标签,使用 biaoqian 变量表示;传入终止条件,使用 eboxiu 变量代替。

```
     DisplyAllSignal.m   ×    FUN_YBJ_huafen.m   ×    FUN_findnumQ.m*   ×    +
1       %寻找逻辑回归系数FUN_findnumQ(yangben,q0,a,biaoqian,eboxiu)，yangben表示导入的样本数据，行表示样本，列表示属性,q0表示输入的初始逻
2       function [Qbest,lowcost]=FUN_findnumQ(yangben,q0,a,biaoqian,eboxiu)
3  -      A=yangben*q0;
4  -      u=1./(exp(-A)+1);
5  -      eu0=LogicalCost;
6  -      E=u-biaoqian;
7  -      Qbest=q0-a*yangben.'*E;
8  -      A=yangben*Qbest;
9  -      u=1./(exp(-A)+1);
10 -      lowcost=LogicalCost;
11 -      theter=abs(lowcost-eu0);
12 -   if theter>eboxiu    %判断损失函数是否大于终止条件，大于终止条件直接返回q0值
13 -       while theter>eboxiu    %当20行的theter值比终止条件小时结束循环，返回最佳系数。
14 -           eu0=lowcost;
15 -           E=u-biaoqian;
16 -           Qbest=Qbest-a*yangben.'*E;
17 -           A=yangben*Qbest;
18 -           u=1./(exp(-A)+1);
19 -           lowcost=LogicalCost;
20 -           theter=abs(lowcost-eu0);
21 -       end
22 -   else
23 -       Qbest=q0;
24 -   end
25 -       function eu=LogicalCost       %逻辑回归损失函数
26 -           eu=-log10(u).*biaoqian;
27 -           eu=sum(eu);
28 -       end
29 -   end
30
```

图 13-40　查找逻辑回归预测系数函数 FUN_findnumQ

　　函数的 25～28 行表示逻辑回归损失函数。函数的前 11 行,表示先执行一次上述 MATLAB 建立逻辑回归模型的步骤(1)和步骤(2),第 12 行使用 if 语句判断本次损失函数的值与上次损失函数的差 theter 是否符合终止条件 eboxiu,如果符合条件 theter＜eboxiu,表示传入的初始系数向量 q_0 就是逻辑回归需要的最佳系数 Q_{best},函数会执行 23 行跳过中间的 while 循环,返回最佳系数 Q_{best}。如果 theter＞eboxiu,就会执行 if 语句内的 while 循环,直到满足 theter＜eboxiu,终止循环,返回最佳系数 Q_{best}。

　　MATLAB 建立逻辑回归模型的步骤(5),是通过 MATLAB 创建另一个函数 FUN_logicalFunction 来实现的,图 13-41 中第一行为函数名,括号内分别传入最佳系数 Q_{best},导入预测集数据存放在 signal 变量中,导入设定的阈值存放在变量 yuzhi 中。函数 1～4 行保证输入的阈值范围在 0 到 1 之间。函数 6～40 行绘制出图像的真实值、预测值、真实值与预测值差异导线,以及画出阈值线和模型对预测值判断对错标识符。同时设置对应的图例标识。函数的 41～56 行创建只能在函数内部使用的文件函数 SetPlot,该函数用来美化绘制图像颜色、字体、字号、坐标轴颜色。函数的 57～68 行用来计算和统计与预测相关的数值,并将统计结果保存到结构体变量 ZQ 中。

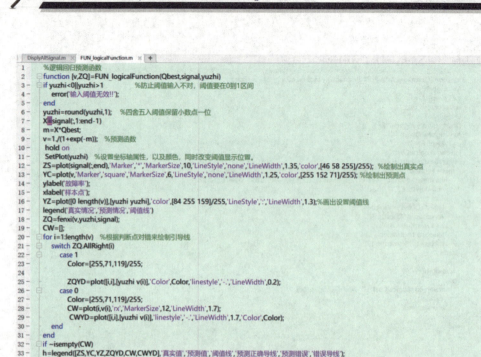

```
    DisplayAllSignal.m  ×   FUN_logicalFunction.m  ×  +
1        %逻辑回归预测函数
2        function [v,ZQ]=FUN_logicalFunction(Qbest,signal,yuzhi)
3        if yuzhi<0||yuzhi>1              %防止阈值输入不对,阈值要在0到1区间
4            error('输入阈值无效!!');
5        end
6        yuzhi=round(yuzhi,1);    %四舍五入阈值保留小数点一位
7        X=signal(:,1:end-1);
8        m=X*Qbest;
9        v=1./(1+exp(-m));    %预测函数
10        hold on
11        SetPlot(yuzhi)    %设置坐标轴属性,以及颜色,同时改变阈值显示位置。
12        ZS=plot(signal(:,end),'Marker','*','MarkerSize',10,'LineStyle','none','LineWidth',1.35,'color',[46 58 255]/255);    %绘制出真实点
13        YC=plot(v,'Marker','square','MarkerSize',6,'LineStyle','none','LineWidth',1.25,'color',[255 152 71]/255);    %绘制出预测点
14        ylabel('故障率')
15        xlabel('样本点')
16        YZ=plot([0 length(v)],[yuzhi yuzhi],'color',[84 255 159]/255,'LineStyle',':','LineWidth',1.3);%画出设置阈值线
17        legend('真实情况','预测情况','阈值线')
18        ZQ=fenxi(v,yuzhi,signal);
19        CW=[];
20        for i=1:length(v)    %根据判断点对错来绘制引导线
21            switch ZQ.AllRight(i)
22                case 1
23                    Color=[255,71,119]/255;
24
25                    ZQYD=plot([i,i],[yuzhi v(i)],'Color',Color,'linestyle',':','LineWidth',0.2);
26                case 0
27                    Color=[255,71,119]/255;
28                    CW=plot(i,v(i),'rx','MarkerSize',12,'LineWidth',1.7);
29                    CWYD=plot([i,i],[yuzhi v(i)],'linestyle',':','LineWidth',1.7,'Color',Color);
30            end
31        end
32        if ~isempty(CW)
33            h=legend([ZS,YC,YZ,ZQYD,CW,CWYD],'真实值','预测值','阈值线','预测正确导线','预测错误','错误导线');
34        else
35            h=legend([ZS,YC,YZ,ZQYD],'真实值','预测值','阈值线','预测正确导线');
36        end
37        set(h,'Location','eastoutside');
38        h=title('逻辑回归预测图')
39        set(h,'Color',[67 205 128]/255,'FontWeight','bold');
40        end
41        function SetPlot(yuzhi)
42        Usergca=gca;
43        Usergca.YTick=0:0.1:1;
44        Yn=cell(length(Usergca.YTick),1);
45        Yn(1)={'无故障'};
46        Yn(end)={'有故障'};
47        Yn(yuzhi*10+1)={'阈值'};
48        Usergca.YTickLabel=Yn;
49        Usergca.FontName='微软雅黑';
50        Usergca.YGrid='on';
51        Usergca.XGrid='on';
52        Usergca.XMinorTick='on';
53        Usergca.XMinorGrid='on';
54        Usergca.YColor=[204 85 0]/255;
55        Usergca.XColor=[208 32 144]/255;
56        end
57        function ZQ=fenxi(v,yuzhi,signal)    %计算tp,fp,tf,tn
58        v(v>yuzhi)=1;
59        v(v<yuzhi)=0;
60        TP=sum(v&signal(:,end));    %因为1&1=1 其余情况全为0,因此可以表示预测结果为1,真实结果也为1的情况
61        FN=sum(signal(:,end))-TP;    %将标签全是1的结果相加,减去预测对的为1,便是把1预测为0的。
62        TN=sum(~v&~signal(:,end));    %将标签的0取反变为1,变为0,再重复&操作,查找出来真实0下预测为0的结果
63        FP=sum(~signal(:,end))-TN;    %返回标签为0前提下,预测错误的数据。
64        AllRight=~xor(v,signal(:,end));
65        ZQ.tp=TP;ZQ.fn=FN;ZQ.tn=TN;ZQ.fp=FP;
66        ZQ.Confusion=[TP,FP;FN,TN];
67        ZQ.AllRight=AllRight;
68        end
```

图 13-41　绘制逻辑回归预测图像函数 FUN_logicalFunction

13.5　逻辑回归模型训练及精度评价

前文提及使用 MATLAB 中 EMD 工具箱对四种数据进行处理，配合 FFT 算法提取故障频段时域信号，对信号划分样本集提取样本特征，产生两个结构体 HFdz 和 HFwd。HFdz 和 HFwd 中都包含一个训练集和一个测试集。训练集和测试集中都包含 10 个正常样本和 10 个故障样本。HFdz 和 HFwd 的训练集用于后期算法训练，测试集用于测试算法预测情况。数据获取处理流程如图 13-42 所示。

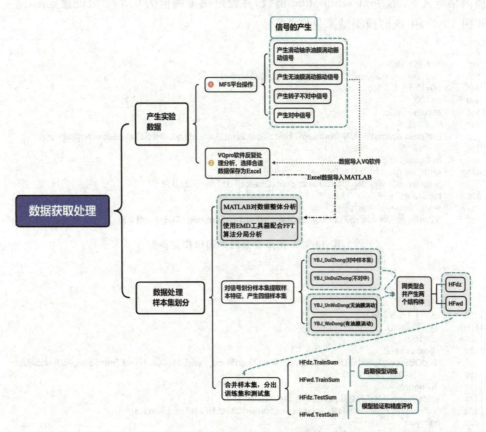

图 13-42　数据获取处理流程图

向逻辑回归模型函数 FUN_findnumQ 导入两种类型信号,即对中类信号和涡动类信号的训练集 HFdz. TrainSum 和 HFwd. TrainSum。并设置合适的终止条件,完成不对中故障预测模型和油膜涡动故障预测模型最佳系数 Q_{best} 的查找。并使用验证集 HFdz. TestSum 和 HFwd. TestSum 求出两种模型的预测值,为两个模型设定逻辑回归决策边界,实现两个逻辑回归模型对测试样本的预测。并使用混淆矩阵以及混淆矩阵相关参数完成逻辑回归模型预测精度评价。

　　首先随意确定一组 q_0 作为逻辑回归模型函数 FUN_findnumQ 的初始参数,设定学习率 a 为 100,迭代终止条件 eboxiu 为 5e−2。并向对中类信号训练集 HFdz. TrainSum 和涡动类训练集 HFwd. TrainSum 导入函数。将求得的最佳预测系数和预测集导入 FUN_logicalFunction 函数,并设定决策阈值为 0.5,参数设置见图 13-43 和图 13-44,生成的预测结果见图 13-45。

```
109    %% 样本训练
110    %设定学习率a，初始逻辑回归系数q0，终止条件eboxiu
111 -  q0=[1 5 5 5 5]';
112 -  a=100;
113 -  eboxiu=5e-2;
114    %对中训练
115 -  [dzQbest,dzJcost]=FUN_findnumQ(HFdz.TrainSum(:,1:end-1),q0,a,HFdz.TrainSum(:,end),eboxiu);
116    %对中图像
117 -  h=figure;
118 -  set(h,'Name','对中训练集分类','Numbertitle','off');
119 -  [v,information]=FUN_logicalFunction(dzQbest,HFdz.TrainSum,0.5)
120 -  h=figure
121 -  set(h,'Name','对中总体分类')
122 -  [v2,infor]=FUN_logicalFunction(dzQbest,[HFdz.TestSum;HFdz.TrainSum],0.5)
```

图 13-43　初步设置对中训练模型参数

```
123    %%
124 -  q0=[1 1 1 5 3 5]';
125    %---涡动训练
126 -  a2=100;
127 -  eboxiu=5e-2;
128 -  [wdQbest,wdJcost]=FUN_findnumQ(HFwd.TrainSum(:,1:end-1),q0,a2,HFwd.TrainSum(:,end),eboxiu);
129    %---生成涡动图像
130 -  h=figure;
131 -  set(h,'Name','涡动训练集分类','Numbertitle','off');
132 -  [wdv,wdinformation]=FUN_logicalFunction(wdQbest,HFwd.TrainSum,0.5)
133 -  h=figure
134 -  set(h,'Name','涡动故障总体分类')
135 -  [wdv2,wdinfor]=FUN_logicalFunction(wdQbest,[HFwd.TestSum;HFwd.TrainSum],0.5)
```

图 13-44　初步设置涡动训练模型参数

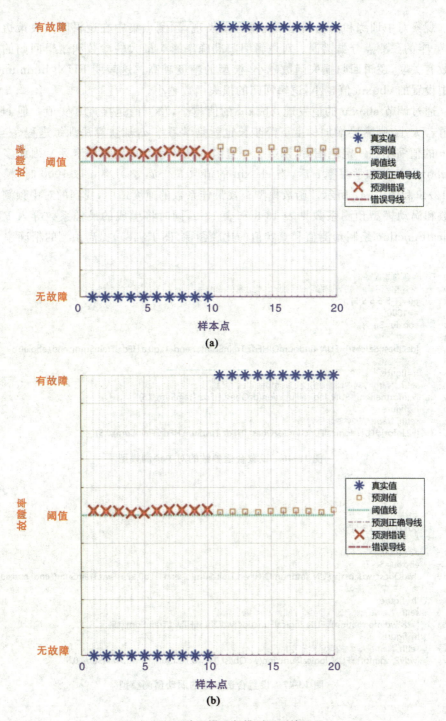

图 13-45   两种逻辑回归模型预测情况图

(a)对中逻辑回归模型预测结果；(b)涡动逻辑回归模型预测结果

观察对中训练和涡动训练预测情况图发现,预测点集中在逻辑回归决策边界附近,一半的预测点分类错误。对逻辑回归准确率影响最大的参数和逻辑回归的损失函数有关联,逻辑回归损失函数越小,模型的精度越高。这表明 FUN_findnumQ 函数中设置的 eboxiu 值越小,逻辑回归的损失函数越小。

　　通过调节 eboxiu 的值发现,eboxiu 的值越小,预测值越接近真实值。但 eboxiu 的值若太小,则需要增加梯度下降步长也就是学习率 a,加快算法训练进程。当 eboxiu 的值缩小到一定范围后,函数会一直陷入循环状态直到程序卡死。因此多次调节 eboxiu 的值和学习率 a 后,当 eboxiu 的值取 5e－7,学习率 a 取 1000 时,模型如图 13-46 和图 13-47 所示。函数模型查找最佳系数的速度适中,找到的对中预测模型系数和涡动模型预测系数见表 13-8 和表 13-9,同时将生成的最佳系数导入 FUN_logicalFunction 绘制预测值和真实值的比较图像(图 13-48),提高预测的精确率。

```
109    %% 样本训练
110    %设定学习率a, 初始逻辑回归系数q0, 终止条件eboxiu
111 -  q0=[1 5 5 5 5 5]';
112 -  a=1000;
113 -  eboxiu=5e-7;
114    %对中训练
115 -  [dzQbest,dzJcost]=FUN_findnumQ(HFdz.TrainSum(:,1:end-1),q0,a,HFdz.TrainSum(:,end),eboxiu);
116    %对中图像
117 -  h=figure;
118 -  set(h,'Name','对中训练集分类','Numbertitle','off');
119 -  [v,information]=FUN_logicalFunction(dzQbest,HFdz.TrainSum,0.5)
120 -  h=figure
121 -  set(h,'Name','对中总体分类')
122 -  [v2,infor]=FUN_logicalFunction(dzQbest,[HFdz.TestSum;HFdz.TrainSum],0.5)
```

图 13-46　设置合适参数的对中预测模型

```
123    %%
124 -  q0=[1 1 1 5 3 5]';
125    %---涡动训练
126 -  a2=1000;
127 -  eboxiu=5e-7;
128 -  [wdQbest,wdJcost]=FUN_findnumQ(HFwd.TrainSum(:,1:end-1),q0,a2,HFwd.TrainSum(:,end),eboxiu);
129    %---生成涡动图像
130 -  h=figure;
131 -  set(h,'Name','涡动训练集分类','Numbertitle','off');
132 -  [wdv,wdinformation]=FUN_logicalFunction(wdQbest,HFwd.TrainSum,0.5)
133 -  h=figure
134 -  set(h,'Name','涡动故障总体分类')
135 -  [wdv2,wdinfor]=FUN_logicalFunction(wdQbest,[HFwd.TestSum;HFwd.TrainSum],0.5)
```

图 13-47　设置合适参数的涡动预测模型

表 13-8   **对中故障预测模型最佳系数表**

对中故障预测模型最佳系数 dzQbest

dzQbest(1)	dzQbest(2)	dzQbest(3)	dzQbest(4)	dzQbest(5)	dzQbest(6)
−3380.9711	5699.1575	−1959.1604	3467.0202	−6509.1623	184.9866

表 13-9   **涡动故障预测模型最佳系数表**

油膜涡动故障预测模型最佳系数 wdQbest

wdQbest(1)	wdQbest(2)	wdQbest(3)	wdQbest(4)	wdQbest(5)	wdQbest(6)
184.9867	2833.2925	−13403.4715	10754.5897	1230.8730	−11666.0502

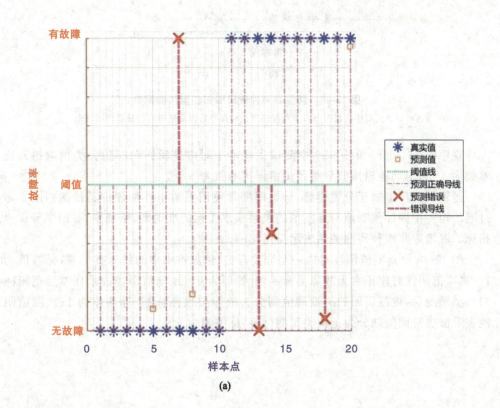

(a)

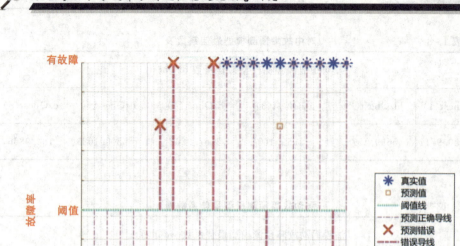

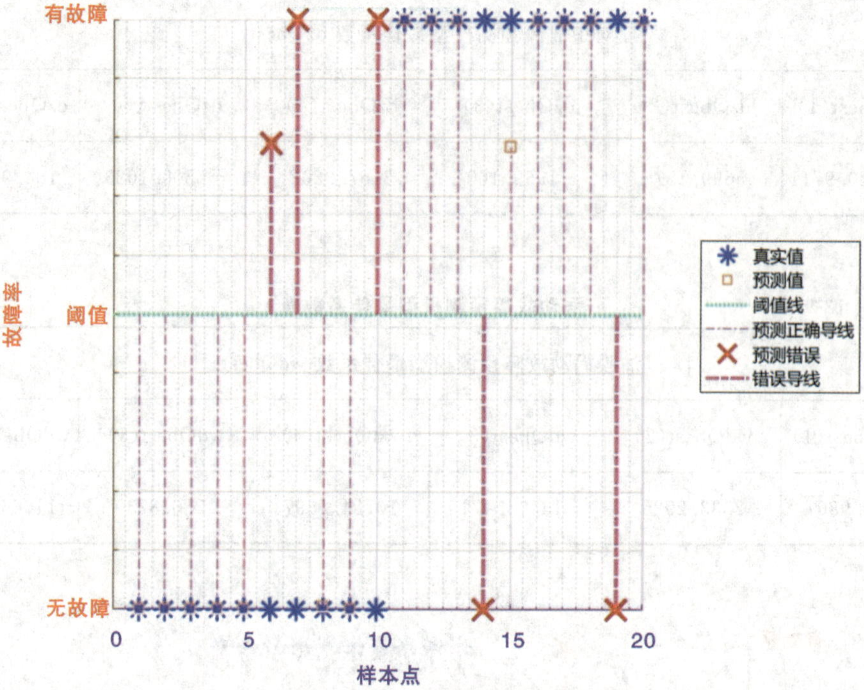

(b)

图 13-48　调整后两种逻辑回归模型预测图像

(a)调整后对中逻辑回归模型预测结果;(b)调整后涡动逻辑回归模型预测结果

观察图 13-48(a)和(b),20 个测试集样本中对中逻辑回归模型分类预测错误样本数为 4 个,涡动逻辑回归分类预测错误样本数为 5 个。

逻辑回归模型属于分类模型,分类模型常使用混淆矩阵来评价其预测精度。通过混淆矩阵中四种预测值与真实值的关系求出模型的准确率、精确率、召回率等评价指标。混淆矩阵四种预测关系表示见图 13-49。

图 13-49 中真实值阳性对应一个分类标签,例如本书中的故障类标签,标签值为 1。真实值阴性对应正常无故障类标签,标签值为 0。预测值阳性表示样本经逻辑回归模型预测后,被逻辑回归决策阈值划分为故障类预测标签,标签值为 1;预测值阴性表示被决策阈值划分为正常类预测标签,标签值为 0。

	真实值阳性	真实值阴性
预测值阳性	预测正确阳性（TP）	预测错误阴性（FN）
预测值阴性	预测错误阳性（FP）	预测正确阴性（TN）

图 13-49　混淆矩阵示意图

图 13-49 中预测正确阳性(TP)表示真实标签为 1 对应故障状态下，预测模型预测出样本为 1 故障状态下正确的样本数量。预测错误阳性(FP)表示样本真实标签为故障，预测结果为正常。预测结果与真实结果相反。同理，预测错误阴性(FN)表示真实结果为正常，预测结果为故障。预测正确阴性(TN)表示真实结果为正常，预测结果也正常。

准确率：(TP+TN)/(TP+TN+FN+FP) 表示算法模型将预测样本正确分类的概率。本书中表示预测正确的样本占总样本数的概率。

精确率：TP/(TP+FP)在本书中表示模型预测故障样本时预测正确的能力，但该指标在故障预测模型精度参考中无意义。

召回率：TP/(TP+FN)在本书中表示模型对故障样本的区分能力。

使用 MATLAB 创建对中样本预测混淆矩阵[图 13-50(a)]、涡动样本分类预测混淆矩阵[图 13-50(b)]。

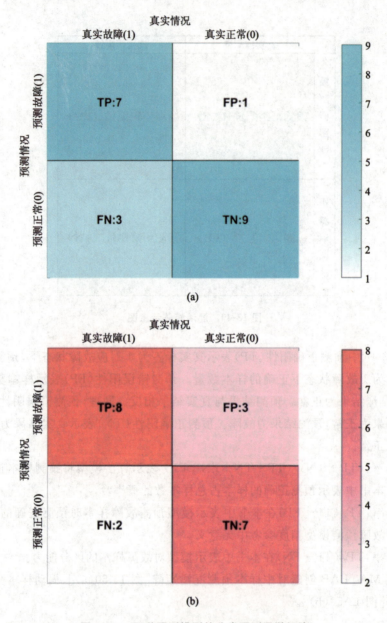

图 13-50 两种预测模型的分类预测混淆矩阵

(a)对中样本预测混淆矩阵;(b)涡动样本分类预测混淆矩阵

对中模型对样本预测分类准确率为 $(9+7)/(9+1+3+7)\times100\%=80\%$;模型精确率为 $7/8\times100\%=87.5\%$;模型召回率为 $7/(7+3)\times100\%=70\%$。

涡动模型对样本预测分类准确率为 $(8+7)/(8+3+2+7)\times100\%=75\%$;模型精确率为 $8/(8+3)\times100\%\approx72.73\%$;模型召回率为 $8/(8+2)\times100\%=80\%$。模型预测训练时数据结果见表 13-10。

表 13-10　　　　　　　　　　两种预测模型训练数据汇总

模型类型	训练样本	测试样本	准确率	精确率	召回率
不对中预测模型	20 个	20 个	80%	87.5%	70%
油膜涡动预测模型	20 个	20 个	75%	72.73%	80%

综上所述,不对中预测模型能准确区分正常样本和故障样本的概率为 80%,油膜涡动预测模型准确区分正常样本和故障样本的概率为 75%。不对中预测模型预测出结果为故障状态,预测正确的概率为 87.5%,油膜涡动预测模型预测出结果为故障状态,预测正确的概率为 72.73%。不对中预测模型对真实结果为故障样本的预测识别能力为 70%,油膜涡动预测模型对真实结果为故障样本的预测识别能力为 80%。

13.6　本章小结

本章以电机旋转机械为研究对象,使用南阳理工学院汇森楼机械设计实验室的 MFS 故障模拟平台,模拟出电机旋转机械中滑动轴承油膜涡动故障和电机转子不对中故障两种常见故障形式,先使用 FFT 观察信号整体频率分布,再使用 MATLAB 提供的 EMD 工具箱中的 EMD 函数,将原始信号分解为多层不同频段的 IMF 信号,并使用 FFT 显示每层 IMF 时域信号频率分布,对比故障信号频段特征,提取与故障诊断有关联层 IMF 时域信号并将其划分为多个样本。再使用常用的数值统计特征提取样本属性特征,并使用方差对比图,确定峰峰值作为样本属性值,此时可以明显区分正常样本与故障样本。将样本按照训练集:测试集=5:5 的比例,划分出训练集导入 MATLAB 梯度下降法逻辑回归函数 FUN_findnumQ 找出最佳系数，再使用测试集测试两种逻辑回归模型预测情况，并使用混淆矩阵对两种模型预测情况进行精度评价。

14 基于正交小波变换和神经网络方法的轴承故障预测

　　旋转机械作为在生产过程中转移能源和供给动力的关键装置,其性能下降或损坏将会影响整个机械设备的工作性能,甚至造成设备故障停机,这不但可能给企业带来不必要的损失,甚至有可能造成人员伤亡,从而引起重大安全生产事件。旋转机械的转子与轴承之间受到长时间的振动摩擦影响,容易形成故障。磨损是轴承中最常见的一个故障失效形式,当磨损量大时,轴承之间便形成了间隙,从而使振动范围扩大。旋转机械的转子和轴承由于长期的振动摩擦影响,很容易产生故障。所以对旋转机械进行故障预测研究,使定时定期维护变为根据设备情况维护,这对预防机械故障的发生和保证机械设备的安全运转具有极其重要的意义。故障预测技术是故障诊断技术的一个重要组成部分,前提就是状态监测和诊断。众所周知,机械设备需要长期使用,特别是一些特种设备,设备启动后非特殊情况不会停机,并且还要经受住各种环境复杂工况的作用,所以其必然会发生性能的改变。一般情况下通过传感器轴承或转子进行监测,采集到缓变信号参数的实时数值,对数据进行处理,提取其频域特征或者时域特征,再和不同故障条件下的时域、频域特征进行比较,实现对故障的诊断。故障的预测就是以此为基础,通过一定的方法对一段时间以后的特征参数进行科学预测,从而评估旋转机械的性能,为机械设备使用者及时准确地做出判断提供可靠的支持。开展早期故障预测,可以帮助工作人员在故障发生之前对故障做出判断,提前停止即将发生故障的设备的运转,以免发生人员伤害和经济损失。同时还可以在故障发生之后快速查找出故障位置,帮助维护人员加快维护速度,尽快重启故障设备。

　　由于机械设备的工况往往十分恶劣,且由于故障具有突发性和不确定性,人工收集故障数据和处理故障往往费时费力并且效果不够理想,对故障进行在线预测可以大大提升设备使用者的故障处理能力,提高生产效率。近年来随着机器学习的飞速发展,神经网络作为一种成熟且应用广泛的强大算法,可以对机器学习进行优化改进,帮助设备使用者对故障进行准确的在线预测。

　　基于正交小波变换-神经网络的故障诊断技术是一门跨学科的综合技术,涉及信号处理、模式识别、计算机科学、统计学、人工智能等。国外一些发达国家开展故障诊断技术研究的时间比较早,这些技术主要被应用于一些尖端的工业部门,例如核电、航天、电力系统等。随着故障诊断技术的逐渐成熟,其应用领域也从原来的高精尖领域逐渐向冶金、化工、船舶、铁路等一些民用生活领域扩展。近年来,故障诊断技术也飞速发展。例如使用神经网络方法对故障进行预测,其实就是将故障诊断技术和机器学习技术融合。神经网络诞生于20世纪,由心理学家Warren McCulloch和数学家Walter Pitts提出,虽然经历过低潮时期,但是神经网络发展到今天仍有蓬勃的生命力。经过数十年的发展,ANN 不仅极大地推动了智能化计算的应用和发展,也为信息科学和神经生物学等领域的研究带来开创性的方法。日常生活中遍布神经网络的身影,比如各种预测类型的问题,天气预报、股票预测、大数据偏好推荐。而在工程领域,神经网络被广泛应用于模式识别、自动控制、系统优化等方向。

目前最为常用的用于故障诊断的信号分析方法有小波、EMD、EWT、LMD,等等,其中 EWT 和 VMD 方法是一种新兴的方法。信号分析可选择的方法非常多样,可以组合的形式也非常多样,通过设置这些方法中的某一个参数,得到很多种优化方法,但是这些方法是否适用于对某些特定信号进行提取有待研究,例如 EMD 经常被改进并且大量用于轴承故障诊断中,但是由于轴承故障的一些信号并不满足 EMD 设计要求,并且它也不是为了处理轴承故障信号而设计的,所以它并不适用于轴承故障诊断,但是由于经 EMD 分解后的信号有时可以保存有部分的故障信息,所以在一些情况下它仍然可以得到结果,显然这种"有时"是不能为工程实践所接受的。选择最契合故障信号本身特征的方法,是当下研究的一个方向。

单纯的故障诊断方法目前研究方向主要有谱峭度、快速谱峭度、循环平稳分析、谱相干和相关分析。和 EMD 方法不同,单纯的故障诊断方法对峭度和循环平稳行两个特征进行分析有着很强的目的性,因为故障信号的两大基本特征"脉冲性"和"重复性"都可以通过上面两个特征进行描述。

本章将测得的振动信号转化为特征向量,将特征向量作为神经网络的输入,故障标签作为神经网络的输出,训练出满足精度要求的神经网络,实现对故障的预测。实验使用故障模拟平台(MFS)得出数据,使用 MATLAB 软件对数据进行分析。

本章介绍了 MATLAB 的小波工具箱和神经网络工具箱,在 MATLAB 中使用工具箱对采集到的信号进行对应的处理,对所得部分数据进行故障预测。

14.1 故障信号小波处理及特征提取

14.1.1 故障信号小波处理

从信号分析角度来看,去噪是必不可少的一环,噪声属于一种信号,它会叠加在测量信号中,可能影响我们对原始信号的分析。本章采用的小波去噪方法,是一种建立在小波变换多分辨分析基础上的算法。小波变换是用会衰减的有限长小波基替换傅立叶变换中无限长的三角函数基。如图 14-1 所示,采集到的信号经过二层分级后得到了三个分量,其中 cd1、cd2 高频分量称为细节系数,ca2 低频分量称为近似系数。

　　小波变换弥补了短时傅立叶变换的缺陷,对信号进行处理时,既可以得到信号的频率信息,也可以得到相应频率的时间信息。小波变换使用的小波基可以平移和伸缩。在信号的高频区域,小波基会变窄;在低频区域,小波基会变宽来拟合信号。小波变换能够很好地反映突变信号,特别是非平稳信号。小波分析在多领域应用非常广泛,比如在图像处理领域,可以利用小波变换对图像进行压缩处理,压缩速度快、压缩比率高,更重要的是,经小波变换处理后的图像在传递过程中抗干扰能力强,原特征信息基本保持不变。因此,小波分析是现在数学分析处理的一个重要发展领域,应用前景广阔。

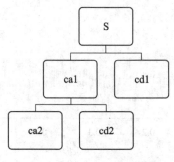

图 14-1　小波分解树状图

　　小波去噪主要有三种方法:①默认阈值去噪处理;②给定阈值去噪处理;③强制去噪处理。本章对信号进行去噪采用的是默认阈值去噪处理方法。经过小波变换,噪声信号的小波系数会小于原始信号相对应频带上的小波系数。从数学理论上看,只要选取一个合适的临界值即阈值,保留大于阈值的小波系数,对小于阈值的小波系数做相应的处理,从而达到去噪的目的。

　　小波去噪基于小波分析,因为采用了多分辨率的方法,所以能够刻画出信号的突变部分。由于能够选择多种小波基,因此小波去噪能够适用于许多不同的场景,对不同的研究对象都具有良好的适应能力。结合小波去噪的基本思想,本章针对故障信号去噪的基本思路是:将故障信号导入 MATLAB 中,使用函数 ddencmp()对正常和故障信号进行小波变换,获取 ca2、cd1、cd2 这三个分量的阈值,接下来使用由上步提取出的阈值并利用函数 wdencmp()对信号进行阈值去噪。经过上述两个函数的去噪处理后得到了能够反映原始故障信号基本信息的去噪信号。如图 14-2、图 14-3 所示,不对中故障信号和油膜涡动故障信号经过小波去噪后,效果明显。

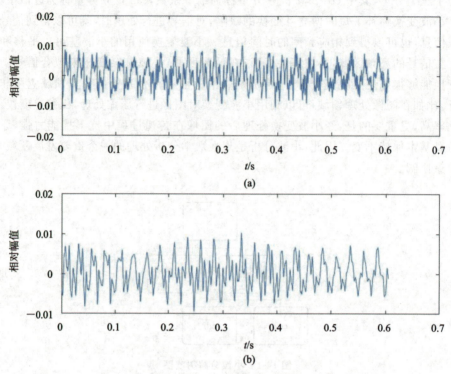

图 14-2　不对中故障信号小波去噪

（a）降噪前不对中；（b）降噪后不对中

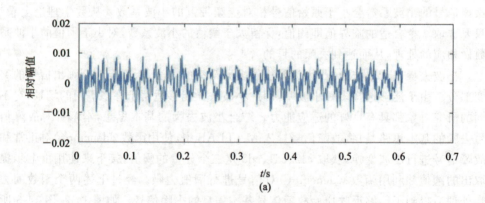

(a)

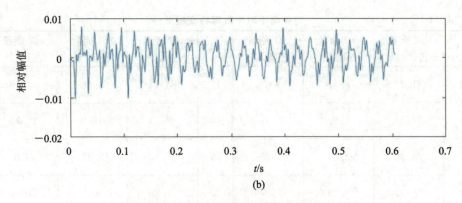

图 14-3　油膜涡动故障信号小波去噪

(a)降噪前油膜涡动；(b)降噪后油膜涡动

14.1.2　基于能量熵的特征提取方法

一维振动信号的特征提取方法有许多种。从时域角度上看,常见的特征指标有脉冲指标、峰峰值、峭度、裕度、波形指标等。从频域角度来说,常见的特征指标有频率方差、频率标准差、谱熵等。

本章采用基于能量熵的特征提取方法,对数据进行特征提取。基于能量熵的特征提取方法具有许多优点,最显著的优点之一是可以将各种分解方法的特点融合进来,比如 EMD、VMD、小波分解等方法。将能量熵与小波变换相结合,假设一组信号经过小波分解得到 $n+1$ 个分量$\{can, cd1, cd2, \cdots, cdn\}$,由于各个频带的小波系数包含不同频段的能量信息,当原始信号处于不同的状态时,信号在某些分量上的能量分布就会发生改变,那么可以先计算每个小波系数分量的能量值,再计算每个小波系数分量的能量与总能量的比值,将此比值作为特征参数。

在本章中,就不对中故障特征提取而言,样本集中有 16 组不对中故障信号、16 组对中故障信号,取其中不对中故障信号和对中故障信号各 10 组作为训练集,训练出支持向量机模型,剩下的 12 组数据作为测试集用于预测,检验模型的准确性。对每一组信号数据进行小波分解后就会得到 3 组数据,分别为近似系数 ca2,细节系数 cd1、cd2。根据能量熵的原理,利用 MATLAB 自带的 wenergy 函数进行每个分量的能量值占比计算,得出所需的特征参数。表 14-1 为提取出的不对中故障和对中特征样本集,在表中的前 16 组为不对中故障特征样本集,后 16 组为对中特征样本集。表 14-2 为油膜涡动和无油膜涡动特征样本集。前 16 组为油膜涡动特征样本集,后 16 组为无油膜涡动特征样本集。

表 14-1   对中与不对中故障特征提取

序号	ca2 能量占比/%	cd1 能量占比/%	cd2 能量占比/%	序号	ca2 能量占比/%	cd1 能量占比/%	cd2 能量占比/%
1	81.08	4.32	14.6	17	84.25	3.66	12.09
2	87.05	2.95	10	18	80.14	4.68	15.19
3	86.55	3.08	10.37	19	77.93	5.37	16.7
4	78.05	5.16	16.79	20	76.86	5.7	17.44
5	75.96	5.67	18.36	21	86.5	3.1	10.4
6	81.34	4.42	14.24	22	82.15	4.07	13.78
7	87.99	2.81	9.2	23	83.44	3.77	12.79
8	82.1	4.13	13.78	24	86.62	3.09	10.29
9	79.17	4.81	16.01	25	82.15	4.16	13.68
10	84.24	3.65	12.1	26	78.05	5.19	16.76
11	82.46	4.17	13.37	27	76.02	5.81	18.17
12	86.57	3.16	10.26	28	80.28	4.65	15.07
13	82.65	4.09	13.27	29	84.7	3.62	11.68
14	81.15	4.4	14.45	30	86.03	3.34	10.64
15	84.64	3.59	11.77	31	84.45	3.63	11.92
16	88.84	2.62	8.55	32	83.83	3.78	12.39

表 14-2   油膜涡动与无油膜涡动特征提取

序号	ca2 能量占比/%	cd1 能量占比/%	cd2 能量占比/%	序号	ca2 能量占比/%	cd1 能量占比/%	cd2 能量占比/%
1	82.46	4.17	13.37	17	77.09	5.44	17.47
2	86.57	3.16	10.26	18	84.04	3.72	12.24
3	82.65	4.09	13.27	19	80.3	4.55	15.14
4	81.15	4.4	14.45	20	80.5	4.49	15.02
5	84.64	3.59	11.77	21	76.02	5.81	18.17
6	88.84	2.62	8.55	22	80.28	4.65	15.07
7	84.25	3.66	12.09	23	84.7	3.62	11.68
8	80.14	4.68	15.19	24	86.03	3.34	10.64
9	77.93	5.37	16.7	25	84.45	3.63	11.92
10	76.86	5.7	17.44	26	83.83	3.78	12.39
11	76.54	5.56	17.9	27	87.81	2.8	9.39
12	72.58	6.5	20.91	28	82.21	4.21	13.58
13	73.1	6.5	20.39	29	74.43	6.06	19.51
14	79.05	5.08	15.87	30	72.81	6.51	20.67
15	78.6	5.02	16.38	31	76.25	5.95	17.8
16	76.15	5.56	18.29	32	79.86	4.82	15.32

本节主要阐述了特征提取方法和最后得到的特征数据结果。就振动信号而言，通过传感器采集到的信号数据不可避免地混合了噪声信号，所以要首先对其进行去噪处理。在对信号进行去噪处理时用到了小波去噪的方法，去噪效果明显。之后采用小波分解信号（二分层）得到 2 组细节系数（cd1,cd2）和 1 组近似系数（ca2）。运用能量熵的原理对信号进行特征提取，即计算细节系数、近似系数的能量，求各节系数能量占总能量的比重。在进行小波分析时具体运用了 MATLAB 中自带的 wavedec 和 wenergy 函数指令。进行特征提取，是为了找到能够代替原始数据的特征，采用能量熵作为特征值，减少了特征数量，让原始数据从原来的几千组减少到了 20 组，这大大减小了计算量，使模型的泛化能力增强。

14.2　基于 SVM 的故障预测

14.2.1　SVM 简述

支持向量机（SVM）是由 Vapnik 等人提出的一种新的通用学习方法。它在解决小样本分类、非线性等实际问题时能取得较好的效果。对于 MATLAB 来说，其自带 SVM 分类函数，便于自身编程。本章使用由台湾大学林智仁副教授等设计、研究、开发的易于使用的 SVM 模式识别的 libsvm 软件包。该软件包的优点在于包含许多默认参数，这意味着在进行 SVM 分析时要调节的参数较少。最重要的是，MATLAB 自带的 SVM 分类函数并不支持核参数的修改，内部算法已经给定了，而在 libsvm 软件包中核参数是可以随时修改的。

SVM 分类问题可以分成两种，一种是基于线性问题的 SVM 方法，另一种是基于非线性问题的 SVM 方法。

14.2.2　基于线性问题的 SVM 数学原理

首先给定一个训练集：
$$C = \{(\boldsymbol{x}_1, y_1), (\boldsymbol{x}_2, y_2), \cdots, (\boldsymbol{x}_n, y_n)\}, \quad y_i \in \{-1, 1\} \tag{14-1}$$
在样本空间中划分超平面。如图 14-4 所示，其中决策平面的线性方程为 L_0：
$$\boldsymbol{w}^{\mathrm{T}} \boldsymbol{x}_i + b = 0 \tag{14-2}$$
将学习目标按照正负类分开，建立正超平面 L_1、负超平面 L_2：
$$\boldsymbol{w}^{\mathrm{T}} \boldsymbol{x}_i + b = 1, \quad \boldsymbol{w}^{\mathrm{T}} \boldsymbol{x}_i + b = -1 \tag{14-3}$$

则可得到在 L_1 以上 $y_i=1$，有

$$w^T x_i + b \geqslant 1 \tag{14-4}$$

在 L_2 以下 $y_i=-1$，有

$$w^T x_i + b \leqslant -1 \tag{14-5}$$

则可构成约束条件

$$y_i(w^T x_i + b) \geqslant 1 \tag{14-6}$$

而两个间隔边界 L_1、L_2 的距离为

$$d = \frac{2}{\| w \|} \tag{14-7}$$

将 d 定义为边距，在间隔边界上的训练样本称为支持向量。想找到具有最大间隔的决策超平面，则意味着要找到 d 的最大值，相当于求 $\| w \|$ 的最小值，这又可以等价于求 $\| w \|^2$ 的最小值，得到

$$\min_{w,b} \frac{1}{2} \| w \|^2 \tag{14-8}$$

综上所述，该问题可以看成是在约束条件式（14-7）下，求式（14-9）的最小值。

$$f(x) = w^T x + b \tag{14-9}$$

根据拉格朗日乘子法可得式（14-10），要求 $L(w,b,\alpha_i)$ 的最小值。

$$L(w,b,\alpha_i) = \frac{1}{2} \| w \|^2 - \sum_{i=1}^{n} \alpha_i [y_i(w^T x_i + b) - 1] \tag{14-10}$$

其中 $0 \leqslant \alpha_i \leqslant C$，$C$ 为惩罚系数。

由 KKT 对偶条件可知 $\min\limits_{w,b}\max\limits_{\alpha} L(w,b,\alpha)$ 可转化为 $\max\limits_{\alpha}\min\limits_{w,b} L(w,b,\alpha)$，所以对 w、b 求偏导可得：

$$\sum_{i=1}^{n} \alpha_i y_i = 0, \quad \sum_{i=1}^{n} \alpha_i y_i x_i = w \tag{14-11}$$

将式（14-11）代入式（14-10）中：

$$L_2(w,b,\alpha) = \sum_{i=1}^{n} \alpha_i - \frac{1}{2} \sum_{i=1}^{n} \sum_{j=1}^{n} \alpha_i \alpha_j y_i y_j x_i^T x_j \tag{14-12}$$

接下来需求 $\max\limits_{\alpha} L_2$，根据拉格朗日乘子法求解得：

$$\alpha = [\alpha_1, \alpha_2, \cdots, \alpha_n] \tag{14-13}$$

将式（14-13）代入式（14-11）中就能求得 w，之后将二者代入式（14-2）中可解得 b。

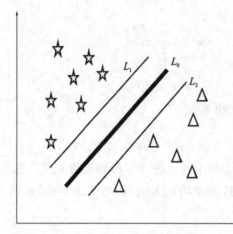

图 14-4 线性分类

14.2.3 基于非线性问题的 SVM 数学原理

倘若训练样本空间中不存在一个能划分两类样本的超平面，那么就无法用线性可分的原理解决问题了。对于这样的问题，需要对样本空间进行升维处理，即将原始特征空间以某种运算法则映射到高维空间，以线性问题的原理解决非线性问题。例如图 14-5 中的"异或"问题就不是线性可分的。

将 x 映射到更高维空间后，$\boldsymbol{\varphi}(x)$ 表示为 x 映射后的特征向量，之后参照线性可分问题可得下式：

$$f(\boldsymbol{x}) = \boldsymbol{w}^{\mathrm{T}}\boldsymbol{\varphi}(\boldsymbol{x}) + b \tag{14-14}$$

此式的对偶目标函数式为

$$\max_{\alpha} \sum_{i=1}^{n} \alpha_i - \frac{1}{2} \sum_{i=1}^{n} \sum_{j=1}^{n} \alpha_i \alpha_j y_i y_j \boldsymbol{\varphi}(\boldsymbol{x}_i)^{\mathrm{T}} \boldsymbol{\varphi}(\boldsymbol{x}_j) \tag{14-15}$$

由于求解 $\boldsymbol{\varphi}(\boldsymbol{x}_i)^{\mathrm{T}}\boldsymbol{\varphi}(\boldsymbol{x}_j)$ 是困难的，因此引入一个函数式：

$$K(\boldsymbol{x}_i, \boldsymbol{x}_j) = \boldsymbol{\varphi}(\boldsymbol{x}_i)^{\mathrm{T}}\boldsymbol{\varphi}(\boldsymbol{x}_j) \tag{14-16}$$

所以只需要计算函数 $K(\boldsymbol{x}_i, \boldsymbol{x}_j)$ 的结果，这个函数被称为核函数。

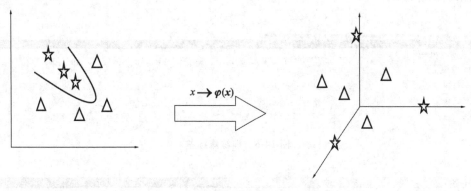

图 14-5　非线性映射

14.2.4　基于 SVM 的故障预测建模

由于故障问题属于非线性问题范畴,因此在 SVM 分类训练时,识别不对中故障、油膜涡动故障需要引入一个核函数,将故障问题转化为线性可分问题。由于 SVM 算法属于监督学习的范畴,所以需要对样本贴标签,以便识别算法。故障训练样本特征空间经过映射后转变成更高维的特征空间,以此达到选取出一个最佳分类面的目的,而且故障信号高维空间内积问题也可以通过引入的核函数计算出结果,这样避免了随着故障信号特征空间维数的增加,计算量发生指数倍递增。从数学理论基础上看,这样既能做到正确计算出结果,又能巧妙避开维数灾难问题。通过引入核函数避免维数灾难,这是本章中 SVM 算法的一大亮点。

本章用到了高斯核函数,其公式为

$$K(\boldsymbol{x}_i, \boldsymbol{x}_j) = \exp\left(-\frac{\parallel \boldsymbol{x}_i - \boldsymbol{x}_j \parallel^2}{g^2}\right) \qquad (14\text{-}17)$$

式中,g 为核参数。

在 SVM 算法不对中故障预测分类过程中,根据提取到的特征向量样本集,首先将表 14-1 中第 1~10 号和第 17~26 号这 20 个样本组提取出来,当作不对中故障分类的训练集,并给这个训练集贴上标签,如图 14-6 所示,"−1"代表不对中故障,"1"代表正常。由于本章的研究目的是故障预测,故不能简单地训练出 SVM 算法分类器,还需要建立测试集样本,使用训练好的 SVM 分类器模型,根据测试集样本的数据给出预测类型,同时可以为测试集样本贴上实际类型标签,以检验预测的准确度。如图 14-7 所示,选取表 14-1 中第 11~16 号和第 27~32 号样本组共 12 组样本数据,以此为测试集样本,并为其贴上实际类型标签,以便在分析结果中清晰地表现出预测结果的准确性。

图 14-6　训练集标签

图 14-7　测试集标签

为训练集和测试集贴好标签后,开始训练模型。在代码编程中,使用的是
libsvm 工具包中的 svmtrain()分类函数和 svmpredict()预测函数。在 svmtrain()分
类函数中可以更改惩罚因子和核参数的数值。惩罚因子 C 取 30,高斯核函数中参数
$g=300$。训练集样本经过 svmtrain()函数训练出 SVM 算法分类器,之后对测试集
样本数据使用 svmpredict()函数,根据训练好的 SVM 分类器预测是否发生了不对
中故障。

在 SVM 算法油膜涡动故障分类预测过程中,选取训练集、测试集、SVM 建模分
类预测的思路与上述实现 SVM 算法不对中故障分类预测的思路一致。"1"表示正
常,"-1"表示油膜涡动故障。

如图 14-8 所示,横坐标描述样本序号,纵坐标描述是否发生故障。"1"表示正
常,"-1"表示不对中故障,使用不同形状符号表示预测样本和实际样本。从图 14-8
中可以观察到,前 6 组样本是不对中故障,后 6 组样本是正常类型,但 SVM 算法分
类器预测到的结果稍有失误,有两组样本预测错误,分别是第 3 组、第 7 组样本,不对
中故障 SVM 算法预测准确率约为 83%。

如图 14-9 所示,前 6 组样本是油膜涡动故障,后 6 组样本是正常类型,纵坐标中
"1"是正常,"-1"是不对中故障。预测错误的样本数较多,有 3 组样本预测错误,分
别是第 1 组、第 2 组、第 4 组样本,且都集中在油膜涡动故障样本中,油膜涡动故障
SVM 算法预测准确率为 75%。

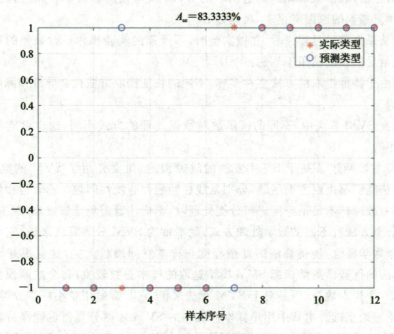

图 14-8 对中故障预测

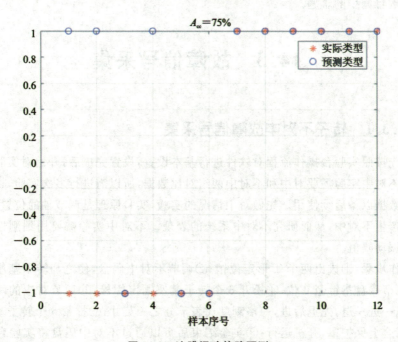

图 14-9 油膜涡动故障预测

不对中故障、油膜涡动故障这两者的 SVM 模型预测结果都有几组预测错误的样本。预测错误的原因有很多,具体如下:

(1)从采集信号过程来看,在做实验时,不严谨的实验操作导致采集的数据有误差,致使最后的预测结果不理想。

(2)由于特征提取的方法多种多样,不同的特征提取方法也会导致预测结果的准确度不同。

(3)在 SVM 算法中,不同的核函数对数据处理的方式不同,这也可能导致预测结果的不同。

本节主要阐述了基于 SVM 方法的故障预测,简要介绍了 SVM 的数学原理。SVM 算法能够解决两方面问题,分别是线性问题和非线性问题。不管运用何种分类方法,在对故障样本特征空间进行分类处理时,都要注意避免维数灾难,减少计算量。不同的分类方法有不同的数学处理方式,就本章的 SVM 分类算法来说,它引入了核函数这个数学概念,使得算法的复杂程度与样本空间维数无关,这也很好地体现了 SVM 算法的优势。虽然训练 SVM 模型选取的样本总数较少,每个故障预测分类模型只有 20 个样本数目,但是对于 SVM 算法来说,它非常适用于小样本分类,且有坚实的数学理论基础。本章中用小样本训练出的 SVM 预测分类器也能保持较高的预测准确率,这是 SVM 算法用于故障预测的一大亮点,很好地解决了在实际问题中故障样本数目偏少的难题。

14.3　故障信号采集

14.3.1　转子不对中故障信号采集

首先按照实验台操作流程对软件进行基本设置,设置完成后,开始对实验台进行调整。不对中实验需要对中和不对中两组对比数据,所以需进行多次实验,挑选干扰最小的数据以备后续使用。先做对中情况的实验,实验原理是调节轴的位置,使之与电机轴产生不对中,从而研究不对中系统的表现。不对中实验需要用到刚性联轴器来增大振动幅值。

操作步骤:①拔出两个 T 形定位销;②调节不对中码盘,使之与转子基座刚好接触;③调节码盘指针至 0 位;④松开 6 个转子基座固定螺栓;⑤调节对应的两个不对中码盘,一进一退,先退后进,一格刻度代表千分之一英寸;⑥拧紧 6 个转子基座固定螺栓;⑦合上保护罩,开机运行;⑧实验结束后可以通过不对中码盘将实验台调回对中状态。

软件、参数设置和实验台调整都完成后，可以开始实验。点击软件界面 GO，进入信号采集界面，先不要点击任何按钮，在电机控制器上先按红色停止按钮，然后按绿色启动按钮，电机开始工作，转速逐渐加快，等待显示转速稳定在 40r/min 左右时，点击软件界面左下角方框并勾选，开始采集信号，出现等待进度条，当进度条加载完成时，自动弹出保存文件按钮，选择合适的位置保存采集到的文件，按下点击操作板上红色停止按钮停止电机运转。多次重复该项实验，选取最优文件作为下一步处理的原始文件。

14.3.2　油膜涡动故障信号采集

在软件设置方面，油膜涡动实验与转子不对中实验使用同样的参数设置。文件新建的方法与不对中实验相同，主要差异在于实验台的调整。实验原理：使用 3/4in 的轴或者 1/2in 的轴配合不同尺寸的轴瓦配置实验台，每种尺寸的轴都有不同间隙的轴瓦可选，油膜轴承依赖油路循环系统提供持续不断的静压油。油膜轴承端部已预留电涡流传感器安装孔，每个轴承 4 个螺纹孔用于安装电涡流传感器呈 90°夹角。中心定位装置能够在几乎不改变系统刚度的情况下抵消部分转子重量（提升力），使得油膜分布更加均匀，更容易观察到油膜涡动现象。同样点击软件界面 GO，进入信号采集界面，先不要点击任何按钮，在电机控制器上先按红色停止按钮，然后按绿色启动按钮，电机开始工作，等待转速逐渐加快，显示转速稳定在 40r/min 左右时，点击软件界面左下角方框并勾选，开始采集信号，出现等待进度条，当进度条加载完成时，自动弹出保存文件按钮，选择合适的位置保存采集到的文件，按下点击操作板上红色停止按钮停止电机运转，完成信号的采集。多次重复该项实验，选取最优文件作为下一步的处理的原始文件。

14.3.3　注意事项

在故障信号采集过程中，有很多需要注意的问题。首先是软件部分，在设置参数时由于是全英文界面，需注意区分不同界面的设置，不要将通道设置错误，否则会影响后续的工作。在导出实验数据时应该注意将实验数据导出为 Excel 工作簿格式，便于后续 MATLAB 对数据进行调用，以免出现版本不同导入失败的问题，然后选择导出文件的保存位置，点击完成即可保存。硬件部分，首先注意用电安全，然后是设备操作安全，在实验台运行前要将安全罩扣上并且缩进，防止意外脱落的零件飞出伤人。调整实验台要有耐心，实验台的精准程度会影响后续得到的数据和处理的结果。采集信号时要注意等到电机转速稳定在 40r/s 左右时，再点击软件开始采集。启动电机时先点击电机控制器上的红色停止按钮,当屏幕显示 Stop 后点击绿色启动按钮,否则电机无法正常启动。

采集数据的实验要反复多次进行,一般为 3 次以上,并且每次采集之后要分析数据的频谱,参考不同故障的振动特征,选择故障特征明显的数据,以此保证采集到的信号是误差干扰最小的信号。考虑到操作过程和采样过程中难以避免的误差,至少需要保存 4 组数据以保证训练模型的精度和预测的准确度。

14.4　特征提取方法的选择

在基于神经网络方法进行故障预测时,对信号特征的提取非常重要。在我们想要的特征向量中会存在一些我们不需要的特征向量,而这些特征向量不仅不会帮助我们进行故障诊断,反而会降低故障诊断的准确性。对时域信号进行特征提取,可以选择方差、均方差、均值、均方根值、概率分布函数、峭度、峰峰值等参数;对频域信号进行特征提取,可以选择均方根频率、带宽、重心频率等参数。具体提取哪种特征,还需要根据实际的故障诊断要求和实验条件限制等因素来进行判断。

小波变换是 20 世纪发展起来的一门新兴的应用数学分支,它可以从粗糙到精细地渐近观察信号,这是因为它具有多尺度特性,如其具有变焦特性,在对非平稳信号局部化分析领域有非常突出的作用。正交小波变换指的是通过正交小波函数(Meyer 小波、Littlewood-Paley 基、Batlle-Lemarie 小波、Daubechies 紧支集正交小波等)进行小波变换,使其在时域和频域都可以对信号的局部特征进行表示,它可以把原始的信号逐层分解为各个尺度上的局部细节信号,使使用者只需要对局部细节信号进行分析就可以非常准确地获得原始数据的所有特征信息。

小波包分析技术则是由小波分析衍生出来的一种对信号进行更加精细的分析和重构的方法。在小波分析中,信号被分解为低频的粗略部分和高频的精细部分两部分,然后只对低频细节信号做二次分解。但小波包分析不仅仅是对低频细节信号进行分解,还对高频部分进行二次分解,在等宽频带上对信号能量进行分解,使得信号能量的分解更加精确和灵活。

大量研究显示,输出信号的各个频带能量变化特征可以表征不同的故障类型,基于这样一种事实,使用小波包对原始信号进行二层分解,再对小波包分解系数进行重构,求得各个节点的能量并将其作为神经网络的输入参数,可以迅速对设备是否发生故障以及故障类型做出判断,并通过机械故障预测综合模拟实验台所得数据对这种方法的有效性进行验证。

14.4.1　特征提取的程序实现及神经网络工具箱的使用

对信号特征的提取以及机器学习模型的训练都由 MATLAB 软件实现。在对信号特征进行提取的过程中，主要使用 wpdec 函数对信号进行二层分解，分别提取第二层从低频到高频的 4 个频率成分的信号特征，分解结构如图 14-10 所示。

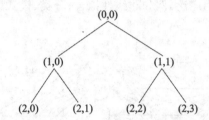

图 14-10　小波包二层分解的树形结构图

图 14-10 中，(i,j) 表示第 i 层的第 j 个节点，其中 $i=0,1,2; j=0,1,2,3$，每个不同的节点都具有一定的反映原始信号的能力。其中，$(0,0)$ 节点代表初始信号 S，$(1,0)$ 节点代表小波包分解的第一层低频系数 X_{10}，$(1,1)$ 代表小波包分解的第一层高频系数 X_{11}，以此类推。

使用 wprcoef 函数对小波包分解系数进行重构，然后对各个频带范围内的特征进行提取。以 S_{20} 表示 X_{20} 重构之后的信号节点，以此类推。因为本次实验只对信号进行了二层小波包分解，所以只对第二层的所有点进行分析，其总信号 S 可以表示为

$$S = S_{20} + S_{21} + S_{22} + S_{23} \tag{14-18}$$

然后求各个频带信号对应的总能量。设 $S_{2j}(j=0,1,2,3)$ 对应的能量为 $E_{2j}(j=0,1,2,3)$，则有

$$E_{2j} = \int |S_{2j}(t)|^2 \mathrm{d}t = \sum_{1}^{n} |X_{jk}|^2 \tag{14-19}$$

其中，$X_{jk}(j=0,1,2,3; k=1,2,\cdots,n)$ 表示重构信号 S_{2j} 的离散点的幅值。

wprcoef 函数可以将分解的各个子带信号拓展为和原始信号长度相同的保留原始信号的格式。最后使用 norm 函数求得各个节点的能量（MATLAB 中 norm 函数默认求 2 范数）。调整提取特征的格式，使其可以作为神经网络的 input，设置不同故障的标签矩阵，使其作为神经网络的 target。

人工神经网络是一种模拟大脑神经网络工作过程的一种算法，网络通过若干个神经元连接而成，每一个神经元都包括一系列的输入向量 $\boldsymbol{X}_j$、权重 W_{kj}、偏置 B_k 和

激活函数 ϕ，类似这样的单个神经元的输出 Y_k 可以表示为：

$$U_k = \sum_{j=1}^{m} W_{k_j} \boldsymbol{X}_j \tag{14-20}$$

$$Y_k = \phi(U_k + B_k) \tag{14-21}$$

连接上述多个神经元就可以构成一个人工神经网络，图 14-11 是最为常见的一种神经网络的连接方式。具有很多个隐藏层的神经网络即为深度神经网络。神经网络算法在实际生活中应用广泛，例如非线性拟合、分类、模式识别等。

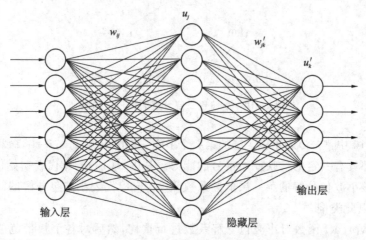

图 14-11　神经网络结构

本次实验使用的神经网络是 MATLAB 自带的双层前馈神经网络工具箱，可以非常方便快速地对提取出的特征信号进行分析处理，如图 14-12 所示。

然后选择合适的比例分配训练集样本、验证集样本、测试集样本。本次选用的是Training70%、Validation15%、Testing15%，可以根据需要进行调整，如图 14-13所示。

如图 14-14 所示，调整隐藏层神经元个数，本次设置为 12，可以根据训练准确性反复调整，直至达到比较高的诊断精度，但是神经元个数不宜过多或过少，过多的隐藏层神经元个数会使网络过于复杂，计算速度慢而且精度不高；过少的隐藏层神经元个数又有可能不能很好地反映数据之间的映射关系，导致精度较低。

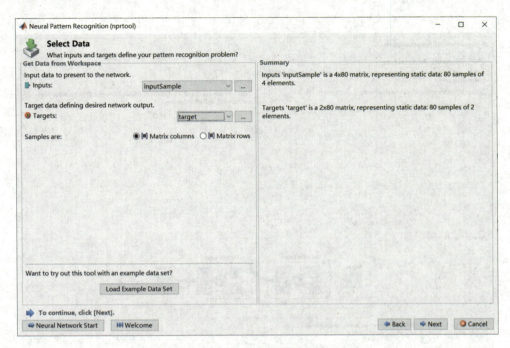

图 14-12　将特征向量和对应标签导入工具箱

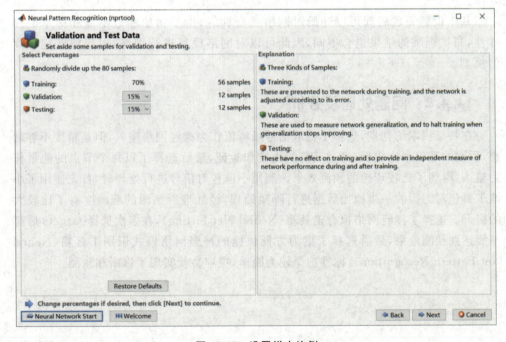

图 14-13　设置样本比例

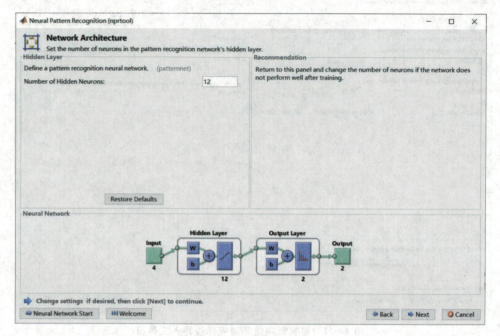

图 14-14 设置隐藏层神经元

基本设置完成后就可以开始对网络进行训练,由于初始参数不同和样本的多样性,每次训练的结果也会不同,因此可以对网络反复进行训练,得到精度比较高的模型。

14.4.2 问题处理及分析

在特征提取的初期,选择了提取信号峰峰值作为神经网络输入,但是精度不够理想,预测的准确率比较低,经过反复的比较和验证,最后选择了以每个节点的能量作为输入,得到了比较理想的预测效果。利用小波包对信号进行处理时,首先使用了小波工具包对测得的一维原始数据进行降噪处理,经处理后预测的准确度有了比较大的提升。选择了神经网络拟合工具箱(Neural Net Fitting),在多次选择 targets 后都不能达到预测效果,最后选择了更为方便快捷的神经网络模式识别工具箱(Neural Net Pattern Recognition),标签选择较为简单,很容易就实现了诊断和预测。

14.5 实验结果与分析

14.5.1 训练结果及预测结果

使用二进制编码方式，将故障状态作为 1 类，正常状态作为 2 类(图 14-15)，分别对不对中故障和油膜涡动故障进行预测。

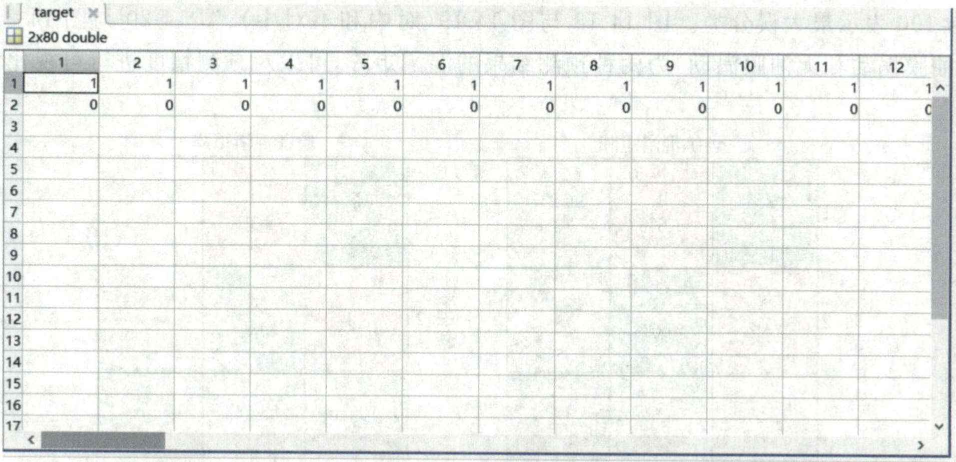
target
2x80 double

	1	2	3	4	5	6	7	8	9	10	11	12
1	1	1	1	1	1	1	1	1	1	1	1	1
2	0	0	0	0	0	0	0	0	0	0	0	0
3												
4												
5												
6												
7												
8												
9												
10												
11												
12												
13												
14												
15												
16												
17												

图 14-15 标签

使用工具箱对样本进行训练后得到模型，结果如图 14-16(对中和不对中)、图 14-17(油膜涡动和无油膜涡动)所示。

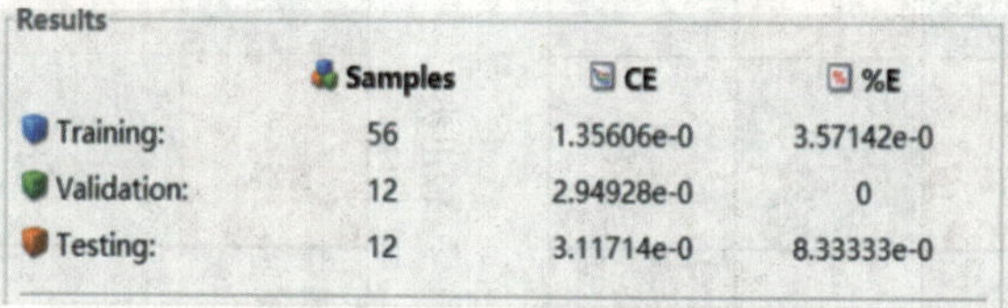
Results

	Samples	CE	%E
Training:	56	1.35606e-0	3.57142e-0
Validation:	12	2.94928e-0	0
Testing:	12	3.11714e-0	8.33333e-0

图 14-16 CE 和%E(对中和不对中)

Results			
	🔹 Samples	📊 CE	📊 %E
🔹 Training:	56	5.85264e-1	14.28571e-0
🔹 Validation:	12	1.11446e-0	16.66666e-0
🔹 Testing:	12	1.05431e-0	41.66666e-0

图 14-17　CE 和 %E(油膜涡动和无油膜涡动)

其中 CE 代表最小化交叉熵的分类效果,它的值越低越好,CE 为 0 意味着没有错误。%E 代表百分比误差,表示错误分类的样本比例,%E 为 0 表示无误分类,%E 为 100 表示最大误分类。图 14-18 与图 14-19(对中和不对中)、图 14-20 与图 14-21(油膜涡动和无油膜涡动)为两种预测结果的混淆矩阵,可以对预测精度进行可视化。

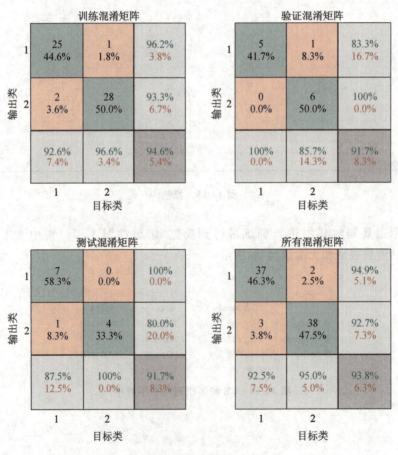

图 14-18　混淆矩阵(一)

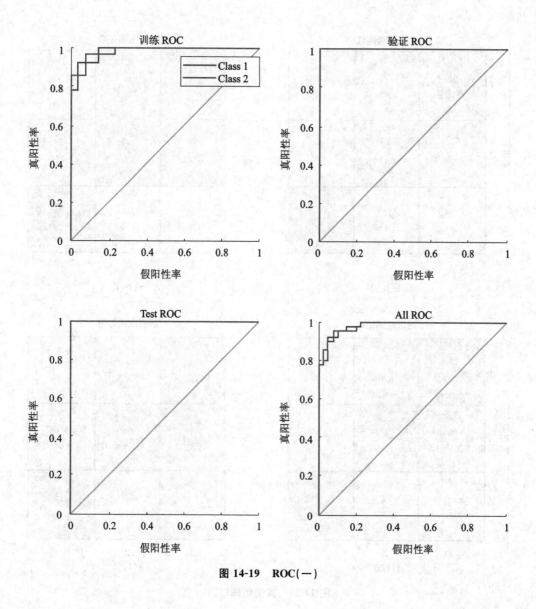

图 14-19 ROC(一)

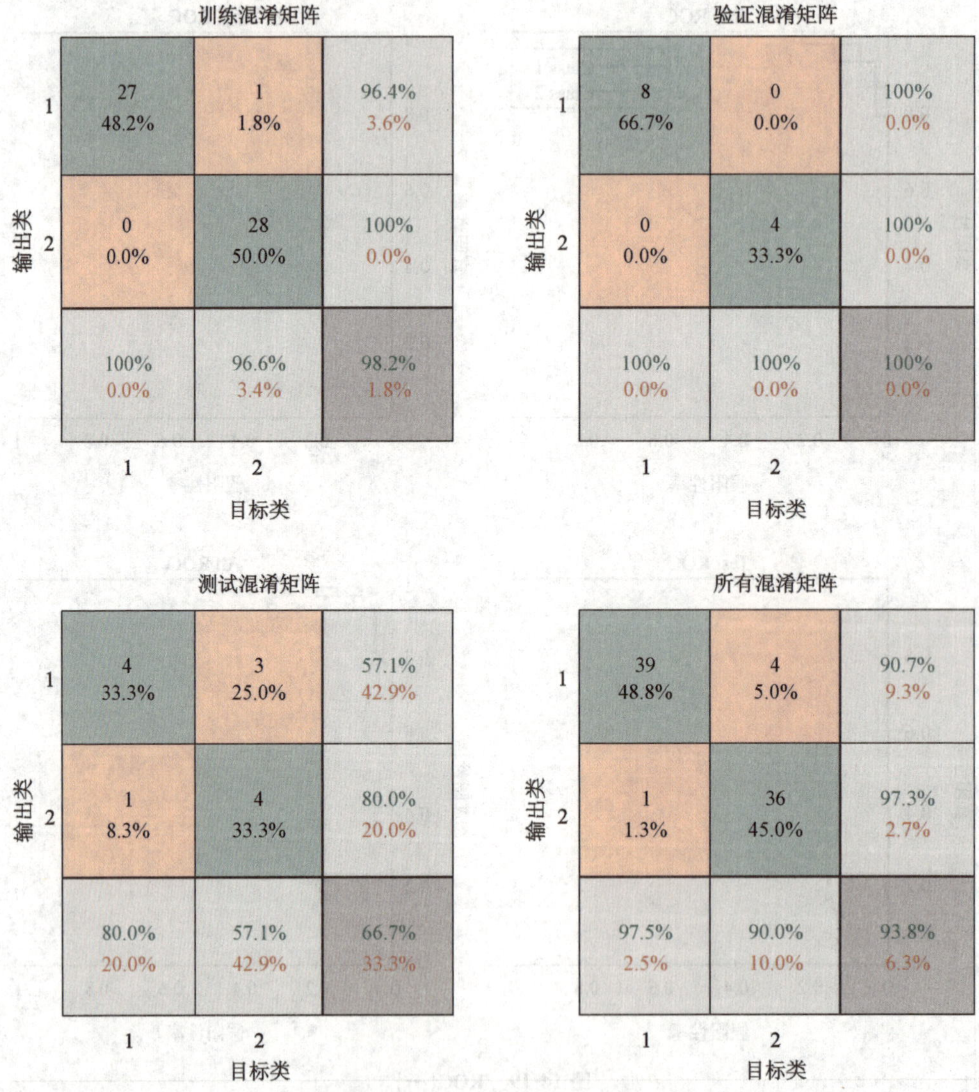

训练混淆矩阵

	目标类 1	目标类 2	
输出类 1	27 48.2%	1 1.8%	96.4% 3.6%
输出类 2	0 0.0%	28 50.0%	100% 0.0%
	100% 0.0%	96.6% 3.4%	98.2% 1.8%

验证混淆矩阵

	目标类 1	目标类 2	
输出类 1	8 66.7%	0 0.0%	100% 0.0%
输出类 2	0 0.0%	4 33.3%	100% 0.0%
	100% 0.0%	100% 0.0%	100% 0.0%

测试混淆矩阵

	目标类 1	目标类 2	
输出类 1	4 33.3%	3 25.0%	57.1% 42.9%
输出类 2	1 8.3%	4 33.3%	80.0% 20.0%
	80.0% 20.0%	57.1% 42.9%	66.7% 33.3%

所有混淆矩阵

	目标类 1	目标类 2	
输出类 1	39 48.8%	4 5.0%	90.7% 9.3%
输出类 2	1 1.3%	36 45.0%	97.3% 2.7%
	97.5% 2.5%	90.0% 10.0%	93.8% 6.3%

图 14-20　混淆矩阵(二)

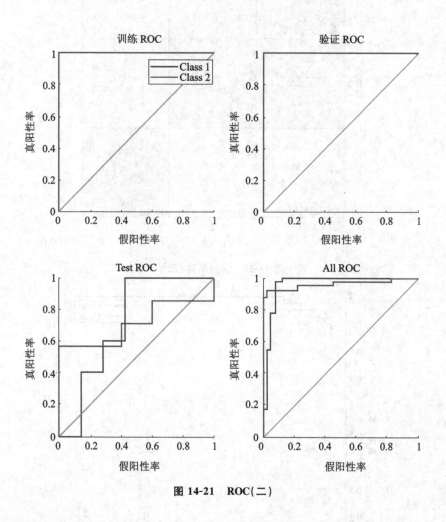

图 14-21   ROC(二)

模型训练好之后再选择实验所得的第二组数据,对原始数据进行同样的特征提取,然后将特征作为已经训练好的模型的输入,对故障类型进行预测,如图 14-22 与图 14-23(对中和不对中)、图 14-24 与图 14-25(油膜涡动和无油膜涡动)所示。

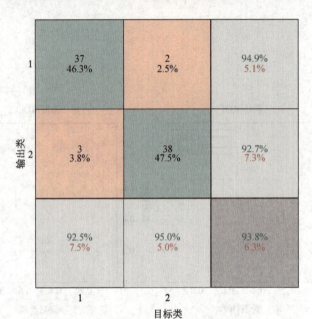

图 14-22　混淆矩阵（三）

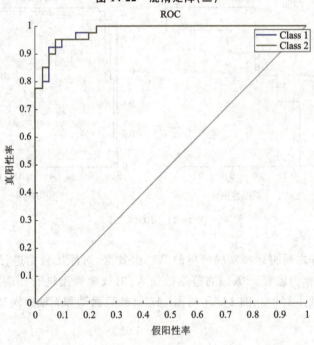

图 14-23　ROC（三）

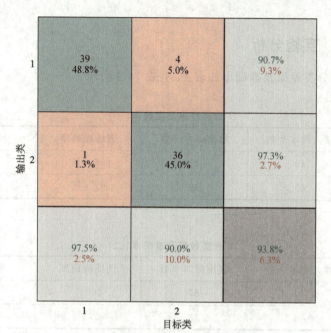

图 14-24 混淆矩阵(四)

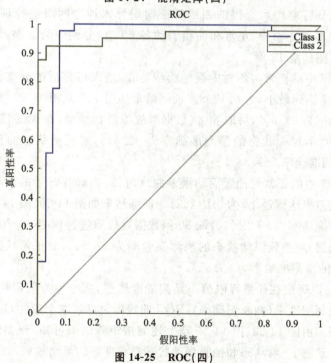

图 14-25 ROC(四)

14.5.2　实验分析

实验所得分类效果及准确率如表 14-3、表 14-4 所示。

表 14-3　　　　　　　　　　　分类效果及准确率(一)

类型	输入样本个数	输出样本个数	训练准确率	预测准确率
正常	40	41	96.6%	95%
不对中	40	39	92.6%	92.5%

表 14-4　　　　　　　　　　　分类效果及准确率(二)

类型	输入样本个数	输出样本个数	训练准确率	预测准确率
正常	40	37	100%	97.3%
油膜涡动	40	43	96.4%	90.7%

将小波包分解重构后所得的四维特征向量导入神经网络进行训练,将采集的 160 组数据(正常和不对中、正常和油膜涡动各 80 组)分别分为 3 类:训练集 56 例、验证集 12 例、测试集 12 例。

由图 14-26 中的正常与不对中误差曲线可知,当训练好后的分类模型迭代到第 25 次时,误差率达到最小,为 0.1298。训练结果如图 14-18、图 14-22 所示,训练好的分类模型准确率为 93.9%,另取 80 例数据对故障进行预测,在 80 例新样本中,有 5 例分类错误,对不对中状态的预测准确率为 92.5%,对正常状态的预测准确率为 95%,总的预测准确率为 93.8%。

由图 14-27 中的正常与油膜涡动误差曲线可知,当训练好后的分类模型迭代到第 17 次时,误差率达到最小,为 0.042921。训练结果如图 14-20、图 14-24 所示,训练好的分类模型准确率为 98.2%,另取 80 例数据对故障进行预测,在 80 例新样本中,有 5 例分类错误,对油膜涡动状态的预测准确率为 97.5%,对正常状态的预测准确率为 90%,总的预测准确率为 93.8%。

ROC 图可以确定在任意界限值下预测的准确率,横坐标为假阳性率(判断错误率)、纵坐标为真阳性率(判断正确率),ROC 曲线图越靠近左上角(0,1)坐标点,表示分类效果越好。由图 14-23、图 14-25 及上述混淆矩阵结果可知,分类模型对于正常状态和不对中状态、正常状态和油膜涡动状态都有良好的预测效果,经过较少的迭代次数就能达到较高的准确率,有很高的使用价值。

最佳验证性能表现在第25次迭代，为0.1298

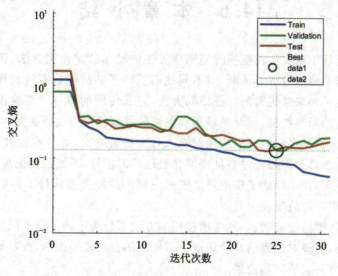

图 14-26　正常与不对中误差曲线

最佳验证性能表现在第17次迭代，为0.042921

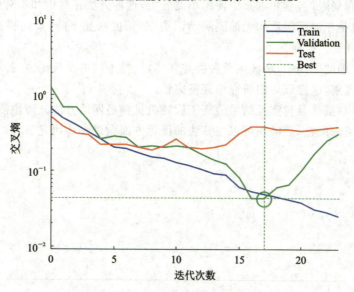

图 14-27　正常与油膜涡动误差曲线

14.6　本 章 小 结

本章使用基于正交小波变换神经网络方法的轴承故障预测方法,该方法可以对产生故障的非平稳信号进行诊断,对不同状态下转子的故障状态进行评估预测。正交小波变换是一种非常优秀的特征提取方法,它和传统的傅立叶变换相比可以更细致地刻画信号的局部特征,对时间域和频率域信号有很强的表征能力。

(1)模式识别神经网络可以快速对输入数据进行分类,并且有很高的准确度,但是输入向量一般都是需要经过特征提取和处理后的信号,不同的特征提取方式,识别的准确率也不同,在实际的工作中可以根据不同的故障类型选择不同的特征提取方式,以便获得更好的故障预测效果。

(2)实验数据验证表明,本章中所使用的方法可较为准确地对不同状态下转子的故障进行分类,实现对故障的自动识别。所使用的方法较为简单,很容易推广到其他的诊断领域,有一定的应用前景。

笔者认为在以后的工作中可以对以下方面进行进一步研究:

首先,机器学习算法非常多样,特征提取的方式也多种多样,但是每种组合都有它的优越性和局限性,例如本章中使用小波分析,这种方法在对中和不对中的识别中精度很高,但是在油膜涡动和无油膜涡动识别中,精度明显下降,如何提高精度还有待进一步研究。

其次,在小波变换中,小波函数种类非常多,选择不同的小波函数,特征的提取效果也有很大区别,这在以后的研究中还需完善。

最后,本章虽然通过实验结果验证了旋转机械神经网络方法故障预测的可行性,但是该技术尚未成熟,后续还可以在算法的优化方面做进一步研究。

参 考 文 献

[1] 西门子工业软件公司,西门子中央研究院.工业 4.0 实战:装备制造业数字化之道[M].北京:机械工业出版社,2015.

[2] 杨家荣.故障预测与健康管理技术在智能运维中的应用[J].装备机械,2021(3):7-12.

[3] ACHENBACH J D. Structural health monitoring—what is the prescription[J]. Mechanics research communications,2009,36(2):137-142.

[4] 陈雪峰,訾艳阳.智能运维与健康管理[M].北京:机械工业出版社,2018.

[5] 李卫鹏,曹岩,李丽娟.正交小波变换 k-中心点聚类算法在故障诊断中的应用[J].振动与冲击,2021,40(7):291-296.

[6] 孔子薇.基于快速增量学习的旋转机械故障诊断方法研究[D].成都:电子科技大学,2022.

[7] 何正嘉,曹宏瑞,訾艳阳,等.机械设备运行可靠性评估的发展与思考[J].机械工程学报,2014,50(2):171-186.

[8] 杨学良.基于第二代小波和多分类器融合的感应电机故障诊断[D].南京:东南大学,2015.

[9] 芦奕霏.基于深度学习的轴承故障诊断方法研究[D].南京:南京邮电大学,2022.

[10] 陈鹏.滚动轴承故障诊断及性能退化评估方法研究[D].兰州:兰州理工大学,2021.

[11] 吕志华.基于振动信号分析的纺织机械状态监测与故障诊断[J].轻纺工业与技术,2021,50(4):13-14.

[12] 刘连军.机械设备故障诊断发展历程及展望[J].城市建设理论研究(电子版),2015,5(28):6.

[13] CASTELLINO A, ANGELO C D, BOSSIO G. A model for single point bearings defects in electric motors[J]. IFAC proceedings volumes, 2012, 45(20):1370-1375.

[14] 李星, 于德介, 张顶成. 基于最优品质因子信号共振稀疏分解的滚动轴承故障诊断[J]. 振动工程学报, 2015, 28(6):998-1005.

[15] JARDINE A, LIN D, BANJEVIC D. A review on machinery diagnostics and prognostics implementing condition-based maintenance[J]. Mechanical systems and signal processing, 2006, 20(7):1483-1510.

[16] 李舜酩, 郭海东, 李殿荣. 振动信号处理方法综述[J]. 仪器仪表学报, 2013, 34(8):1907-1915.

[17] 马旭兵. 试论汽轮机组故障诊断技术现状与发展[J]. 中国设备工程, 2021 (12):186-187.

[18] 张国远. 基于 PC 机的滚动轴承自动检测与故障诊断系统[D]. 杭州:浙江大学, 2005.

[19] 刘鸣慧, 熊建斌, 苏乃权, 等. 基于深度学习的石化机组轴承故障诊断综述[J]. 机床与液压, 2023, 51(6):171-180.

[20] YEGAN, MOHAMMAD R, ALI A, et al. Strengthening the mordell-oppenheim inequality solution by mohammad reza yegan, central tehran branch[J]. The american mathematical monthly, 2018, 125(2):186-186.

[21] MCFADDEN P D, SMITH J D. Vibration monitoring of rolling element bearings by the high-frequency resonance technique—a review[J]. Tribology international, 1984, 17(1):3-10.

[22] HUANG N E, SHEN Z, LONG S R, et al. The empirical mode decomposition and the hilbert spectrum for nonlinear and non-stationary time series anslysis[J]. Procedures of the royal society of London, 1998, 10 (454): 903-995.

[23] HAN M H, PAN J L. A fault diagnosis method combined with LMD, sample entropy and energy ratio for roller bearings[J]. Measurement, 2015, 76(2): 7-19.

[24] WANG S B, SELESNICK I, CAI G, et al. Synthesis versus analysis priors via generalized minimaxconcave penalty for sparsity assisted machin-

ery fault diagnosis[J]. Mechanical systems & signal processing,2019,127(32):202-233.

[25] 郭远晶,魏燕定,周晓军.基于 STFT 时频谱系数收缩的信号降噪方法[J].振动、测试与诊断,2015,35(6):1090-1096,1201.

[26] 严如强,钱宇宁,胡世杰,等.基于小波域平稳子空间分析的风力发电机齿轮箱故障诊断[J].机械工程学报,2014,50(11):9-16.

[27] 蒋超,刘树林,姜锐红,等.基于快速谱峭度图的 EEMD 内禀模态分量选取方法[J].振动、测试与诊断,2015,35(6):1173-1178,1206.

[28] 赵志宏,杨绍普.基于小波包变换与样本熵的滚动轴承故障诊断[J].振动、测试与诊断,2012,32(4):640-644,692.

[29] CROSSMAN A,MORLET J. Decompoditiong of hardy fuctions into square itegrable wavelets of constant shape[J]. SLAM journal on mathematical analysis,1984,15(4):723-763.

[30] MERYER Y. Wavelets:algorithms & applications[M]. Philadelphia:society for industrial and applied mathematics,1993.

[31] MALLAT S G. Multiresolution representation and wavelet[D]. Philadelphia:University of pennsylvania,1998.

[32] DAUBECHIES I. The wavelet transform,time-frequencey localization and single analysis[J]. IEEE Transactions on information theory,1990,36(5):961-1005.

[33] STRANG G,NGUYEN T. Wavelet and filter banks[M]. Boston:Wellesley Cambridge Press,1996.

[34] FREUDINGER L C,LIND R,BRENNER M J. Correlation filering of modal dynamics using the laplace wavelet[C]. Proceedings of 16th International Modal Analysis Conference. California:Santa Barbara,1998,15(2):868-877.

[35] 臧怀刚,刘子豪,李玉奎.基于形态滤波和 Laplace 小波的轴承故障诊断[J].中国机械工程,2016,27(9):1198-1203.

[36] 王帅,訾艳阳,何正嘉.含裂纹离心压缩机叶轮结构的振动局部化[J].振动与冲击,2017,36(6):108-113.

[37] 张建刚,秦红义,王冬云,等.基于谐波小波包的旋转机械故障诊断新方法

[J].测控技术,2012,31(5):55-59.

[38] 王宏超,陈进,董广明.基于谱相关密度组合切片能量的滚动轴承故障诊断研究[J].振动与冲击,2015,34(3):114-117.

[39] 陈是扦,彭志科,周鹏.信号分解及其在机械故障诊断中的应用研究综述[J].机械工程学报,2020,56(17):91-107.

[40] DONOHO D L. Denoising by soft-thresholding[J]. IEEE transactions on information theory,1995,41(3): 613-627.

[41] KRIM H,SCHICK I C. Minimax description length for signal denosing and optimized reprsentation[J]. IEEE transactions on information theory,1999,45(3): 898-908.

[42] 包文杰,涂晓彤,李富才,等.参数化的短时傅立叶变换及齿轮箱故障诊断[J].振动.测试与诊断,2020,40(2):272-277,417.

[43] SWELDENS W. The lifting scheme:a construction of second wavelets[J]. SLAM journal on mathenatical analysis,1996,29(2):511-546.

[44] 段晨东,姜洪开,何正嘉.基于监测数据的特征小波构造及应用[J].长安大学学报(自然科学版),2006,26(2):107-110.

[45] 徐健,张语勃,李彦斌,等.短时傅立叶变换和S变换用于检测电压暂降的对比研究[J].电力系统保护与控制,2014,42(24):44-48.

[46] 杨宇,于德介,程军圣.基于EMD与神经网络的滚动轴承故障诊断方法[J].振动与冲击,2005,24(1):87-90,138-139.

[47] 杨宇,于德介,程军圣.基于EMD的奇异值分解技术在滚动轴承故障诊断中的应用[J].振动与冲击,2005,24(2):12-15,145.

[48] GILLES J. Empirical wavelet transform[J]. IEEE transactions on signal processing,2013,61(16):3999-4010.

[49] DRAGOMIRETSKIY K,ZOSSO D. Variational mode decomposition[J]. IEEE transactions on signal processing,2014,62(3):531-544.

[50] 杨世锡,胡劲松,吴昭同,等.旋转机械振动信号基于EMD的希尔伯特变换和小波变换时频分析比较[J].中国电机工程学报,2003,23(6):102-107.

[51] 徐宝国,宋爱国.基于小波包变换和聚类分析的脑电信号识别方法[J].仪器仪表学报,2019,30(1):25-28.

[52] 罗荣,田福庆,冯昌林,等.改进的冗余第二代小波包及其故障诊断应用[J].华中科技大学学报(自然科学版),2014,42(5):40-46.

[53] WU Z H,HUANG N E. Ensemble empirical mode decomposition:a noise-assisted data analysis method[J]. Advances in adaptive data analysis,2009,16(1):1-41.

[54] FREI M G,OSORIO I. Intrinsic time-scale decomposition:time-frequency-energy analysis and realtime filtering of non-stationary signals[J]. Proceedings of the royal society a:mathematical,physical and engineering sciences,2007,463(2078):321-332.

[55] 阚凯.机械设备故障诊断技术的现状及趋势[J].科技资讯,2017,15(36):60-61.

[56] 冷雨泉,张会文,张伟,等.机器学习入门到实践[M].2版.北京:清华大学出版社,2019.

[57] 王华伟,高军.复杂系统可靠性分析与评估[M].北京:科学出版社,2013.

[58] LEE J,ARDAKANI H D,KAO H,et al. Deployment of prognostics technologies and tools for asset management:platforms and applications[M]. London:Springer,2015.

[59] CAI Y D,LIU X J,XU X B,et al. Support vector machine for predicting the specificity of GalNAC-transferase [J]. Peptides, 2002, 23 (1): 205-208.

[60] FUREY T,CRISTIANINI N,DUFFY N,et al. Support vector machine classification and validation of cancer tissue samples using microarray expression data[J]. Bioinformatics,2000,16(10):909-914.

[61] 边肇祺,张学工.模式识别[M].2版.北京:清华大学出版社,2000.

[62] SANGSIK K,HEE L M,THEANCHAI W,et al. Human sensor-inspired supervised machine learning of smartphone-based paper microfluidic analysis for bacterial species classification[J]. Biosensors and bioelectronics,2021(10):188-198.

[63] KIBBEY T,JABRZEMSKI R,O'CARROLL D M. Source allocation of per- and polyfluoroalkyl substances (PFAS) with supervised machine learning:classification performance and the role of feature selection in an

expanded dataset[J]. Chemosphere,2021,275(10):1-10.

[64] ALOISE D,DESHPANDE A,HANSEN P,et al. NP-hardness of Euclidean sum-of-squares clustering[J]. Machine learning,2009,75(2): 245-248.

[65] PARK H S,JUN C H. A simple and fast algorithm for K-medoids clustering[J]. Expert systems with applications,2009,36(2):3336-3341.

[66] JAIN A K. Data clustering:50 years beyond K-means[J]. Pattern recognition letters,2009,31(8):651-666.

[67] SARLE W S. Algorithms for clustering data[J]. Technometrics,2012, 32(2):227-229.

[68] HUANG Z X. Extensions to the K-means algorithm for clustering large data sets with categorical values[J]. Data mining and knowledge discovery,1998,2(3):283-304.

[69] FEI S W. The hybrid method of VMD-PSR-SVD and improved binary PSO-KNN for fault diagnosis of bearing[J]. Shock and vibration,2019 (7):1-7.

[70] MOOSAVIAN A,AHMADI H,TABATABAEEFAR A,et al. Comparison of two classifiers:K-nearest neighbor and artificial neural network for fault diagnosis on a main engine journal-bearing[J]. Shock and vibration,2013,20(2):263-272.

[71] YU X,CHEN W,WU C L,et al. Rolling bearing fault diagnosis based on domain adaptation and preferred feature selection under variable working conditions[J]. Shock and vibration,2021,2021(10):1-10.

[72] ZHENG P B,ZHANG J W. Application of variational mode decomposition and K-nearest neighbor algorithm in the quantitative nondestructive testing of wire ropes[J]. Shock and vibration,2019(14):1-14.

[73] COVER T M,HART P E. Nearest neighbor pattern classification[J]. IEEE transactions on information theory,1967,13(1):21-27.

[74] 唐明珠,王岳斌,阳春华. 一种改进的支持向量数据描述故障诊断方法 [J]. 控制与决策,2011,26(7):967-972.

[75] BAUDAT G,ANOUAR F. Generalized discriminant analysis using Ker-

nel approach[J]. Neural computation,2000,12(10):2385-2404.

[76] COVER T M,THOMAS J A. Entropy,relative entropy,and mutual information[M]. New York: John Wiley & Sons,Inc,1991.

[77] VAPNIK V. SVM method of estimating density,conditional probability,and conditional density[J]. IEEE international symposium on circuits and system,2000,5:28-31.

[78] ERIN J B. Multicategory classification by support vector machines[J]. Computional optimizations,1999,12:53-79.

[79] 张志华. 深度学习及其在机械设备健康监测和故障诊断中的应用[D]. 北京:北京化工大学,2021.

[80] LOGAN D,MATHEW J. Using the crorrelation dimension for vibration fault diagnosis of rolling element bearing-1 basic concepts[J]. Nechanical sysetms and sigal processing,1996,10(3):241-250.

[81] 石自强,李海峰,孙佳音. 基于 SVM 的流行音乐中人声的识别[J]. 计算机工程与应用,2008,44(25):126-128.

[82] 王蒙蒙,关欣,李锵. 基于鲁棒音阶特征和测度学习 SVM 的音乐和弦识别[J]. 信号处理,2017,33(7):943-952.

[83] 张洪军. SVM 在电子邮件自动分类系统中的应用[J]. 山东师范大学学报(自然科学版),2009,24(1):43-45.

[84] 张莹,郭红梅,尹文刚,等. 基于特征提取的 SVM 图像分类技术的无人机遥感建筑物震害识别应用研究[J]. 灾害学,2022,37(4):30-36,56.

[85] 蔡艳平,李艾华,石林锁,等. 基于 EMD-WVD 振动谱时频图像 SVM 识别的内燃机故障诊断[J]. 内燃机工程,2012,33(2):72-78,85.

[86] 肖亚红. 基于 SVM 的静态手写签名识别方法研究[J]. 微电子学与计算机,2011,28(9):135-138.

[87] 施昌宇. 基于多级特征剪枝二叉树的脱机手写体汉字分类识别方法研究[D]. 合肥:合肥工业大学,2012.

[88] 吴婷. 基于 PCA 和 SVM 的中国多民族人脸识别研究[D]. 北京:中央民族大学,2013.

[89] 孙康. 权利框架下的面部识别技术:风险与规制的学理分析[J]. 中国海洋大学学报(社会科学版),2023(1):81-93.

[90] 祝钧桃,姚光乐,张葛祥,等.深度神经网络的小样本学习综述[J].计算机工程与应用,2021,57(7):22-33.

[91] 张西宁,余迪,刘书语.基于迁移学习的小样本轴承故障诊断方法研究[J].西安交通大学学报,2021,55(10):30-37.

[92] 王贡献,张淼,胡志辉,等.基于多尺度均值排列熵和参数优化支持向量机的轴承故障诊断[J].振动与冲击,2022,41(1):221-228.

[93] ARAVIND G. Support vector machines for speech recognition[D]. Jackson:Mississippi State University,2000.

[94] ZIEN A,RATSCH G,MIKA S,et al. Engineering support vector machine kernels that recognize translation initiation sites[J]. Bioinformatics,2000,16(9):799-807.

[95] WANG Z J,YANG W D,ZHANG H,et al. SPA-based modified local reachability density ratio wSVDD for nonlinear multimode process monitoring[J]. Complexity,2021(15):1-15.

[96] ZHOU J M,GUO H J,ZHANG L,et al. Bearing performance degradation assessment using lifting wavelet packet symbolic entropy and SVDD[J]. Shock and vibration,2016(10):1-10.

[97] GAO Y,LIU X Y,HUANG H Z,et al. A hybrid of FEM simulations and generative adversarial networks to classify faults in rotor-bearing systems[J]. ISA transactions,2021,108(2):356-366.

[98] CHEN J S,WEI Y,WANG H B,et al. Fault detection for turbine engine disk based on one-class large vector-angular region and margin[J]. Mathematical problems in engineering,2020(11):1-11.

[99] HE M,HE D. Deep learning based approach for bearing fault diagnosis [J]. IEEE transactions on industry applications, 2017, 53 (3): 3057-3065.

[100] AGHAZADEH F,TAHAN A,THOMAS M. Tool condition monitoring using spectral subtraction and convolutional neural networks in milling process[J]. The international journal of advanced manufacturing technology,2018,98(9-12):3217-3227.

[101] CHEN Z Y,LI W H. Multisensor feature fusion for bearing fault diag-

nosis using sparse autoencoder and deep belief network[J]. IEEE transactions on instrumentation and measurement, 2017, 66 (7): 1693-1702.

[102] CHERIF A, CARDOT H, BONÉ R. SOM time series clustering and prediction with recurrent neural networks[J]. Neurocomputing, 2011, 74(11): 1936-1944.

[103] QI Y M, SHEN C Q, WANG D, et al. Stacked sparse autoencoder-based deep network for fault diagnosis of rotating machinery[J]. IEEE access, 2017, 5: 15066-15079.

[104] 宋丹丹. 滚动轴承特征提取及故障诊断研究[D]. 上海: 上海交通大学, 2020.

[105] 温江涛, 周熙楠. 模糊粒化非监督学习结合随机森林融合的旋转机械故障诊断[J]. 机械科学与技术, 2018, 37(11): 9-16.

[106] YAN R Q, LIU Y B, GAO R. Permutation entropy: a nonlinear statistical measure for status characterization of rotary machines[J]. Mechanical systems and signal processing, 2012, 29(11): 474-484.

[107] 周红全. 基于深度学习的动车组轴箱轴承故障诊断与系统开发[D]. 北京: 北京交通大学, 2021.

[108] 陈欣安. 复杂工况下列车轴承故障预警与诊断方法[D]. 北京: 北京交通大学, 2021.

[109] CAO L J, TA Y F E H. Financial forecasting using support vector machines[J]. Neural computing & application, 2001, 10(7): 184-192.

[110] HONG S, ZHOU Z, ZIO E, et al. Condition assessment for the performance degradation of bearing based on a combinatorial feature extraction method [J]. Digital signal processing, 2014, 2014 (27): 159-166.

[111] CAI X, ZHAO H M, SHANG S F, et al. An Improved quantuminspired cooperative coevolution algorithm with mulistrategy and its application [J]. Expert systems with applications, 2021, 171(10): 0957-4174.

[112] CHEN P, ZHAO X Q, JIANG H M. A new method of fault feature extraction based on hierarchical dispersion entropy[J]. Shock and vibra-

tion,2021,2021(11):1-11.

[113] FEI C W,BAI G C. Wavelet correlation feature scale entropy and fuzzy support vector machine approach for aeroengine wholebody vibration fault diagnosis[J]. Shock and vibration,2013,20(10):341-349.

[114] SONG L K,BAI G C,FEI C W. Probabilistic LCF life assessment for turbine discs with DC strategybased wavelet neural network regression [J]. International journal of fatigue,2019,119(16):204-219.

[115] CERRADA M,SANCHEZ R V,LI C,et al. A review on datadriven fault severity assessment in rolling bearings[J]. Mechanical systems and signal processing,2018,99(15):169-196.

[116] 魏永合,王明华.基于 EEMD 和 SVM 的滚动轴承退化状态识别[J].计算机集成制造系统,2015,21(9):2475-2483.

[117] AKHAND R,UPADHYAY S H. An integrated approach to bearing prognostics based on EEMD-multi feature extraction,Gaussian mixture models and Jensen-Rényi divergence[J]. Applied soft computing,2018,71(1):36-50.

[118] AYE S A,HEYNS P S,THIART C J H. Fault detection of slow speed bearings using an integrated approach[J]. IFAC-Papers on line,2015,48(3):1779-1784.

[119] YU J B. Bearing performance degradation assessment using locality preserving projections and Gaussian mixture models[J]. Mechanical systems & signal processing,2011,25(7):2573-2588.

[120] SIEGEL D,LY C,LEE J. Methodology and framework for predicting helicopter rolling element bearing failure[J]. IEEE transactions on reliability,2012,61(4):846-857.

[121] LU C,YUAN H,TANG Y N. Bearing performance degradation assessment and prediction based on EMD and PCA-SOM[J]. Journal of vibroengineering,2014,16(3):1387-1396.

[122] 剡昌锋,朱涛,吴黎晓,等.基于马田系统的滚动轴承初始故障检测和状态监测[J].振动与冲击,2017,36(12):155-162,188.

[123] 王奉涛,陈旭涛,闫达文,等.流形模糊C均值方法及其在滚动轴承性能

退化评估中的应用[J].机械工程学报,2016,52(15):59-64.

[124] 张龙,黄文艺,熊国良,等.基于多域特征与高斯混合模型的滚动轴承性能退化评估[J].中国机械工程,2014,25(22):3066-3072.

[125] 王冰,王微,胡雄,等.基于 GG 模糊聚类的退化状态识别方法[J].仪器仪表学报,2018,39(3):21-28.

[126] 朱朔,白瑞林,刘秦川.基于果蝇优化算法-小波支持向量数据描述的滚动轴承性能退化评估[J].中国机械工程,2018,29(5):602-608.

[127] 姜万录,雷亚飞,韩可,等.基于 VMD 和 SVDD 结合的滚动轴承性能退化程度定量评估[J].振动与冲击,2018,37(22):43-50.

[128] 张婷.时间序列模型的变点检测及在预警监测中的应用[D].南京:东南大学,2018.

[129] 牛淑贞,张一平,王迪,等.河南省分类强对流天气概率预报方法研究与应用[J].气象与环境科学,2021,44(1):1-12.

[130] 李学朝,李娟生,孟蕾,等.甘肃省 2009—2015 年发热呼吸道症候群主要病原的 Bayes 判别分析法分类研究[J].中华流行病学杂志,2017,38(8):1094-1097.

[131] 申中杰,陈雪峰,何正嘉,等.基于相对特征和多变量支持向量机的滚动轴承剩余寿命预测[J].机械工程学报,2013,49(2):183-189.

[132] 陈鹏.基于振动信号的滚动轴承故障诊断方法综述[J].轴承,2022(6):1-6.

[133] 杨超,王志伟.基于 Elman 神经网络的滚动轴承故障诊断方法[J].轴承,2010(5):49-52.

[134] 郭金键.基于增强 ELMD 的轧机滚动轴承故障诊断应用研究[D].包头:内蒙古科技大学,2020.

[135] 蒋佳炜,胡以怀,柯赟,等.基于小波包特征提取和模糊熵特征选择的柴油机故障分析[J].振动与冲击,2020,39(4):273-277,298.

[136] 刘晓波,张明明,涂俊超,等.基于广度优先搜索的小波聚类算法[J].振动与冲击,2016,35(15):178-183.

[137] ZHAO H M,LIU H D,JIN Y,et al.Feature extraction for data-driven remaining useful life prediction of rolling bearings[J].IEEE transactions on instrumentation and measurement,2021(70):1-10.

[138] LI W P,CAO Y,LI L J,et al. The application of orthogonal wavelet transformation: support vector data description in evaluating the performance and health of bearings[J]. Discrete dynamics in nature and society,2022(15):1-15.

[139] 张雪峰,马静,关崴,等.基于高斯混合模型的滚动轴承故障诊断[J].时代汽车,2018,303(12):188-190.

[140] 胡旭峰.基于无监督学习的故障诊断算法研究[D].济南:山东大学,2022.

[141] 高金颖.基于超平面划分的聚类方法研究[D].北京:北京工业大学,2020.

[142] 何瑞娟.大数据时代下数据挖掘技术在企业中的应用[J].网络安全技术与应用,2016(12):90-91.

[143] 段明秀.层次聚类算法的研究及应用[D].长沙:中南大学,2009.

[144] 许凡,方彦军,张荣.基于EEMD模糊熵的PCA-GG滚动轴承聚类故障诊断[J].计算机集成制造系统,2016,22(11):2631-2642.

[145] 许洁.基于统计理论的工业过程性能监控与故障诊断研究[D].南京:南京航空航天大学,2010.

[146] SOUALHI A,MEDJAHER K,ZERHOUNI N. Bearing health monitoring based on hilbert-Huang transform, support vector machine, and regression[J]. IEEE transactions on instrumentation and measurement,2015,64(1):52-62.

[147] SINGLETON R K,STRANGAS E G,AVIYENTE S. Extended Kalman filtering for remaining useful life estimation of bearings[J]. IEEE transactions on industrial electronics,2014,62(3):1781-1790.

[148] GUO L,LI N P,JIA F,et al. A recurrent neural network based health indicator for remaining useful life prediction of bearings[J]. Neurocomputing,2017,240(3):98-109.

[149] 王燕,吴灏,毛天宇.基于K-中心点聚类算法的论坛信息识别技术研究[J].计算机工程与设计,2009,30(1):210-212.

[150] 王天一.基于正交小波优化阈值降噪方法的滚动轴承故障诊断研究[D].哈尔滨:哈尔滨工业大学,2015.

[151] 李凌均,韩捷,李卫鹏,等.正交小波变换支持向量数据描述在轴承性能评估中的应用[J].机械科学与技术,2012,31(7):1201-1204.

[152] 胡继敏,罗梅杰.基于自监督学习框架的发电柴油机故障诊断[J].船电技术,2022,42(9):19-24.

[153] 姜景升,王华庆,柯燕亮,等.基于 LTSA 与 K-最近邻分类器的故障诊断[J].振动与冲击,2017,36(11):134-139.

[154] 李秀娟.KNN 分类算法研究[J].科技信息,2009(31):81,383.

[155] 张著英,黄玉龙,王翰虎.一个高效的 KNN 分类算法[J].计算机科学,2008,35(3):170-172.

[156] 缪志敏,胡谷雨,赵陆文,等.一种基于支持向量数据描述的半监督学习算法[J].解放军理工大学学报(自然科学版),2010,11(1):31-36.

[157] LU Q B,SHEN X Q,WANG X J,et al. Fault diagnosis of rolling bearing based on improved VMD and KNN[J]. Mathematical problems in engineering,2021(11):1-11.

[158] YI H,MAO Z H,JIANG B,et al. Fault diagnosis in condition of sample type incompleteness using support vector data description[J]. Mathematical problems in engineering,2015(10):1-10.

[159] WAN L J,GONG K,ZHANG G,et al. An efficient rolling bearing fault diagnosis method based on spark and improved random forest algorithm[J]. IEEE access,2021(99):37866-37882.

[160] WANG B,LEI Y G,LI N P. A hybrid prognostics approach for estimating remaining useful life of rolling element bearings[J]. IEEE transactions on reliability,2020,69(1):401-412.

[161] 田慧,刘维滨.基于单分类算法 SVDD 的柴油机故障预测研究[J].中国水运(下半月),2022,22(9):70-72.

[162] 李凌均,韩捷,王昆,等.基于单分类的机械故障诊断研究及其应用[J].机械强度,2008,30(5):679-701.

[163] 史瑞.基于 GMM 磁性理论的力传感器设计及其精度保障策略研究[D].淮南:安徽理工大学,2022.

[164] SATAR B. International trade and foreign direct investment:the role and impact of institutional quality,and policy uncertainty[D].北京:对

外经济贸易大学,2021.

[165] 孙威.数据-模型混合驱动的短期电力负荷预测方法研究[D].沈阳:沈阳工程学院,2023.

[166] 张毅.自适应局部迭代滤波理论及其在机械故障诊断中的应用[D].武汉:武汉科技大学,2021.

[167] 徐文喆.经验模态分解端点延拓算法研究与波谱数据处理应用[D].成都:成都理工大学,2021.

[168] 江桦.基于EMD算法的轮轨表面缺陷检测研究[D].成都:西南交通大学,2020.

[169] 朱炜杰.基于高斯混合模型的轴承故障预警研究[D].武汉:武汉科技大学,2023.

[170] 许东星.基于GMM和高层信息特征的文本无关说话人识别研究[D].合肥:中国科学技术大学,2009.

[171] 王传礼.基于GMM转换器喷嘴挡板伺服阀的研究[D].杭州:浙江大学,2005.

[172] 朱炜杰,肖涵,易灿灿,等.基于高斯混合模型的滚动轴承故障预警[J].组合机床与自动化加工技术,2023(8):118-121,126.

[173] 周文伟.基于改进GMM算法的间歇过程故障检测与诊断研究[D].兰州:兰州理工大学,2018.

[174] 于钧豪.基于EMD和LSTM的空气质量指数预测研究[D].邯郸:河北工程大学,2023.

[175] 张聪聪.ISG化修饰通过靶蛋白EMD影响肺腺癌发展机制研究[D].淮南:安徽理工大学,2023.

[176] 时彧.机械故障诊断技术与应用[M].北京:国防工业出版社,2014.

[177] 游涛.面向轴承智能诊断的特征提取及故障分类方法研究[D].南昌:华东交通大学,2021.

[178] 李明晓.基于改进的EMD方法在滚动轴承故障诊断中的应用[D].昆明:昆明理工大学,2019.

[179] 邓飞跃.滚动轴承故障特征提取与诊断方法研究[D].北京:华北电力大学,2017.

[180] 刘蕾蕾.基于小波分析的电机故障信号诊断研究[D].哈尔滨:哈尔滨理

工大学,2007.

[181] 岳建海,裴正定.信号处理技术在滚动轴承故障诊断中的应用与发展 [J].信号处理,2005(2):185-190.

[182] 刘明利.基于深度学习网络的滚动轴承故障识别方法研究[D].西安:长 安大学,2018.

[183] 张维新.基于小波分析与神经网络的轴承故障诊断研究[D].天津:天津 大学,2009.

[184] 张进.基于时间—小波能量谱及交叉小波变换的振动信号分析[D].北 京:清华大学,2012.

[185] 温焕然.基于 LMD 与小波去噪相结合的轴承故障诊断方法研究[D].北 京:北京工业大学,2018.

[186] LI H,FU L H,ZHENG H Q. Bearing fault diagnosis based on ampli- tude and phase map of Hermitian wavelet transform[J]. Journal of me- chanical science and technology,2011,25(11):2731-2740.

[187] 王宇,刘若晨,李广军.基于改进遗传算法的神经网络转向架轴承故障诊 断[J].城市轨道交通研究,2020,23(12):46-49.

[188] 王玉旻.基于深度学习的轴承故障诊断方法研究[D].北京:北京邮电大 学,2024.

[189] 李子民.风电机组传动系统故障诊断研究[D].北京:华北电力大 学,2017.

[190] 赵学智,符红羽,陈文戈,等.小波分析在信号包络提取中的应用[J].广 东工业大学学报,2000(3):36-39.

[191] 陈进.机械设备振动监测与故障诊断[M].上海:上海交通大学出版 社,1999.

[192] 陆小明.基于 EMD 的滚动轴承故障诊断方法的研究[D].苏州:苏州大 学,2012.

[193] 曹志宇,张忠林,李元韬.快速查找初始聚类中心的 K-means 算法[J]. 兰州交通大学学报,2009,28(6):15-18.

[194] 朱建宇.K 均值算法研究及其应用[D].大连:大连理工大学,2013.

[195] LIU Y S,KANG J S,BAI Y J,et al. Research on the health status eval- uation method of rolling bearing based on EMD-GA-BP[J]. Quality

and reliability engineering international,2023,39(5):2069-2080.

[196] 魏巍.改进的 EMD 方法对故障弱信号提取的应用研究[J].专用汽车，2022(11):55-57.

[197] 吴德浩,陈茂银,周东华.基于改进 K 均值算法的滚动轴承故障诊断[J].山东科技大学学报(自然科学版),2017,36(4):1-8.

[198] 宁毅,潘宜飞,王波,等.基于改进 EMD 和小波阈值降噪的混合机托轮轴承智能故障诊断方法[J].通化师范学院学报,2023,44(6):56-62.

[199] QIAO M,TANG X,LIU Y X,et al. Fault diagnosis method of rolling bearings based on VMD and MDSVM[J]. Multimedia tools and applications,2021,80(10):1-24.

[200] 周福昌.基于循环平稳信号处理的滚动轴承故障诊断方法研究[D].上海:上海交通大学,2006.

[201] JI J,QU J,CHAI Y,et al. An algorithm for sensor fault diagnosis with EEMD-SVM[J]. Transactions of the institute of measurement and control,2018,40(6):1746-1756.

[202] 张远绪,程换新,宋生建.基于改进的 RBF 神经网络的滚动轴承故障诊断[J].工业仪表与自动化装置,2018(6):31-34.

[203] ZHOU J B,XIAO M H,NIU Y,et al. Rolling bearing fault diagnosis based on WGWOA-VMD-SVM[J]. Sensors,2022,22(16):6281-6281.

[204] 朱霄珣.基于支持向量机的旋转机械故障诊断与预测方法研究[D].北京:华北电力大学,2013.

[205] 叶永伟,陆俊杰,钱志勤,等.基于 LS-SVM 的机械式温度仪表误差预测研究[J].仪器仪表学报,2016,37(1):57-66.

[206] 郝爽,仲林林,王小华,等.基于支持向量机的高压断路器机械状态预测算法研究[J].高压电器,2015,51(7):155-159,165.

[207] 祁亨年.支持向量机及其应用研究综述[J].计算机工程,2004(10):6-9.

[208] 陈炳光.基于 EMD 和 SVM 煤矿通风机轴承故障诊断的研究[D].徐州:中国矿业大学,2018.

[209] 吴呈阳.基于自适应 EEMD 的滚动轴承故障诊断研究[D].徐州:中国矿业大学,2021.

[210] 王静.基于 EWD-LLE-LE 算法的轴承故障诊断研究[D].大庆:东北石

油大学,2023.

[211] 董岩松.基于对抗迁移学习的变工况电机轴承故障诊断[D].沈阳:沈阳理工大学,2023.

[212] 孙德全.基于多传感器融合的轧机轴承故障信号降噪及诊断[J].山西冶金,2023,46(9):50-51,54.

[213] 孙萧,黄民,马超.基于谱峭度和 CEEMD 的滚动轴承声信号故障诊断研究[J].现代制造工程,2021(1):121-129.

[214] 李全耀.基于优化 SVM 的电机轴承故障诊断方法研究[D].无锡:江南大学,2022.

[215] 罗映莲.基于改进粒子群和 SVM 的电机轴承故障诊断方法研究[D].大连:大连交通大学,2017.

[216] 陈宗祥,陈明星,焦民胜,等.基于改进 EMD 和双谱分析的电机轴承故障诊断实现[J].电机与控制学报,2018,22(5):78-83.

[217] 尹召杰,许同乐,郑店坤.LMD 支持向量机电机轴承故障诊断研究[J].哈尔滨理工大学学报,2018,23(5):35-39.

[218] 刘冬冬.基于支持向量机的采煤机轴承故障诊断[J].科技风,2022(18):89-91.

[219] 陈雪娇,仇满意,赵文涛.基于 EEMD 信号处理的滚动轴承故障诊断[J].技术与市场,2019,26(3):121,123.

[220] 杨勇.EMD 和模糊神经网络在滚动轴承故障诊断中的研究与应用[D].太原:太原理工大学,2008.

[221] 陈鹏.滚动轴承故障诊断及性能退化评估方法研究[D].兰州:兰州理工大学,2022.

[222] 盛兆顺,尹琦岭.设备状态监测与故障诊断技术及应用[M].北京:化学工业出版社,2003.

[223] 赵翔,李著信,肖德云.故障诊断技术的研究现状与发展趋势[J].机床与液压,2002(4):3-6,133.

[224] 朱春松.基于 EMD 分解的滚动轴承早期故障诊断[J].时代汽车,2023(18):175-177.

[225] 丁伟.基于 EMD 降噪与 BP 神经网络的变速器滚动轴承故障诊断[J].内燃机与配件,2024(2):64-66.

[226] HUANGN E,SHEN Z,LONG S. The empirical mode decomposition and the Hilbert spectrum for nonlinear and non-stationary time series analysis[J]. Proc. R. Soc,1998,454：903-905.

[227] 王飞跃.基于 EMD 与神经网络的船舶机械设备轴承故障诊断方法[J]. 装备制造技术,2024(3):138-140.

[228] 黄双云,武利冲.基于小波包分析和 BP 神经网络的滚动轴承故障诊断研究[J].煤矿机械,2023,44(7):157-160.

[229] 汪志龙.基于深度神经网络的滚动轴承故障诊断和寿命预测方法研究[D].兰州:兰州理工大学,2023.

[230] 王尉旭,周豪,洪朝银.BP 神经网络在滚动轴承故障诊断中的应用研究[J].无线互联科技,2024,21(5):74-76.

[231] 李泓洋,万烂军,李长云,等.基于神经网络和证据理论的滚动轴承故障预测方法[J].湖南工业大学学报,2020,34(4):35-41.

[232] 赵磊.基于神经网络的风机主轴承故障预测研究[J].黑龙江电力,2023,45(5):398-401.

[233] 张亚洲.基于卷积神经网络的滚动轴承故障诊断与剩余寿命预测研究[D].兰州:兰州理工大学,2023.

[234] 张天缘.基于深度学习的滚动轴承故障诊断和 RUL 预测方法研究[D].太原:中北大学,2023.

[235] 孙诗胜.基于卷积神经网络的轴承故障诊断及寿命预测研究[D].石家庄:石家庄铁道大学,2023.

[236] 刘琪.基于卷积神经网络的滚动轴承故障诊断与剩余寿命预测方法研究[D].南昌:南昌大学,2023.

[237] 齐放,王华庆.灰色神经网络在轴承故障预测中的应用[J].设备管理与维修,2014(S1):50-52.

[238] KANKANAMGE Y, HU Y F, SHAO X Y. Application of wavelet transform in structural health monitoring[J]. Earthquake engineering and engineering vibration,2020,19(3):515-532.

[239] WANG Y P,LIU Z Y,LIN X B. A signal modulation classification algorithm based on convolutional neural network[P]. No. 38 Research Institute of CETC (China);Nanjing Institute of Astronomical Optics

& Technology (China) ; National Astronomical Observatories, Chinese Academy of Sciences (China) ,2021.

[240] 娄冬言.智能化滚动轴承状态检测[J].科协论坛(下半月),2012,7: 84-85.

[241] 王培.轴承声振耦合算法与波纹度振动声学特征仿真研究[D].重庆:重 庆大学,2012.

[242] 王建国,刘永亮,秦波,等.基于 EMD 与多特征的支持向量机故障诊断 [J].机械设计与制造,2015,10:64-67.

[243] 阳建宏,黎敏,丁福焰.滚动轴承诊断现场实用技术[M].北京:机械工业 出版社,2015.

[244] 徐小力,王红军.大型旋转机械运行状态趋势预测[M].北京:科学出版 社,2011.

[245] 杨杰,王培俊,肖俊,等.基于弦测法与密度聚类的三维结构光波磨检测 [J].铁道标准设计,2020,64(2):40-45.

[246] 王佩佩.基于自适应遗传算法的测试数据自动生成理论与方法[D].徐 州:中国矿业大学,2018.

[247] 占长浩.基于引用网络的关系圈挖掘[D].广州:华南理工大学,2017.

[248] 李焕昭.基于聚类及神经网络的机床热误差研究[D].郑州:郑州大 学,2020.

[249] 刘梦迪.基于 DBSCAN 聚类的室内场景分割问题研究[D].济南:山东 大学,2019.

[250] 邵凤,郭强,曾诗奇,等.微博系统网络结构的研究进展[J].电子科技大 学学报,2014,43(2):174-183.

[251] 潘彬.改进的 ETL 框架及其数据清洗方法研究[J].成都:西华大 学,2019.

[252] 王锦升,蒋志豪,房鹏程,等.基于数据挖掘对城市公交站点优化的数学 建模[J].数学建模及其应用,2019,8(4):38-47.

[253] 周水庚,范晔,周傲英.基于数据取样的 DBSCAN 算法[J].小型微型计 算机系统,2000(12):1270-1274.

[254] 张德丰.MATLAB 数字图像处理[M].北京:机械工业出版社,2009.

[255] 汪洋.机电设备故障智能诊断技术研究[J].赤峰学院学报(自然科学

版),2021,37(8):34-37.

[256]　刘颖,陶建峰,黄武涛,等.小波包能量与 CNN 相结合的滚动轴承故障诊断方法[J].机械设计与制造,2021(11):127-131.

[257]　孙亮亮.机电设备维修中故障诊断技术的运用[J].科技资讯,2021,19(33):48-50.

[258]　游仕豪,郑阳,闫懂林,等.基于 CEEMDAN-ELM-AdaBoost 的水电机组故障诊断[J].中国农村水利水电,2022,10:249-253.

[259]　吴青科.基于集成学习的机械设备故障诊断方法研究[D].成都:西南交通大学,2020.

[260]　张天文.滚动轴承故障特征提取与分类识别技术研究[D].哈尔滨:哈尔滨工程大学,2018.

[261]　胡超,沈宝国,杨妍,等.ELM-AdaBoost 分类器在轴承故障诊断中的运用[J].机械设计与制造,2022(2):111-115.

[262]　陈天光,陈典红,吕瑞峰.基于集成学习算法的轴承故障诊断方法研究[J].科技通报,2021,37(4):57-61,93.

[263]　王小明,魏甲欣,马飞,等.基于 AdaBoost 集成学习的烟丝组分识别[J].食品与机械,2022,38(3):205-211.

[264]　王丹,金光灿,邱志,等.基于小波去噪和倒频谱分析的滚动轴承内圈微弱故障诊断[J].煤矿机械,2020,41(12):160-163.

[265]　赵恒,左金威,瞿科.基于小波包能量的漏电保护方案研究[J].四川电力技术,2022,45(1):30-35,90.

[266]　张星博.基于小波分析和机器学习的滚动轴承故障诊断方法研究[D].长春:长春大学,2020.

[267]　姚峰林,谢长开,吕世宁,等.基于小波包变换和 ELM 的滚动轴承故障诊断研究[J].安全与环境学报,2021,21(6):1009-6094.

[268]　叶小芬,王起梁,祝敏,等.基于小波包能量和层次熵的 D-S 证据理论的轴承故障诊断技术[J].失效分析与预防,2021,16(3):209-214,220.

[269]　王嘉浩,罗倩,胡园园.基于小波分析与 EMD 的机车轴承故障诊断方法[J].北京信息科技大学学报(自然科学版),2020,35(3):31-35.

[270]　吴演哲.小波包分析法在起重机滚动轴承故障诊断中的应用[J].中国特种设备安全,2019,35(12):62-66.

[271] 陈法法,杨晶晶,肖文荣,等. AdaBoost_SVM 集成模型的滚动轴承早期故障诊断[J]. 机械科学与技术,2018,37(2)：237-243.

[272] 冯帅. 基于 SVM-AdaBoost 算法的轨道交通列车滚动轴承故障诊断[J]. 城市公共交通,2017(5):30-36.

[273] YANG C F,LIU G J,YAN G G,et al. A clustering-based flexible weighting method in AdaBoost and its application to transaction fraud detection[J]. Science China(Information Sciences),2021,64(12)：69-79.

[274] YAN J H,BAI X H,ZHANG W Y,et al. No-reference image quality assessment based on AdaBoost_BP neural network in wavelet domain [J]. Journal of systems engineering and electronics,2019,30(2)：223-237.

[275] 卓仁雄. 基于 CEEMDAN 和 GWO-SVM 的电机滚动轴承故障诊断[D]. 衡阳:南华大学,2018.

[276] 刘浩涛. 基于深度学习理论的齿轮传动系统故障诊断的研究[D]. 宜昌:三峡大学,2018.

[277] 程代展,席在荣,卢强,等. 广义 Hamilton 控制系统的几何结构及其应用[J]. 中国科学(E 辑),2000,30(4):341-355.

[278] 钟鑫,刘文彬,杨剑锋. 基于逻辑回归的滚动轴承性能退化评估[J]. 科技信息,2010(16):504-505.

[279] 陆崇义. 基于模态分析的机械故障诊断技术[J]. 科学技术创新,2021(35):181-183.

[280] 王奉涛,王贝,敦泊森,等. 改进 Logistic 回归模型的滚动轴承可靠性评估方法[J]. 振动.测试与诊断,2018,38(1):123-129,210.

[281] YAN J H,LEE J. Degradation assessment and fault modes classification using logisticregression [J]. Journal of manufacturing science and engineering,transactions of the ASME,2005,127(4):912-914.

[282] VACHTSEVANOS G,WANG P. Fault prognosis using dynamic wavelet neural networks [C]. AUTOTESTCON(Proceedings),2001:857-870.

[283] 刘荣珍. 基于逻辑回归和机器学习的个人信用风险研究[D]. 兰州:兰州

大学,2021.

[284] WANG J J,LIANG Y,SU J T,et al. An analysis of the economic impact of US presidential elections based on principal component and logical regression[J]. COMPLEXITY,2021:1-12.

[285] 尹晓伟,江雪峰,王龙福.风电机组轴承故障诊断与疲劳寿命研究综述[J].轴承,2022,5:1-8.

[286] 冷雨泉,张会文,张伟.机器学习入门到实践:MATLAB 实践应用[M].北京:清华大学出版社,2019.

[287] 魏鑫.MATLAB R2014a 从入门到精通[M].北京:电子工业出版社,2015.

[288] 王薇.MATLAB 从基础到精通[M].北京:电子工业出版社,2012.

[289] 栾美洁,许飞云,贾民平.旋转机械故障诊断的神经网络方法研究[J].噪声与振动控制,2008,28(1):85-88.

[290] YANG D G,KARIMI H R,GELMAN L. A fuzzy fusion rotating machinery fault diagnosis framework based on the enhancement deep convolutional neural networks[J].Sensors,2022,22(2):671.

[291] 张琪,吴亚锋,李锋.基于遗传神经网络的旋转机械故障预测方法研究[J].计算机测量与控制,2016,24(2):11-13.

[292] 韩琳,薛静,张通.基于粗糙集神经网络的旋转机械故障诊断[J].计算机测量与控制,2010,18(1):64-66,82.

[293] 司景萍,马继昌,牛家骅,等.基于模糊神经网络的智能故障诊断专家系统[J].振动与冲击,2017,36(4):164-171.

[294] 韩捷,张瑞林,等.旋转机械故障机理及诊断技术[M].北京:机械工业出版社,1997.

[295] 陈超.旋转机械状态趋势预测及故障诊断专家系统关键技术研究[D].郑州:郑州大学,2015.

[296] 贾庆贤,张迎春,管宇,等.基于解析模型的非线性系统故障诊断方法综述[J].信息与控制,2012,41(3):356-364.

[297] 郭伟超,赵怀山,李成,等.基于小波包能量谱与主成分分析的轴承故障特征增强诊断方法[J].兵工学报,2019,40(11):2370-2377.

[298] 唐贵基,范德功,胡爱军,等.基于小波包能量特征向量神经网络的旋转

机械故障诊断[J].汽轮机技术,2006,48(3):215-217.

[299] 董姝君.基于小波包分解的信号分解与重构研究[J].信息通信,2019(12):80-81,83.

[300] 罗佳,黄晋英.基于小波包和神经网络的行星齿轮箱故障模式识别技术[J].火力与指挥控制,2020,45(4):178-182.

[301] 曹现刚,张鑫媛,吴少杰,等.基于小波包神经网络的轴承故障识别模型[J].机床与液压,2019,47(5):174-179.

[302] 罗海涛.MATLAB环境下小波分析应用[J].现代计算机(专业版),2017(28):57-59,64.

后　记

经过多年的理论探索与实验验证,《机器学习轴承故障诊断及性能退化预警研究》最终得以成稿。成稿离不开多方支持。首先感谢研究团队成员的辛勤付出,忘不了在实验数据采集与算法验证阶段的日夜奋战,还要感谢合作企业提供的工业现场数据与工程经验,这些宝贵资源为理论研究提供了支撑。此外,感谢国内外同行在学术交流中提出的建设性意见,尤其是对早期研究存在局限性的批评,这些声音促使我们不断改进方法与论证逻辑。除简要总结研究的成果外,在此也坦诚地反思现有工作的局限性,并展望未来可能的研究方向。

（1）故障特征提取方面。根据轴承故障振动信号是由脉冲信号、谐波信号和噪声信号调和的特点,结合最新的信号处理方法,继续探索新的信号处理方法,如局域均值分解、变分模态分解等方法在轴承故障诊断中的应用。这几种常用的信号处理方法非常适用于处理轴承故障振动的非线性非平稳特性的低频脉冲信号。但是,它们也存在一些缺点,就是需要引入其他的算法或者参数并进一步改进。算法改进也无形增加了计算量和时间成本。因此,在设计算法的时候既要考虑算法成本,也要提高特征提取的有效性,设计出两方面兼顾的轴承故障信号处理方法是下一步的重点研究方向。

（2）故障模式识别方面。深度学习是针对机器学习存在的学习结构简单及非线性特征提取能力不强的缺陷进行的算法提升,具有多层次深度结构和较强的非线性非平稳特征提取能力,以及较强的复杂工况适应性和应用性,能够实现端到端的轴承故障诊断。由于轴承故障样本存在非平稳性、非线性动力学特性,以及小样本和强泛化等特点,深度学习在轴承故障诊断中具有显著优势,但如果在故障信号稀疏有限、核函数选择受限制的情况下,其优势发挥不明显,因此基于深度学习的轴承故障诊断方法,仍然存在如何利用故障小样本数据实现故障诊断的问题。解决轴承故障小样本问题,发挥深度学习在故障模式识别中的优势是下一步研究的重点。

(3)多模态信号融合。单一振动信号的分析难以全面反映轴承的健康状态。未来可融合温度、声发射、油液分析等多模态数据,通过多源信息互补提升诊断精度。例如,利用图神经网络构建多传感器间的拓扑关系,或通过注意力机制动态加权不同模态的贡献。

著　者

2025 年 1 月